计算气动声学方法及应用

航空发动机及飞机气动噪声数值模拟

高军辉 陈 超 李晓东 著

科 学 出 版 社

北 京

内 容 简 介

计算气动声学是一个相对较新的研究领域，它从更基本的层次出发，采用计算方法对气动声学问题直接进行数值模拟来研究气动噪声的产生机理和传播特性，以获得对物理本质更深刻的理解。因此它是计算流体力学和气动声学的交叉学科。但是，计算气动声学方法并不是计算流体力学方法的简单应用和复制，而是存在着很大的创新和发展。

本书内容包括基本的计算气动声学方法，如频散关系保持格式、具有良好频散和耗散特性的时间推进方法、无反射边界条件等，同时也包含作者在计算气动声学方法方面的拓展，如针对复杂几何结构的网格块界面通量重构方法、低频散低耗散的高精度谱差分格式、多时间步长推进方法、时域阻抗边界条件等，还包含这些方法在复杂气动声学问题上的应用。本书可作为研究生的教学用书和使用计算气动声学方法的研究人员的参考资料。

图书在版编目(CIP)数据

计算气动声学方法及应用：航空发动机及飞机气动噪声数值模拟 / 高军辉，陈超，李晓东著. -- 北京 ：科学出版社，2025. 2. -- ISBN 978-7-03-080980-3

Ⅰ. O429

中国国家版本馆 CIP 数据核字第 2024TQ6847 号

责任编辑：王丽平　范培培／责任校对：彭珍珍
责任印制：张　伟／封面设计：无极书装

科 学 出 版 社 出版
北京东黄城根北街 16 号
邮政编码：100717
http://www.sciencep.com
北京建宏印刷有限公司印刷
科学出版社发行　各地新华书店经销
*
2025 年 2 月第 一 版　开本：720×1000 1/16
2025 年 2 月第一次印刷　印张：16
字数：320 000
定价：138.00 元
（如有印装质量问题，我社负责调换）

前　言

1952 年，Lighthill 创立了声类比理论，标志着气动声学学科的诞生。20 世纪 50 年代初至 60 年代末，Lighthill 的声类比理论在气动声学中占据绝对主导地位，并成为指导喷流降噪设计的基本理论。1969 年，Ffowcs Williams 和 Hawkings 将 Lighthill 的声类比理论推广到适用于任意运动物体的固体边界发声问题，建立了著名的 Ffowcs Williams-Hawkings 方程，这成为气动声学史上又一里程碑式的工作。此后的二十年间，基于求解 Ffowcs Williams-Hawkings 方程的气动声学方法成为解决螺旋桨、直升机旋翼和风扇/压气机等运动物体发声问题最有效的研究手段。尽管 Lighthill 声类比理论在工程应用方面发挥了巨大作用，但是将流场与声场分开处理的方式，使得声类比理论难以考虑流场与声场之间的相互作用，为此需要发展更精确的气动声学理论方法，从更本质的角度研究流动发声的机理。

过去数十年中，计算流体力学 (computational fluid dynamics，CFD) 的飞速发展和在科研领域及工程中的广泛应用，已经让研究者清楚地认识到数值模拟方法的优势。然而，由于所面临问题的特性不同，传统的计算流体力学方法无法满足气动声学问题的研究需要。主要是因为以下几个方面。

（1）传统 CFD 多涉及定常或是低频非定常流动问题，而声学问题都是典型的非定常问题，且涵盖的频率范围通常很广。传统的 CFD 方法很难在这么宽的频率范围内准确地刻画各种波长声波的传播。

（2）声波传播是一个低频散低耗散过程，且声学量相对于流动量在量级上要小得多，这就要求数值方法具有极低的数值频散和耗散，并且确保不同频率的声波都能够以正确的速度长距离传播。传统的 CFD 低阶方法无法满足如此高的精度需求。

（3）数值模拟总是在有限的区域内进行，在物理上，开放边界处各种波都是自由无反射出入边界，在实际计算时必须与物理一致，要求各种波在计算域开放边界能够无反射地出入，以确保计算结果的准确性，因此必须采用适当的无反射边界条件。传统的 CFD 在边界条件的处理上没有如此严格的要求。

基于上述原因，传统的 CFD 方法难以处理气动声学问题，20 世纪 80 年代中后期以来，计算气动声学 (computational aeroacoustics，CAA) 的兴起弥补了这些不足。CAA 是从更基本层次出发，通过对气动声学问题的直接数值模拟来研究气动噪声的产生机理和传播特性，以获得对物理本质更深刻的理解。CAA 采用的数值方法与传统的 CFD 紧密关联，但具有更高的精度以满足气动声学问题数值模拟的需要。

CAA 方法并不是 CFD 方法向更高精度的简单拓展和复制，而是存在着很大的创新。譬如误差分析方法，传统 CFD 采用格式的泰勒级数截断误差的阶数评估格式精度，属于定性评估，无法给出计算某个波长分量时到底需要多少网格点，也无法确定计算误差到底来自相位误差还是幅值误差；CAA 则采用分辨率的概念，即使用每波长多少网格点来评估格式性能，通过对格式进行波数空间分析，从频散耗散以及群速度的角度，定量地给出格式的分辨率和误差来源。波数分析理论的发展使数值离散格式的频散和耗散误差得以量化，进而取代传统 CFD 格式中泰勒截断误差的分析方法，为 CAA 格式误差分析提供了可靠的数学基础。反过来，CAA 方法又促进了 CFD 方法的发展，尤其是近些年来，CFD 高精度格式发展得非常迅速，这些高精度格式，都会进行波数空间分析，以清楚地展示格式的频散和耗散特性，而这些特性对 CFD 高精度数值模拟，譬如湍流模拟非常重要。事实上，近年来 CAA 和 CFD 正走向融合。CAA 和 CFD 研究者提出了多种具有良好频散和耗散特性的高精度格式，这些格式同时具有很好的处理复杂几何结构和激波的能力，正被研究者用来解决复杂流体力学和气动声学问题。

工程中真实的气动声学问题都是典型的多尺度流动发声问题，通常包含很宽的频率范围，涉及复杂的几何结构以及强烈的非线性流动，要解决此类传统方法无能为力的问题，必须在计算气动声学方法方面有进一步的突破，如发展高质量的非线性无反射边界条件、高效的时间推进方法、适用于复杂几何结构的高精度格式、准确的湍流模拟方法等。

本书是作为研究生的教学用书和使用 CAA 的研究人员的参考资料而编写，包括基本的 CAA 方法，如高阶有限差分格式和无反射边界条件等，同时也包含作者在 CAA 方法方面的拓展，譬如针对复杂几何结构的网格块界面通量重构方法、低频散低耗散的高精度谱差分格式、多时间步长推进方法、时域阻抗边界条件等，还包含这些方法在复杂气动声学问题上的应用。本书的部分内容来自作者及其合作者的研究工作，包括林大楷博士、刘黎博士、江旻博士、李小艳博士、许欣等，在此表示感谢。本书的顺利出版得到了北京航空航天大学"十四五"教材建设项目和国家自然科学基金项目（51876003）的资助，在此表示感谢。

因作者水平所限，本书不足之处在所难免，恳请读者不吝赐教，来信请发送至：gaojhui@buaa.edu.cn。

高军辉

2024 年 8 月

目　　录

第 1 章 绪 论

计算气动声学是传统气动声学和计算流体力学发展的交叉学科，其主要研究目标是通过直接数值模拟或间接模拟方法对声的产生及传播过程进行预测，获取对实际声学问题物理机制的深刻认识，从而寻求更为有效的控制手段或利用方法。它把一般动力学、声学乃至气动弹性力学问题归结为统一的非定常流动问题，其出发点更为基本，这使得人们对于复杂流体发声问题尤其是声源发声机理的深入研究成为可能。

20 世纪 80 年代中后期，随着计算机和计算技术的发展，出现了计算流体力学和气动声学的一门交叉学科——计算气动声学。由于 Lighthill 声类比理论[1,2]存在一些根本的缺陷，计算气动声学从一开始出现就获得了研究者的青睐，并成为研究的热点。高精度格式和无反射边界条件是构成计算气动声学的两个最重要部分，也是区别于传统计算流体力学的两个最关键要素。

早期计算气动声学的研究工作主要集中在发展高精度格式和无反射边界条件上，而研究的问题主要为声波的传播、声波与流场的相互作用、干涉等一些线性物理现象。数值频散和数值耗散是计算格式所引起的两种主要误差源，这些误差的存在，使得传统的计算流体力学 (computational fluid dynamics, CFD) 格式对于具有长的传播距离和时间间隔的声波计算不能得到满意的结果。在计算气动声学出现前，研究者也曾致力于将高阶差分格式应用于湍流模拟，如直接数值模拟和大涡模拟方面。然而，高阶中心差分格式内在的频散和耗散特性，使得其在求解非线性问题，如大涡模拟和直接数值模拟上的应用非常困难，大部分研究工作主要采用谱方法，虽然有高阶迎风格式应用于可压和不可压湍流模拟的实例[3,4]，但是，迎风格式的内在耗散特性使得其在准确求解声学问题上存在一定的困难。Lele[5]与 Tam 和 Webb[6] 分别于 1992 年和 1993 年提出了高阶紧致差分格式 (compact finite difference scheme) 和频散关系保持 (dispersiton-relation-preserving, DRP) 格式，这两种格式由于采用傅里叶 (Fourier) 分析方法优化了其频散和耗散特性，分辨率基于每波长格点数 (points per wavelength, PPW) 的概念，取代了传统的泰勒 (Taylor) 截断误差概念，非常适合于高精度数值模拟，如声学问题。针对高阶中心差分格式内在的无耗散特性，Tam 等[7] 提出了有选择性的人工黏性来滤掉格式不能分辨的高频部分所引起的数值振荡寄生波，以保持计算格式的稳定，而Lele[5] 则发展出一种显式的谱类型滤波器 (filter) 来过滤高频振荡。这些高阶高分辨率的格式在声波传播以及其与流体的相互作用等问题的应用上体现出了优势，相对于低阶格式，高阶格式能够减少每个波长所需的网格点数，从而减小了计算量，而且保证声波经过长时间和长距离的传播之后，在相位上的偏差和幅值上的衰减都非常小。基于波长分辨率这种优化思想，许多研究者对其他格式，如迎风格式、加权本质无振荡 (weighted essentially non-oscillatory，WENO) 格式进行了优化，提出了迎风 DRP 格式[8]、OWENO (optimized WENO) 格式[9] 等。这些格式在保证具有较好的频散和耗散特性的同时，加入了中心差分格式所不具有的一些特性，如优化后的迎风格式具有比中心差分格式更好的稳定性，而 OWENO 则更适合处理间断问题，如激波等。

　　格式的高精度并不能完全保证计算结果的高精度，由于计算能力的限制，绝大部分的计算只能在有限的计算域内完成，边界处非物理的反射波会影响计算结果的准确性，严重情况下会导致完全错误的结果。然而想要做到边界处完全无反射几乎是不可能的，研究者只能通过各种努力来尽量减小边界处的反射。许多研究者发展了各具特色的无反射边界条件，大致可以分为三类：基于摄动解的无反射边界条件；基于特征变量的无反射边界条件；吸收无反射边界条件。

　　Bayliss 和 Turkel[10,11] 在 1980 年、1982 年提出了基于摄动解的辐射和出流无反射边界条件，Tam 和 Webb[6] 在此基础上，通过傅里叶–拉普拉斯（Fourier-Laplace）变换求出了线化欧拉（Euler）方程的声波、涡波、熵波的摄动解，从而推导出了适合线化 Euler 方程的辐射和出流无反射边界条件，在后续的研究中，Tam 和 Dong[12] 把它推广到弱非线性形式，使其能够处理边界具有弱非均匀流动的非线性问题；Thompson[13] 在 1990 年通过对 Euler 方程作特征变量分析，得到其支持的三种波（涡波、熵波和声波）的特性，提出了适用于 Euler 方程的基于特征变量的无反射边界条件，Poinsot 和 Lele[14] 则进一步把这种边界条件推广到考虑了黏性的纳维–斯托克斯（Navier-Stokes，N-S）方程的情形，然而，由于此类边界条件假设边界处波为一维形式，在波斜入射边界的情况下精度较差；Giles[15] 在 1990 年通过 Fourier 级数方法推导出了基于特征变量概念的无反射边界条件，此类边界条件在叶轮机械流动中应用较广；Hu[16] 在 1996 年把 Berenger[17,18] 在计算电磁学中提出的完全耦合层 (perfectly matched layer，PML) 无反射边界条件应用到计算气动声学中来，取得了非常好的效果，后来，这种边界条件已经被推广到适用于非均匀边界的非线性情形[19]。

　　很多研究者对各种无反射边界条件的性能进行了测试和评估。Hixon[20] 对 Thompson[13] 特征变量流动条件、Giles[15] 特征变量边界条件、Tam 和 Webb[6] 以及 Bayliss 和 Turkel[10,11] 的基于摄动解的边界条件进行了测试比较，认为 Tam 和 Webb 的边界条件精度最高，而 Thompson 特征变量边界条件在边界处反射最大。Dong[21] 对 Thompson 特征变量边界条件、Tam 和 Webb 的辐射、出流边界条件以及他自己发展的方法进行了测试,结果与 Hixon 的测试结论相似,也认为 Thompson 特征变量边界条件在边界处反射最大。自 1994 年以来,四届计算气动声学研讨会 (CAA workshop) 标准问题测试中都设计了标准问题来测试入流和出流边界条件,并对参与测试者的结果与解析解或者半解析解进行了对比,以验证各种边界条件的准确性和精度。Tam[22] 则对计算气动声学实际应用中的一些主要边界条件进行了评述。

随着计算气动声学方法(格式和边界条件)和计算机能力的发展,计算气动声学的主要研究对象也由早期的声波的传播模拟、声和流场相互作用等一些线性问题转向了直接模拟声源发声等一些非线性物理现象,如喷流噪声、空腔流激振荡发声、高升力翼型和飞机起落架等装置发声等,发展了包括直接数值模拟 (direct numerical simulation, DNS)、大涡模拟 (large eddy simulation, LES) 和解非定常雷诺平均 N-S (Reynolds averaged Navier-Stokes, RANS) 方程几种不同层次的研究策略。计算气动声学方法正被研究者应用到越来越多的复杂气动声学问题研究中,在噪声预测、声源机理等方面发挥着重要作用。

本书是作者对多年计算气动声学教学和科研工作的总结,既包含计算气动声学基本概念和方法,也包含这些方法在飞机和航空发动机方面的具体应用。主要内容包括:

(1) 高精度差分格式介绍,包括空间离散格式、人工黏性和滤波方法;

(2) 时间推进格式及多时间步长方法;

(3) 无反射边界条件介绍;

(4) 阻抗边界条件;

(5) 界面通量重构方法;

(6) 多时间步长方法;

(7) 高精度谱差分方法;

(8) 针对旋转机械流动噪声的滑移界面方法及其应用;

(9) 管道声传播数值模拟;

(10) 高升力装置噪声数值模拟;

(11) 超声速双喷流耦合噪声数值模拟。

第 2 章 离散格式

离散格式是计算气动声学的一个关键因素，现在人们普遍认识到，要精确地模拟声学现象，关键在于采用高精度且经过精心优化的具有良好的耗散与频散特性的空间与时间离散格式，这实际上正是计算气动声学与经典计算流体力学的关键差异[23] 之一。经过近三十年的发展，计算气动声学形成了多种各具特色的数值方法，主要包括：有限差分法 (finite difference method)、有限体积法 (finite volume method)、谱元方法 (spectral element method)、有限元法 (finite element method) 等，Ekaterinaris 对此作了非常详细的阐述[24]。在这些方法中，发展最成熟、目前应用最广的是有限差分法。有限差分格式主要有两种，一种是紧致格式 (compact scheme)，另外一种是显式格式 (explicit scheme)，根据离散的形式不同，又形成了如中心差分、迎风（upwind）、本质无振荡 (essencially non-oscillatory, ENO) 以及加权本质无振荡 (weighted essencially non-oscillatory，WENO) 等各式各样的各具特色的差分格式。这里将主要对 Tam 和 Webb[6] 发展的频散关系保持 (dispersion-relation-preserving, DRP) 格式进行介绍，因为这个格式相对简单，但是又能非常好地体现计算气动声学中的一些重要基本概念，如频散关系、群速度等。在介绍 DRP 格式之前，我们先简单介绍几个有限差分方法的基本概念。

2.1 有限差分方法的基本概念

定义 2.1 (有限差分方法) 将（偏）微分方程中的导数用近似的有限差分代替来求解偏微分方程的一种方法。主要应用于数值分析，尤其是常微分方程和偏微分方程数值分析中，旨在通过数值的方法求解常微分方程和偏微分方程的解。

例如下面的微分方程。

例子 2.1

$$\frac{\partial u(x,t)}{\partial t} + c\frac{\partial u(x,t)}{\partial x} = 0 \tag{2.1}$$

采用二阶中心差分空间离散格式和前差时间离散格式就可以得到如下差分方程：

$$\frac{u^{n+1} - u^n}{\Delta t} + c\frac{u(x+\Delta x)^n - u(x-\Delta x)^n}{2\Delta x} \approx 0 \tag{2.2}$$

从上面的定义可以知道有限差分的关键步骤包括：

（1）有限差分法需要把连续的定解区域用有限个离散点构成的网格来代替，这些离散点称作网格的结（节）点；

（2）把连续定解区域上的连续变量函数用定义在网格上的离散函数变量来近似；

（3）把原微分方程和定解条件中的微商用差商来近似；

（4）这样原微分方程和定解条件就变成一组代数方程组，从而容易求解得到数值解。

空间离散格式一般分为两种——显式格式和紧致格式，分别如下面的公式所示。

例子 2.2 显式格式

$$\left(\frac{\partial u}{\partial x}\right)_j \approx \frac{1}{\Delta x}\sum_{l=-L}^{M}a_l u_{j+l} \tag{2.3}$$

例子 2.3 紧致格式

$$\sum_{l=-K}^{N}c_l\left(\frac{\partial u}{\partial x}\right)_{j+l} \approx \frac{1}{\Delta x}\sum_{l=-L}^{M}a_l u_{j+l} \tag{2.4}$$

从上面的两个公式对比可以看到，对于显式格式，网格 j 点的偏导数 $\left(\frac{\partial u}{\partial x}\right)_j$ 可以直接采用格式模板（stencil）点的值（$u_{j+l}, l=-L,\cdots,M$）计算得到，j 点的偏导数与其他点的偏导数没有直接关系。而紧致格式不是这样，其 j 点的偏导数无法通过模板点上的值直接得到，它与其相邻的几个点的偏导数耦合在一起，需要求解线性方程组得到。一般来说，同样精度的格式，紧致格式的模板点数小于显式格式，这也是"紧致"的由来。下面先对显式格式进行介绍。

2.1.1 显式格式

假设 x 轴被大小为 Δx 的网格均分，整数 j 表示第 j 个网格点，则有 $x_j = j\Delta x$。对于函数 $u(x_j + \Delta x)$ 和 $u(x_j - \Delta x)$，在 x_j 点对其进行 Taylor 展开，得到如下级数形式：

$$u_{j+1} = u(x_j + \Delta x) = u_j + \left(\frac{\partial u}{\partial x}\right)_j \Delta x + \frac{1}{2}\left(\frac{\partial^2 u}{\partial x^2}\right)_j \Delta x^2 + \frac{1}{3!}\left(\frac{\partial^3 u}{\partial x^3}\right)_j \Delta x^3 + \cdots$$

$$u_{j-1} = u(x_j - \Delta x) = u_j - \left(\frac{\partial u}{\partial x}\right)_j \Delta x + \frac{1}{2}\left(\frac{\partial^2 u}{\partial x^2}\right)_j \Delta x^2 - \frac{1}{3!}\left(\frac{\partial^3 u}{\partial x^3}\right)_j \Delta x^3 + \cdots$$

上面两个公式相减，得到

$$u_{j+1} - u_{j-1} = 2\Delta x \left(\frac{\partial u}{\partial x}\right)_j + \frac{2}{3}\left(\frac{\partial^3 u}{\partial x^3}\right)_j \Delta x^3 + \cdots$$

忽略其他高阶项，就得到如下三点二阶中心差分格式：

$$\left(\frac{\partial u}{\partial x}\right)_j = \frac{u_{j+1} - u_{j-1}}{2\Delta x} + O(\Delta x^2) \tag{2.5}$$

其中 $O(\Delta x^2)$ 称为截断误差（truncation error）。我们通常采用截断误差来评价格式的精度。譬如说上面的三点中心差分格式的精度是二阶。也就是说，用这个格式近似微分算子时，误差与网格尺度的平方成正比，如果网格尺度减小一半，误差约减为原来的四分之一。对于一个 n 阶精度的差分格式，其截断误差与网格尺度 (Δ) 的关系为

$$\text{Error} \propto \Delta^n$$

$$\log(\text{Error}) \approx n\,\mathrm{C}\log\Delta$$

采用同样的方式，我们还可以得到其他差分格式及其截断误差，譬如五点和七点中心差分格式：

$$\left(\frac{\partial u}{\partial x}\right)_j = \frac{-u_{j+2} + 8u_{j+1} - 8u_{j-1} + u_{j-2}}{12\Delta x} + O(\Delta x^4) \tag{2.6}$$

$$\left(\frac{\partial u}{\partial x}\right)_j = \frac{u_{j+3} - 9u_{j+2} + 45u_{j+1} - 45u_{j-1} + 9u_{j-2} - u_{j-3}}{60\Delta x} + O(\Delta x^6) \tag{2.7}$$

对比上面列出的三个格式，可以发现格式模板点数越多，其截断误差阶数越高，也就是说，同样的网格尺度变化，高阶格式的截断误差变化得更快。譬如说网格尺度减小一半，六阶格式的截断误差可能减小为原来的 $\frac{1}{64}$，而二阶格式则只能是 $\frac{1}{4}$。

一般来说，格式的阶数越高，其精度越高（不是绝对，后面我们可以看到例外），但是截断误差告诉我们的是误差的宏观值，表达的是整体误差随网格尺度的变化关系，其他细节并不知道。譬如，采用一个 n 阶精度的差分格式描述一个波长为 λ 的声波时，到底需要多少网格点？在同一网格上模拟多个不同波长的声波传播时，各个波分量对整体误差的贡献一样吗？要知道更多误差的细节，需要对差分格式的误差进行分析。

2.1.2 差分格式的误差分析

对于物理空间的截断误差，我们除了知道误差随网格尺度的变化规律，很难得到其他更多信息。而对于声学问题，我们通常会有这样的疑问，对于两个不同

波长的声波，同样网格尺度下同一格式的误差有什么关系？这需要在波数空间对格式的误差进行分析，下面将介绍如何在波数空间对格式误差进行分析。

任何一个周期性函数都可以用 Fourier 级数表示，令

$$u(x) = e^{i\alpha x}$$

则

$$\frac{\mathrm{d}u}{\mathrm{d}x} = i\,\alpha\,e^{i\,\alpha\,x}$$

其中 i 为虚数单位，α 为波数。把上面的公式代入二阶中心差分格式 (2.5)，得到

$$\frac{\mathrm{d}u}{\mathrm{d}x}\bigg|_j = \frac{u_{j+1} - u_{j-1}}{2\Delta x} + O(\Delta x^2)$$

$$= \frac{e^{i\,\alpha\,(j\Delta x+\Delta x)} - e^{i\,\alpha\,(j\Delta x-\Delta x)}}{2\Delta x} + O(\Delta x^2)$$

$$= e^{i\,\alpha\,x_j}\frac{e^{i\,\alpha\,\Delta x} - e^{-i\,\alpha\,\Delta x}}{2\Delta x} + O(\Delta x^2)$$

$$\approx i\,\frac{\sin(\alpha\Delta x)}{\Delta x}e^{i\,\alpha\,x_j} = i\,\bar\alpha e^{i\,\alpha\,x_j}$$

定义 $\bar\alpha = \dfrac{\sin(\alpha\Delta x)}{\Delta x}$ 为有效波数（effective wavenumber）。把 $\bar\alpha$ 进行 Taylor 展开得到

$$\bar\alpha = \alpha - \frac{\alpha^3\Delta x^2}{6} + \cdots$$

可以看到，有效波数 $\bar\alpha$ 是波数 α 的二阶近似。对于一个包含多个波数分量的声波，采用这个格式计算的话，低波数部分的误差很小，而高波数部分的误差要大得多（α^3 关系），误差主要由高波数部分贡献。

对于四阶中心差分格式：

$$\frac{\mathrm{d}u}{\mathrm{d}x}\bigg|_j = \frac{-u_{j+2} + 8u_{j+1} - 8u_{j-1} + u_{j-2}}{12\Delta x} + O(\Delta x^4)$$

$$= \frac{-e^{i\,\alpha\,(x_j+2\Delta x)} + 8e^{i\,\alpha\,(x_j+\Delta x)} - 8e^{i\,\alpha\,(x_j-\Delta x)} + e^{i\,\alpha\,(x_j-2\Delta x)}}{12\Delta x} + O(\Delta x^4)$$

$$= e^{i\,\alpha\,x_j}\frac{-e^{2i\alpha\Delta x} + 8e^{i\alpha\Delta x} - 8e^{-i\,\alpha\,\Delta x} + e^{-2i\alpha\Delta x}}{12\Delta x} + O(\Delta x^4)$$

$$\approx \left[\frac{-\sin(2\alpha\Delta x)}{6\Delta x} + \frac{4\sin(\alpha\Delta x)}{3\Delta x}\right]i\,e^{i\,\alpha\,x_j} \tag{2.8}$$

其有效波数为

$$\bar{\alpha} = -\frac{\sin(2\alpha\Delta x)}{6\Delta x} + \frac{4\sin(\alpha\Delta x)}{3\Delta x}$$

把它进行 Taylor 展开得到

$$\bar{\alpha} = \alpha - \frac{4\alpha^5\Delta x^4}{3\times 5!} + \cdots$$

可以看到有效波数 $\bar{\alpha}$ 是真实波数 α 的四阶近似。从上面的二阶和四阶格式知道，中心差分模板格式的有效波数 $\bar{\alpha}$ 是实数。

对于二阶后差格式，同样的分析可以得到

$$\left.\frac{\mathrm{d}u}{\mathrm{d}x}\right|_j = \frac{3u_j - 4u_{j-1} + u_{j-2}}{2\Delta x} + O(\Delta x^2)$$

$$= \frac{3e^{\mathrm{i}\alpha x_j} - 4e^{\mathrm{i}\alpha(x_j-\Delta x)} + e^{\mathrm{i}\alpha(x_j-2\Delta x)}}{2\Delta x} + O(\Delta x^2)$$

$$= e^{\mathrm{i}\alpha x_j}\frac{3 - 4e^{-\mathrm{i}\alpha\Delta x} + e^{-2\mathrm{i}\alpha\Delta x}}{2\Delta x} + O(\Delta x^2)$$

$$\approx e^{\mathrm{i}\alpha x_j}\left[(3-4\cos(\alpha\Delta x)+\cos(2\alpha\Delta x))+\mathrm{i}(4\sin(\alpha\Delta x)-\sin(2\alpha\Delta x))\right]/2\Delta x$$

有效波数为

$$\bar{\alpha} = \left[(3-4\cos(\alpha\Delta x)+\cos(2\alpha\Delta x))+\mathrm{i}(4\sin(\alpha\Delta x)-\sin(2\alpha\Delta x))\right]/2\Delta x$$

有效波数的 Taylor 展开级数为

$$\bar{\alpha} = \alpha + \frac{\alpha^3\Delta x^2}{3} - \frac{17}{4!}\mathrm{i}\,\alpha^4\Delta x^3 + \cdots$$

可以看到，有效波数是真实波数的二阶近似。与上面的三点、五点中心模板的格式相比，由于差分模板不对称，有效波数是复数，包含了虚部项，这部分的意义将在后面进行解释。

图 2.1 是三点、五点、七点标准中心差分和三点后差这几种格式的有效波数与真实波数的关系曲线，我们称之为频散关系曲线。从图中可以知道，最理想的格式，其有效波数与真实波数相等，即 $\bar{\alpha} = \alpha$，也就是说这个格式能够分辨任何波数的波，但是这显然不可能，只有解析解才能做到。对比上面列出的这几种格式的曲线可以知道，在低波数范围，其有效波数与真实波数的误差都比较小，但是在高波数范围，低阶格式的误差更大。这也就是说，对于高波数的波（短波长的波），同样尺度的网格，采用低阶格式描述它时误差会远大于高阶格式。截断误差宏观地给出了误差与网格尺度的关系，但是没有细节。而频散关系则能清楚地告诉我们不同波数分量的误差相对大小。

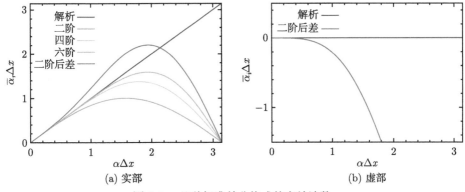

(a) 实部   (b) 虚部

图 2.1   几种标准差分格式的有效波数

注 2.1 对于声波来说，相位上的误差由有效波数中的实部决定，而幅值上的误差则来源于有效波数中的虚部。对于中心模板的差分格式，由于其有效波数虚部为 0，因此中心模板的差分格式只有频散误差，没有耗散误差。而非对称模板的差分格式同时存在耗散误差和频散误差。

格式的耗散误差和频散误差可以通过如下的迁移方程进行说明：

$$\frac{\partial u(x,t)}{\partial t} + c\frac{\partial u(x,t)}{\partial x} = 0, \quad c > 0$$

其中 c 为波传播速度。方程的解析解为

$$u(x,t) = e^{\mathrm{i}(\alpha x - \omega t)} \tag{2.9}$$

其中 ω 为频率，α 为波数。通过 Fourier 变换可以得到方程的频散关系如下

$$\omega = c\alpha \tag{2.10}$$

对于第 j 个网格点，其解可以写为

$$u_s(j\Delta x, t) = e^{\mathrm{i}(\alpha j \Delta x - \omega t)} \tag{2.11}$$

采用如下差分格式离散迁移方程，

$$\left(\frac{\partial u}{\partial x}\right)_j \approx \frac{1}{\Delta x}\sum_{l=-L}^{M} a_l u_{j+l}$$

并代入 j 点的解，得到

$$e^{\mathrm{i}(\alpha j \Delta x - \omega t)}\left[-\mathrm{i}\omega + \frac{c}{\Delta x}\sum_{l=-L}^{M} a_l e^{\mathrm{i}\alpha l \Delta x}\right] = 0 \tag{2.12}$$

根据有效波数的定义，上式简化为

$$e^{\mathrm{i}(\alpha j \Delta x - \omega t)}\left[-\mathrm{i}\omega + \mathrm{i}\,c\,\bar{\alpha}\right] = 0$$

得到离散方程的频散关系：

$$\omega = c\bar{\alpha} \tag{2.13}$$

把这个新的频散关系代入解析解 (2.11)，得到

$$u_s(j\Delta x,t) = e^{\mathrm{i}(\alpha j \Delta x - c\bar{\alpha}t)} = e^{\mathrm{i}\alpha[j\Delta x - c\bar{\alpha}_{\mathrm{r}}/\alpha t]}e^{c\bar{\alpha}_{\mathrm{i}}t} \tag{2.14}$$

其中 $\bar{\alpha}_{\mathrm{r}}$ 和 $\bar{\alpha}_{\mathrm{i}}$ 分别是有效波数的实部和虚部。从上式可以看到，当 $\bar{\alpha}_{\mathrm{i}} \leqslant 0$ 时，$e^{c\bar{\alpha}_{\mathrm{i}}t}$ 的值不会随时间 t 增长；而当 $\bar{\alpha}_{\mathrm{i}} > 0$ 时，$e^{c\bar{\alpha}_{\mathrm{i}}t}$ 会随时间指数级增长，格式不稳定。因此定义有效波数的虚部为耗散。前面说过，中心模板格式的有效波数虚部为 0，其解的幅值不会随时间变化，所以说格式没有耗散。而 $\bar{\alpha}_{\mathrm{r}}$ 则决定了波的相位，因此称之为格式的频散。

定义 2.2 (波数分辨率)　针对声学问题，谈论格式的分辨率的时候，一般在波数空间进行。对于某个差分格式，准确分辨声波时每个波长最少需要的网格点数，称之为格式的波数分辨率，简称每波长格点数 (points per wavelength, PPW)。

关于这个概念我们有两点需要讨论：

（1）波数分辨率是一个无量纲的概念。对于波长为 λ 的声波，如果准确描述它所能采用的最大网格尺度为 Δ，则其波数分辨率为 $\dfrac{\lambda}{\Delta}$。

（2）从上面的论述我们也可以看到，所谓的"准确分辨"是一个比较主观的概念。采用离散的方式描述声波的时候，都会存在误差，而多大的误差是我们可以接受的，这是一个相对主观的标准。

图 2.2 是波数分辨率示意图，从图中可以看到，2 PPW 对应的无量纲网格尺度为 π，而 8 PPW 对应的无量纲网格尺度为 $\dfrac{\pi}{4}$，其他以此类推。

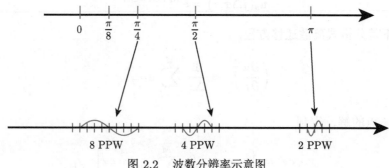

图 2.2　波数分辨率示意图

2.2 频散关系保持格式

与原微分方程有相同的频散关系的有限差分格式称为频散关系保持（dispersion-relation-preserving, DRP）格式，Tam 和 Webb[6] 在 1993 年首先提出这个概念并给出了相应的格式。DRP 格式的基本思想是在可分辨的波数范围内，让差分格式和微分算子的频散关系误差最小。下面将详细介绍如何在波数空间优化格式的系数以得到最佳的频散关系。

考虑一阶导数 $\dfrac{\partial u}{\partial x}$ 在均匀网格上第 j 个点的离散，其网格模板示意图见图 2.3，假设 M 是模板中 j 点右侧的点数，L 是左侧的点数，则有

$$\left(\frac{\partial u}{\partial x}\right)_j \approx \frac{1}{\Delta x}\sum_{l=-L}^{M} a_l u_{j+l} \tag{2.15}$$

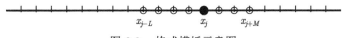

图 2.3   格式模板示意图

假设 $u(x)$ 连续可微，则有

$$\frac{\partial u}{\partial x}(x) \approx \frac{1}{\Delta x}\sum_{l=-L}^{M} a_l u(x+l\Delta x) \tag{2.16}$$

通过 Fourier 变换得到

$$\mathrm{i}\alpha \approx \frac{1}{\Delta x}\sum_{l=-L}^{M} a_l e^{\mathrm{i}l\alpha\Delta x} \tag{2.17}$$

则该有限差分格式的有效波数为

$$\bar{\alpha}\Delta x = -\mathrm{i}\sum_{l=-L}^{M} a_l e^{\mathrm{i}l\alpha\Delta x} \tag{2.18}$$

通过上一节的分析我们知道，格式的耗散误差（dissipation error）和频散误差（dispersion error）分别为

$$\mathrm{Im}\{\alpha\Delta x - \bar{\alpha}\Delta x\} \tag{2.19}$$

$$\mathrm{Re}\{\alpha\Delta x - \bar{\alpha}\Delta x\} \tag{2.20}$$

2.2.1 格式优化

从上面的分析我们知道，格式的误差分为耗散误差和频散误差，而且每个波数不一样，一般来说低波数误差小，高波数误差大。为了从宏观上更方便地表述，可以把误差进行积分，得到一个全局误差

$$E = \int_{-\frac{\pi}{2}}^{\frac{\pi}{2}} \left| \alpha \Delta x - \bar{\alpha} \Delta x \right|^2 \mathrm{d}(\alpha \Delta x) \tag{2.21}$$

由于无量纲有效波数 $\bar{\alpha} \Delta x$ 是周期为 2π 的函数，这里只关注波长大于 $4\Delta x$ 的波，比这更短的波格式根本分辨不了，在此不考虑。对于 $2N+1$ 个模板点的中心差分格式，根据 Taylor 展开知道，$a_0 = 0$，$a_{-j} = -a_j$，则全局误差 E 可以简化为

$$E = \int_{-\frac{\pi}{2}}^{\frac{\pi}{2}} \left[\alpha - 2 \sum_{j=1}^{N} a_j \sin(\alpha j) \right]^2 \mathrm{d}\alpha \tag{2.22}$$

格式优化的目标是通过选择合适的格式系数 a_j，使得积分 E 最小，由此格式优化变成了一个简单的极值问题：

$$\frac{\partial E}{\partial a_j} = 0, \quad j = 1, 2, \cdots, N \tag{2.23}$$

以七点中心差分格式为例，其系数优化步骤为

（1）通过 Taylor 级数展开确定 a_1, a_2, a_3 间的关系

$$a_2 = \frac{9}{20} - \frac{4a_1}{5}, \quad a_3 = -\frac{2}{15} + \frac{a_1}{5}$$

（2）求解 $\dfrac{\partial E}{\partial a_1} = 0$ 得到系数 a_1，然后根据上面关系式求得其他系数：

$$a_0 = 0, \quad a_1 = -a_{-1} = 0.79926643$$

$$a_2 = -a_{-2} = -0.18941314, \quad a_3 = -a_{-3} = 0.02651995$$

图 2.4 是积分区间为 $[-\pi/2, \pi/2]$ 的优化差分格式的频散关系图。从图中可以看到，优化差分格式的有效波数在小于 1.2 时都与真实波数相差非常小。这样差分格式对于波数 $\alpha\Delta < 1.2$（或者波长 $\lambda > 5.2\Delta x$）的波都能够很好地近似。当波数 $\alpha\Delta x$ 大于 1.6 时，有效波数偏离真实波数越来越多。因此，采用差分格式计算的短波的传播特征会与偏微分方程大大不同。

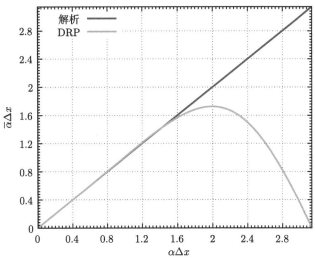

图 2.4 优化差分格式的频散关系图

2.2.2 群速度分析

一个好的格式要求在比较宽的范围内其有效波数等于真实波数。然而，从波传播的角度看，差分格式的群速度也要求与原微分算子一样或者很接近。其物理意义就是，数值计算时不同波数分量的传播速度一致，都等于声速，而不至于出现你快我慢的情况。差分算子的群速度可以通过 $\dfrac{\mathrm{d}\bar{\alpha}}{\mathrm{d}\alpha}$ 计算得到。$\dfrac{\mathrm{d}\bar{\alpha}}{\mathrm{d}\alpha}$ 实际上是频散关系曲线 $(\alpha\Delta x - \bar{\alpha}\Delta x)$ 的斜率，如果格式有效波数等于或者非常接近真实波数，则应该约等于 1。图 2.5 是上面优化的 DRP 格式和其他几个标准中心差分格式的群速度曲线。从图中可以看到，对于波数范围 $0.4 < \alpha\Delta x < 1.15$，DRP 格式的群速度 $\mathrm{d}\bar{\alpha}/\mathrm{d}\alpha$ 大于 1。也就是说，在计算时，这个波数范围的波的传播速度大于原偏微分方程，也就是传播的速度更快了。在波数区间 $[0.8, 1.0]$，格式群速度大于 1.02，因此，这个波数范围的波的传播速度将比正常速度快 2%。也就是说，如果理论上波传播的距离是 100 个网格，那么实际上这些波传播距离是 102 个网格，对于长距离波传播计算来说误差太大，难以接受。

从图 2.4 中可以看到，当 $\alpha\Delta x > 1.1$ 时，有效波数越来越偏离真实波数，这部分的波，格式本来就分辨不了，在这个区间追求积分误差小没有意义，因此，可以通过缩小积分区间的办法来更好地优化格式的频散关系，譬如选取区间 $[0, \eta], \eta < \pi/2$，而不是 $[0, \pi/2]$，这样得到如下的积分误差公式

$$E = \int_0^\eta |\alpha\Delta x - \bar{\alpha}\Delta x|^2 \mathrm{d}(\alpha\Delta x) \tag{2.24}$$

给定 η 的值，按照之前一样的方法优化计算就可以得到格式系数。Tam 和 Webb[6] 检查了 DRP 格式对应的群速度，推荐 $\eta = 1.1$，这时优化得到的新的七点 DRP 系数分别为

$$a_0 = 0$$

$$a_1 = -a_{-1} = 0.77088238051822552$$

$$a_2 = -a_{-2} = -0.166705904414580469 \qquad (2.25)$$

$$a_3 = -a_{-3} = 0.02084314277031176$$

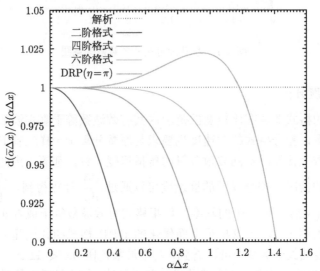

图 2.5   几种格式的群速度比较，其中 DRP 格式的优化积分区间为 $\left[-\dfrac{\pi}{2}, \dfrac{\pi}{2}\right]$

图 2.6 是 DRP 格式和其他几种标准中心差分格式频散特性的比较，以某个误差为标准统计得到的格式分辨率值见表 2.1，结合图和表可以知道，二阶标准中心差分格式的分辨率最低，对 $\alpha\Delta x$ 大于 0.3 的波就开始出现偏差，即 PPW 约为 $2\pi/(\alpha\Delta x) \approx 21$，而四阶标准中心差分格式的 PPW 约为 10.5，六阶标准中心差分格式 PPW 比 DRP 格式稍大，约为 7.4，而 DRP 格式的分辨率为 6.6，由此可以看出 DRP 格式在计算声学问题时的优势。图 2.7 是优化的 DRP 格式的群速度与六阶标准格式的对比，在更大的波数范围内，DRP 格式的群速度比六阶标准格式的群速度更接近 1，也就是说 DRP 格式比同样的七点标准中心差分格式更精确。

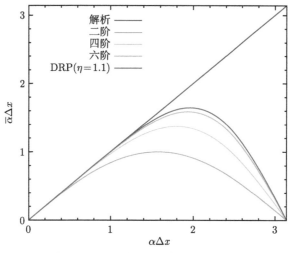

图 2.6   几种差分格式频散误差比较

表 2.1   不同格式分辨率比较

格式	$\alpha_c \Delta x$	分辨率，$\lambda/\Delta x$, PPW
二阶标准中心差分	0.30	21.0
四阶标准中心差分	0.60	10.5
六阶标准中心差分	0.85	7.4
七点 DRP 格式	0.95	6.6

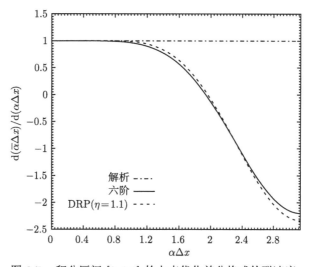

图 2.7   积分区间 $[0, 1.1]$ 的七点优化差分格式的群速度

2.2.3　算例测试比较

为了比较二、四、六阶标准中心差分格式和优化后的七点 DRP 中心差分格式的性能，选取如下初值问题进行测试：

$$\frac{\partial u}{\partial t} + \frac{\partial u}{\partial x} = 0$$

$$t = 0 \text{ 时，} \quad u = f(x) = 0.5\exp\left[-\ln 2\left(\frac{x}{3}\right)^2\right]$$

此问题解析解为 $u = f(x - t)$。

上述方程的半离散形式为

$$\frac{\mathrm{d}u_l}{\mathrm{d}t} + \sum_{j=-N}^{N} a_j u_{l+j} = 0$$

这个方程可以采用龙格–库塔（Runge-Kutta）方法进行时间推进求解。

上面四个不同格式结果的比较见图 2.8，从图中可以清楚地看到，由于分辨率不足，二阶格式的结果频散现象非常严重，由于高波数部分群速度小于 1，因此高波数部分的波传播速度小于正常速度，在波后出现了非常严重的振荡现象。随着格式精度的提高，譬如说四阶格式结果就有了很大改进，虽然在波后仍然存在较

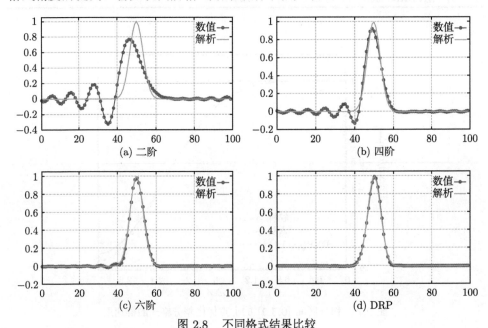

图 2.8　不同格式结果比较

多的振荡。由于 DRP 格式是在七点六阶标准中心差分格式基础上优化而来，我们比较六阶格式和 DRP 格式的结果，可以看到优化格式的结果与解析解符合得更好，也就是说通过优化格式的频散关系，使得格式的波数分辨率提高了，非常明显地改善了计算结果。

2.3 紧 致 格 式

假设 x 轴被大小为 Δx 的网格均分，整数 i 表示第 i 个网格点，其坐标 $x_i = i\Delta x$，该点的函数值为 $u_i = u(x_i)$。网格点 i 上的一阶偏导数 $\dfrac{\mathrm{d}f}{\mathrm{d}x}(x_i)$ 的差分近似 f_i' 与 i 点的函数值相关。譬如说之前介绍的二阶和四阶标准中心差分，u_i' 分别与 (u_{i-1}, u_{i+1}) 和 $(u_{i-2}, u_{i-1}, u_{i+1}, u_{i+2})$ 相关。在谱方法中，u_i' 与所有节点的值相关，而紧致差分格式则模拟这种依赖关系。Lele[5] 在 1992 年提出了具有类谱方法分辨率的紧致差分格式，由于该格式具有非常好的性能，受到了研究者的青睐，在高精度数值模拟，尤其是在湍流模拟中得到了广泛的应用。图 2.9 是常用的紧致格式模板示意图，函数模板点包括实心和空心圆圈点，其中实心圆圈表示函数偏导数模板点，采用这个模板的紧致格式可以写为如下形式：

$$\beta u_{i-2}' + \alpha u_{i-1}' + u_i' + \alpha u_{i+1}' + \beta u_{i+2}' = c\frac{u_{i+3} - u_{i-3}}{6\Delta x} + b\frac{u_{i+2} - u_{i-2}}{4\Delta x} + a\frac{u_{i+1} - u_{i-1}}{2\Delta x}$$
$$(2.26)$$

根据格式的阶数，格式系数 a, b, c 和 α, β 之间的关系可以通过 Taylor 级数的系数匹配得到。下面是不同阶格式的系数需要满足的关系：

$$a + b + c = 1 + 2\alpha + 2\beta \qquad \text{(二阶)} \qquad (2.27)$$

$$a + 2^2 b + 3^2 c = 2\frac{3!}{2!}(\alpha + 2^2\beta) \qquad \text{(四阶)} \qquad (2.28)$$

$$a + 2^4 b + 3^4 c = 2\frac{5!}{4!}(\alpha + 2^4\beta) \qquad \text{(六阶)} \qquad (2.29)$$

$$a + 2^6 b + 3^6 c = 2\frac{7!}{6!}(\alpha + 2^6\beta) \qquad \text{(八阶)} \qquad (2.30)$$

$$a + 2^8 b + 3^8 c = 2\frac{9!}{8!}(\alpha + 2^8\beta) \qquad \text{(十阶)} \qquad (2.31)$$

上面的公式表明，在满足 Taylor 级数展开系数的阶数限制的前提下，这些参数取不同的值可以得到不同的格式。下面是紧致格式的一些特殊情况分析。

$$x_{j-3} \qquad x_j \qquad x_{j+3}$$

图 2.9 紧致格式模板示意图

（1）如果 $\alpha = 0, \beta = 0$，则称为显式格式；

（2）如果 $\alpha \neq 0, \beta = 0$，则采用公式 (2.26) 离散得到一个三对角矩阵线性方程组，所以称为三对角格式 (triadiagonal scheme)；

（3）如果 $\alpha \neq 0, \beta \neq 0$，则采用公式 (2.26) 离散得到一个五对角矩阵线性方程组，所以称为五对角格式 (penta-diagonal scheme)。

对于三对角格式，如果 $c = 0$，则公式 (2.26) 只包含一个自由参数 α，其系数关系为

$$\beta = 0, \quad a = \frac{2}{3}(\alpha + 2), \quad b = \frac{1}{3}(4\alpha - 1), \quad c = 0$$

特别地，取 $\alpha = \frac{1}{3}$，可以得到六阶精度格式，其系数如下

$$\alpha = \frac{1}{3}, \quad \beta = 0, \quad a = \frac{14}{9}, \quad b = \frac{1}{9}, \quad c = 0$$

对于三对角格式，如果 $c \neq 0$，则公式 (2.26) 是包含一个参数 α 的六阶三对角格式，其系数关系为

$$\beta = 0, \quad a = \frac{1}{6}(\alpha + 9), \quad b = \frac{1}{15}(32\alpha - 9), \quad c = \frac{1}{10}(-3\alpha + 1)$$

特别地，取 $\alpha = \frac{3}{8}$，得到八阶精度格式，其系数如下

$$\alpha = \frac{3}{8}, \quad \beta = 0, \quad a = \frac{25}{16}, \quad b = \frac{1}{5}, \quad c = -\frac{1}{80}$$

对于五对角格式，如果 $\beta \neq 0, c = 0$，则公式 (2.26) 是包含一个参数 α 的六阶五对角格式，其系数关系为

$$\beta = \frac{1}{12}(-1 + 3\alpha), \quad a = \frac{2}{9}(9 - 3\alpha), \quad b = \frac{1}{18}(-17 + 57\alpha), \quad c = 0$$

特别地，$\alpha = \frac{4}{9}$，得到八阶精度格式，其系数如下

$$\alpha = \frac{4}{9}, \quad \beta = \frac{1}{36}, \quad a = \frac{40}{27}, \quad b = \frac{25}{54}, \quad c = 0$$

如果 $\beta \neq 0, c \neq 0$，则公式 (2.26) 是包含一个参数 α 的八阶五对角格式，其系数关系为

$$\beta = \frac{1}{20}(-3 + 8\alpha), \quad a = \frac{1}{6}(12 - 7\alpha), \quad b = \frac{1}{150}(568\alpha - 183), \quad c = \frac{1}{50}(9\alpha - 4)$$

特别地，$\alpha = \frac{1}{2}$，得到八阶精度格式，其系数如下

$$\alpha = \frac{1}{2}, \quad \beta = \frac{1}{20}, \quad a = \frac{17}{12}, \quad b = \frac{101}{150}, \quad c = \frac{1}{100}$$

把公式 (2.26) 进行 Fourier 变换得到

$$\bar{k} = \frac{a \sin(k) + (b/2) \sin(2k) + (c/3) \sin(3k)}{1 + 2\alpha \cos(k) + 2\beta \cos(2k)} \tag{2.32}$$

由于紧致差分格式中包含了系数 α, 因此这里采用 k 表示波数, $\bar{k}$ 是紧致格式的有效波数。

图 2.10 是不同阶数紧致格式频散关系比较, 可以看到, 紧致格式采用较少的模板点, 就能得到比显式格式更好的分辨率。

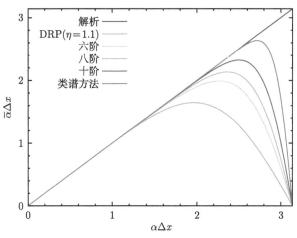

图 2.10 不同阶数紧致格式频散关系比较

2.4 偏侧模板格式

对于边界处的网格点, 由于边界外的一侧没有网格点, 不能再使用中心模板的格式, 因此必须采用非对称模板的偏侧格式。图 2.11 是边界处采用七点偏侧格式模板示意图, 如图 2.11 中 (a)—(c) 所示, 图中实心的符号表示当前计算偏导数的点, 空心符号表示模板中的其他点。

前面对中心模板的格式进行了频散关系优化, 得到了性能优异的中心模板 DRP 格式。但是计算中心区域和边界是一个整体, 当声波从内场传播到边界处时, 如果格式精度与内场差别很大, 譬如分辨率低很多, 则内场能够分辨的波到了边界不能分辨, 出现频散或者耗散现象, 计算结果整体精度下降。因此对边界处的非对称模板格式也需要进行误差分析, 并进行优化, 尽量做到与内场分辨率基本一致。

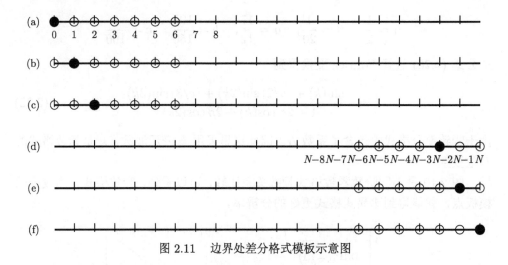

图 2.11   边界处差分格式模板示意图

非对称模板情况，格式同时存在频散和耗散误差，因此全局误差积分需要同时考虑实部和虚部的贡献，但是为保证积分误差为实数，可以采用如下方式把这两部分的误差加权计算：

$$E = \int_{-\eta}^{\eta} \left\{ \sigma \left[\mathrm{Re}(\alpha\Delta x - \bar{\alpha}\Delta x) \right]^2 + (1 - \sigma) \left[\mathrm{Im}(\alpha\Delta x - \bar{\alpha}\Delta x) \right]^2 \right\} \mathrm{d}(\alpha\Delta x) \quad (2.33)$$

其中 σ 为权重，反映了实部与虚部对积分误差的影响。非对称模板格式系数优化求解过程与中心差分对称模板相似，不同之处在于，边界处格式精度比对称模板精度低一阶。对于七点格式，通过 Taylor 展开到三阶精度 $(\Delta x)^3$，使得其中 5 个系数与另外两个相关，给定 σ 值，求得满足积分误差 (2.33) 最小的系数解。以图 2.11(a) 中的完全偏侧格式为例，选取 a_0^{60} 和 a_1^{60} 为自由参数，把 a_i^{60} $(i = 2, \cdots, 6)$ 用 a_0^{60} 和 a_1^{60} 表示，然后求解下面的线性方程组：

$$\begin{cases} \dfrac{\partial E}{\partial a_0^{60}} = 0 \\[2mm] \dfrac{\partial E}{\partial a_1^{60}} = 0 \end{cases} \quad (2.34)$$

选取合适的参数 σ 和积分区间，就可以得到优化的偏侧模板格式系数。Tam[23] 给出了偏侧模板七点差分系数如下

$$a_0^{60} = -2.192280339, \quad a_1^{60} = 4.748611401, \quad a_2^{60} = -5.108851915, \quad a_3^{60} = 4.461567104$$

$$a_4^{60} = -2.833498741, \quad a_5^{60} = 1.128328861, \quad a_6^{60} = -0.203876371$$

$$(2.35)$$

$$a_{-1}^{51} = -0.209337622, a_0^{51} = -1.084875676, a_1^{51} = 2.147776050, a_2^{51} = -1.388928322$$

$$a_3^{51} = 0.768949766, \quad a_4^{51} = -0.281814650, \quad a_5^{51} = 0.048230454$$

$$(2.36)$$

$$a_{-2}^{42} = 0.049041958, \quad a_{-1}^{42} = -0.468840357, \quad a_0^{42} = -0.474760914, \quad a_1^{42} = 1.273274737$$

$$a_2^{42} = -0.518484526, \quad a_3^{42} = 0.166138533, \quad a_4^{42} = -0.026369431$$

$$(2.37)$$

格式系数 $a_i^{60}, a_i^{51}, a_i^{42}$, $i = 0$ 表示格式模板中当前求偏导数的点, 上标有两位数字, 第一个表示格式当前点的正坐标方向点的个数, 第二个表示坐标负方向点的个数, 上面的格式系数可以应用到图 2.11 所示的左侧边界处, 如果是右侧边界, 其格式系数与左侧的关系为

$$a_{6-i}^{06} = -a_i^{60}, \qquad i = 0, \cdots, 6$$

$$a_{5-i}^{15} = -a_{i-1}^{51}, \qquad i = 0, \cdots, 6 \qquad (2.38)$$

$$a_{4-i}^{24} = -a_{i-2}^{42}, \qquad i = 0, \cdots, 6$$

图 2.12 是完全偏侧格式 a_i^{60} 的频散关系, 并与标准差分格式进行了对比。从虚部放大图可以看出, 标准格式在波数范围 $[0.5, 1.2]$ 存在虚部为正的情况, 而优化后的格式大为改善, 只有在不能分辨的波数部分 $[1.2, 1.4]$ 存在虚部为正的情况。根据前面的分析我们知道, 有效波数虚部为正值说明格式对这部分波数分量不稳定, 这需要配合人工黏性或者空间滤波方法抑制不稳定现象, 人工黏性和滤波方法将在后面介绍。

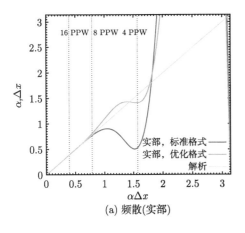

(a) 频散(实部)

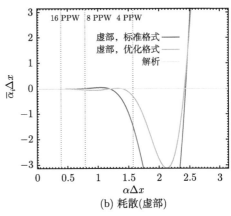

(b) 耗散(虚部)

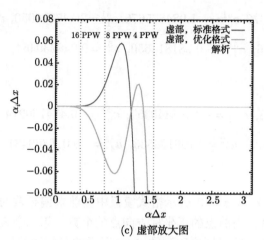

(c) 虚部放大图

图 2.12　七点偏侧差分格式频散关系

2.5　格式稳定性

　　格式稳定性包括两个方面。一是格式本身的稳定性，这可以从格式的频散关系的虚部判断（见公式 (2.14)）。二是格式与其他格式配合一起进行数值模拟时的稳定性。在进行数值模拟时，计算域内场和边界的格式一般都会不同，这些不同的格式配合在一起时的精度和稳定性，是需要关注的问题。这一部分将介绍不同格式耦合在一起时的精度和稳定性分析方法。对于下面初边值问题，

$$\frac{\partial u}{\partial t} + c\frac{\partial u}{\partial x} = 0, \qquad a \leqslant x \leqslant b$$

边界条件：$u(a,t) = g(t)$。计算域 $[a,b]$ 上均匀划分 $N+1$ 个网格点。采用如图 2.13 所示四阶标准中心差分格式进行空间离散，格式公式如下：

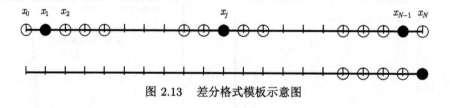

图 2.13　差分格式模板示意图

$$\left.\frac{\partial u}{\partial x}\right|_0 = \frac{1}{\Delta x}\left(-\frac{1}{4}u_4 + \frac{4}{3}u_3 - 3u_2 + 4u_1 - \frac{25}{12}u_0 \right) \tag{2.39}$$

$$\left.\frac{\partial u}{\partial x}\right|_1 = \frac{1}{\Delta x}\left(-\frac{1}{4}u_0 - \frac{5}{6}u_1 + \frac{3}{2}u_2 - \frac{1}{2}u_3 + \frac{1}{12}u_4 \right) \tag{2.40}$$

$$\left.\frac{\partial u}{\partial x}\right|_{N-1} = \frac{1}{\Delta x}\left(\frac{1}{4}u_N + \frac{5}{6}u_{N-1} - \frac{3}{2}u_{N-2} + \frac{1}{2}u_{N-3} - \frac{1}{12}u_{N-4}\right) \qquad (2.41)$$

$$\left.\frac{\partial u}{\partial x}\right|_{N} = \frac{1}{\Delta x}\left(\frac{1}{4}u_{N-4} - \frac{4}{3}u_{N-3} + 3u_{N-2} - 4u_{N-1} + \frac{25}{12}u_N\right) \qquad (2.42)$$

上述方程的半离散形式为

$$\frac{\mathrm{d}u}{\mathrm{d}t} + \frac{1}{\Delta x}\begin{bmatrix} -\frac{5}{6} & \frac{3}{2} & -\frac{1}{2} & \frac{1}{12} & \cdots & 0 & 0 & 0 & 0 & 0 \\ -\frac{8}{12} & 0 & \frac{8}{12} & -\frac{1}{12} & \cdots & 0 & 0 & 0 & 0 & 0 \\ & & \frac{1}{12} & -\frac{8}{12} & 0 & \frac{8}{12} & \frac{1}{12} & \cdots & & \\ 0 & 0 & 0 & 0 & \cdots & -\frac{1}{12} & \frac{1}{2} & -\frac{3}{2} & \frac{5}{6} & \frac{1}{4} \\ 0 & 0 & 0 & 0 & \cdots & \frac{1}{4} & -\frac{4}{3} & 3 & -4 & \frac{25}{12} \end{bmatrix}\begin{bmatrix} u_1 \\ u_2 \\ \vdots \\ u_{N-1} \\ u_N \end{bmatrix} + \begin{bmatrix} -\frac{1}{4}g(t) \\ \frac{1}{12}g(t) \\ 0 \\ \vdots \\ 0 \\ 0 \end{bmatrix} = 0$$

上式可简写为如下矩阵形式:

$$\frac{\mathrm{d}u}{\mathrm{d}t} = Mu + g \qquad (2.43)$$

假设格点 j 处的解向量为 $u = \widetilde{u}e^{\omega t}e^{\mathrm{i}jK}$,其中 i 为虚数单位,代入上式得到

$$\omega e^{\omega t}e^{\mathrm{i}jK}\widetilde{u} = Mu + g$$

去掉非奇次项 g,

$$(M - \omega E)e^{\omega t}e^{\mathrm{i}jK}\widetilde{u} = 0 \qquad (2.44)$$

上式要有非零解,需要满足

$$M - \omega E = 0 \qquad (2.45)$$

也就是说 ω 是矩阵 M 的特征值。根据稳定性要求[25],必须满足如下条件:

$$\mathrm{Re}\{\mathrm{eigenvalue}(M)\} \leqslant 0 \qquad (2.46)$$

如果特征值为正,则 $e^{\omega t}$ 会随着时间放大,计算发散。

图 2.14 是采用图 2.13 所示模板格式离散的稳定性分析结果,同时考虑了不同网格点数的影响($N = 50$ 和 100)。从结果可以看到,无论是 $N = 50$ 还是 100,矩阵 M 的特征值实部都有大于 0 的情况,这也就是说,采用边界和内场都是四阶精度格式的这种组合离散方式是不稳定的。如果把边界的离散格式替换为如图 2.15(a) 所示的三阶精度格式,从图 2.15(b) 的分析结果可以看到,矩阵特征值都小于等于 0,说明这种组合离散方式是稳定的。边界上的格式降低了一阶精

度，达到了整体的稳定性要求。虽然边界上的格式比内场精度低一阶，但是根据 Carpenter 等[25] 的研究结果，计算的整体精度还是能够保证四阶。

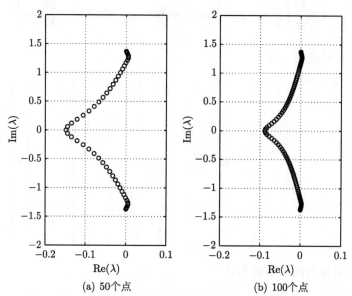

(a) 50个点   (b) 100个点

图 2.14　标准差分格式离散：边界四阶精度—内场四阶精度 (4—4—4) 稳定性分析

我们看看 DRP 格式的稳定性分析结果，离散格式如图 2.16(a) 所示，在边界上的第一、二个点，采用偏侧 7 点模板格式，第三点采用标准 5 点中心差分模板格式，内场采用 7 点中心模板 DRP 格式（我们简称为 DRP-7577）。从特征值结果图 2.16(b) 可以看到，这种组合的离散方式的特征值实部都小于等于 0，格式是稳定的。根据经验和分析结果，如果把第三点的 5 点中心差分模板格式替换为 7 点偏侧格式 (a_j^{42})，（特征值结果在图中标记为 DRP-7777）稳定性将不能得到保证。

最后分析如下四阶精度紧致格式[5] 的稳定性，

$$\alpha u'_{i-1} + u'_i + \alpha u'_{i+1} = a\frac{u_{i+1} - u_{i-1}}{2\Delta x} \tag{2.47}$$

其中 $\alpha = \dfrac{1}{4}$, $a = \dfrac{3}{2}$. 由于四阶精度的中心模板格式在边界上无法使用，在边界上需要采用偏侧模板的紧致格式。在边界上采用如下的三阶精度格式，

$$u'_0 + \alpha u'_1 = \frac{1}{\Delta x}(a\,u_0 + b\,u_1 + c\,u_2 + d\,u_3) \tag{2.48}$$

其中 $a = \dfrac{11 - 2\alpha}{6}$, $b = \dfrac{6 - \alpha}{2}$, $c = \dfrac{2\alpha - 3}{2}$, $d = \dfrac{2 - \alpha}{6}$, α 取值 5。从图 2.17 可以看到，这种离散模板组合是稳定的。

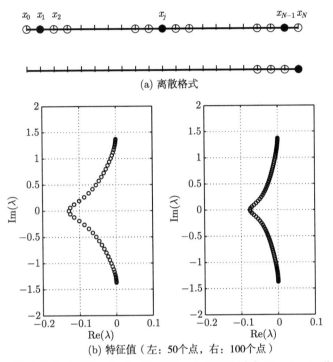

(a) 离散格式

(b) 特征值（左：50个点，右：100个点）

图 2.15 标准差分格式离散：边界三阶精度—内场四阶精度 (3—4—3) 稳定性分析

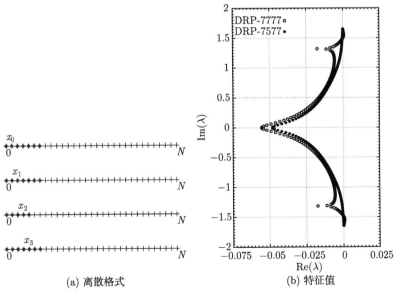

(a) 离散格式   (b) 特征值

图 2.16 DRP 格式离散：边界三阶精度—内场四阶精度 (7—7—5—7—5—7—7) 稳定性分析

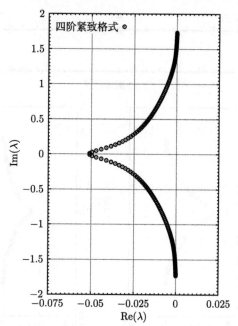

图 2.17 紧致格式离散：边界三阶精度—内场四阶精度稳定性分析

2.6 有选择性人工黏性

虽然高阶差分格式有很多优点，如低频散低耗散、分辨率高等，但是从前面得到的频散关系图 2.6 可以知道，由于在高波数部分其有效波数与真实波数相差甚远，导致高波数分量的分辨能力很差，在计算时容易产生数值振荡。如果不采取措施抑制，这些振荡就会放大，污染数值解，甚至淹没整个真正的数值解，使计算发散。因此在计算时需要加入一定人工黏性来抑制或者消除这种不能分辨的高波数分量。加入的人工黏性只对格式不能分辨的高波数分量有效，对格式能够分辨的有效波数范围的波没有或者只有很小的影响，因此称之为选择性人工黏性 (artifical selective damping)。下面将介绍 Tam 等[26] 提出的有选择性人工黏性方法。

以迁移方程为例，假设选择性人工黏性项为 $D(x)$，则主控方程形式变为

$$\frac{\partial u}{\partial t} + c\,\frac{\partial u}{\partial x} = D(x) \tag{2.49}$$

其中 c 为波传播速度。假设黏性项 $D(x)$ 与空间离散格式采用相同的模板，且其系数为 d_j，则在尺度为 Δx 的均匀网格上对方程进行离散可以得到

$$\frac{\mathrm{d}u_l}{\mathrm{d}t} + \frac{c}{\Delta x}\sum_{j=-3}^{3} a_j u_{l+j} = -\frac{\nu_a}{(\Delta x)^2}\sum_{j=-3}^{3} d_j u_{l+j} \tag{2.50}$$

其中 ν_a 为正的黏性系数，Δx 为网格间距。

对上式进行 Fourier 变换，得到

$$\frac{\mathrm{d}\widetilde{u}}{\mathrm{d}t} + c\bar{\alpha}\widetilde{u} = -\frac{\nu_a}{(\Delta x)^2}\widetilde{D}(\alpha\Delta x)\widetilde{u} \tag{2.51}$$

其中

$$\widetilde{D}(\alpha\Delta x) = \sum_{j=-3}^{3} d_j e^{\mathrm{i}j\alpha\Delta x} \tag{2.52}$$

为了有选择性地抑制或者消除高波数振荡，人工黏性项格式系数必须满足如下条件：

（1）$\widetilde{D}(\alpha\Delta x)$ 必须是 $\alpha\Delta x$ 的正偶函数，则有

$$\widetilde{D}(\alpha\Delta x) = d_0 + 2\sum_{j=1}^{3} d_j \cos(j\alpha\Delta x) \tag{2.53}$$

（2）黏性项对长波无阻尼作用，即当 $\alpha\Delta x \to 0$ 时，$\widetilde{D}(\alpha\Delta x) \to 0$，这要求

$$d_0 + 2\sum_{j=1}^{3} d_j = 0 \tag{2.54}$$

（3）格式系数归一化以方便计算，即

$$\widetilde{D}(\pi) = 1 \tag{2.55}$$

Tam 等[26] 建议采用以 π 为中心、σ 为半波长的高斯 (Gauss) 函数作为模板来确定格式系数 d_j，即通过选取合适的格式系数 d_j，使得如下积分公式 E 取得最小值：

$$E = \int_0^\beta \left\{ \widetilde{D}(\alpha\Delta x) - \exp\left[-\ln 2\left(\frac{\alpha\Delta x - \pi}{\sigma}\right)^2\right] \right\}^2 \mathrm{d}(\alpha\Delta x) \tag{2.56}$$

其中 β 是积分区间，通过调节其值的大小可以得到合适的黏性项 $\widetilde{D}(\alpha\Delta x)$。根据 d_j 的三个限制条件，把格式系数 d_2 和 d_3 用 d_0 和 d_1 来表示，为使积分误差 E 取得最小值，必须满足下式：

$$\frac{\partial E}{\partial d_0} = \frac{\partial E}{\partial d_1} = 0 \tag{2.57}$$

求解上式即可求得 d_0, d_1, d_2, d_3。改变 σ 和 β 的值可以改变选择性人工黏性的作用范围。

Tam 选取滤波带宽 $\sigma = 0.3\pi, \beta = 0.65\pi$，得到了如下有选择性人工黏性格式系数：

$$d_0 = 0.3276986608$$
$$d_1 = d_{-1} = -0.235718815$$
$$d_2 = d_{-2} = 0.0861506696$$
$$d_3 = d_{-3} = -0.0142811847$$

(2.58)

这套系数对存在间断的情况的数值计算非常有用。图 2.18 是人工黏性函数曲线，可以看到 $D(x)$ 函数在低波数范围值很小，对格式能分辨的波数部分分量影响很小，而在高波数部分，其值迅速增加，可以有效地抑制高波数部分的抖动。下面是 $\sigma = 0.2\pi$ 的选择性人工黏性格式系数，

$$d_0 = 0.2873928425$$
$$d_1 = d_{-1} = -0.2261469518$$
$$d_2 = d_{-2} = 0.1063035788$$
$$d_3 = d_{-3} = -0.0238530482$$

(2.59)

这套人工黏性格式的函数曲线见图 2.18，通过与 $\sigma = 0.3\pi$ 的曲线对比可以知道，这套格式作用波数范围更窄，在低波数部分黏性更小，也就是说对低波数部分的影响更小，因此适合普通的不含间断流动的计算。如果需要更高的分辨率，还可以推导更多模板点数的人工黏性格式，这里将不再赘述，具体可以参考 Tam 的专著[27]。

在计算域边界不能使用 7 点中心差分模板的情况下，上述 7 点人工黏性格式不能够使用，这个时候需要采用小模板的人工黏性格式，如下面的 5 点和 3 点人工黏性格式，分别适用于边界第 3 点和第 2 点：

$$d_0 = 0.375, \quad d_1 = d_{-1} = -0.25, \quad d_2 = d_{-2} = 0.0625 \tag{2.60}$$

$$d_0 = 0.5, \quad d_1 = d_{-1} = -0.25 \tag{2.61}$$

需要说明的是，对于边界上的第一个点，由于不能采用中心模板，因此不添加人工黏性。上述小模板的人工黏性函数曲线见图 2.18，可以看到这两个格式在低波数部分也有较大的值，表明其对低波数分量也有一定的影响。为了不影响计算结

果的整体精度而又能保证计算稳定，边界上人工黏性的强度系数 ν_a 的取值需要非常精细地控制。在实际应用中，人工黏性强度系数 ν_a 在内场取 0.05 即可，在边界处或者流动变化剧烈的地方可以取大一些的值，譬如 0.1—0.15。

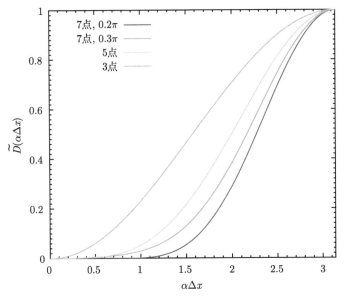

图 2.18　$\widetilde{D}(\alpha\Delta x)$-$\alpha\Delta x$：不同选择性人工黏性格式的作用波数范围

2.7　空间滤波方法

除了人工黏性方法外，空间滤波方法也能有效抑制或者消除数值不稳定波，使计算保持稳定。从上一节知道，人工黏性是作为一个额外项添加到离散方程中的。空间滤波方法与此不同，它不是直接作用在离散方程上，而是作用在变量本身，通过对计算得到的变量进行过滤，去除空间离散格式不能分辨的高波数部分。这个方法的思想与信号处理中的滤波非常类似，不同的是，信号处理中的滤波是针对时间序列信号，在频率空间进行，而空间滤波是对某一时刻的流场变量在物理空间进行处理，滤掉高波数分量。与前面的显式和紧致空间离散格式类似，滤波格式也分为显式和紧致两种，下面将分别对这两种空间滤波格式进行介绍。

2.7.1　显式滤波格式

显式滤波格式 (explicit filter scheme) 可以表示为

$$\bar{u}_j = u_j - \sigma \sum_{l=-N}^{N} d_l u_{j+l} \tag{2.62}$$

上面公式右边 u 是原始变量，左边 $\bar{u}$ 是滤波后的变量，d_l 是滤波格式系数，σ 是滤波强度，取值 $0 \leqslant \sigma \leqslant 1$。空间滤波格式一般都是对称模板，这样就不会引入频散误差，但是有研究者针对边界情况发展了非对称模板滤波格式，譬如 Berland 等[28]，感兴趣的可以参考他们的工作。一般情况下，每一个时间迭代步或者间隔几个时间步之后进行空间滤波，σ 的系数不会取值为 1。但是为了分析方便，这里取 $\sigma = 1$，因此显式空间滤波格式变为

$$\bar{u}_j = u_j - \sum_{l=-N}^{N} d_l u_{j+l} \tag{2.63}$$

对上式进行 Fourier 变换，可以得到

$$\bar{u}(\alpha) = \left(1 - \sum_{l=-N}^{N} d_l e^{il\alpha\Delta x}\right) u(\alpha) \tag{2.64}$$

定义滤波之后的变量与原始变量之间的比值为滤波函数

$$\widetilde{D}(\alpha\Delta x) = \frac{\bar{u}(\alpha)}{u(\alpha)} = 1 - \sum_{l=-N}^{N} d_l e^{il\alpha\Delta x} \tag{2.65}$$

根据滤波的目的，一个好的滤波函数的低波数部分取值应该为 1 或者接近 1，而在高波数部分，尤其是针对 PPW 为 2 的格点间振荡，其值最好为 0。为此需要根据这个要求选取滤波格式系数 d_l 的值。根据需求选取如下空间滤波函数：

$$\widetilde{D}(\alpha\Delta x) = 1 - \sin^N \frac{\alpha\Delta x}{2} \tag{2.66}$$

其中 N 是阶数，图 2.19 是不同阶的空间滤波函数曲线。可以看到，所有滤波函数在低波数段取值接近 1，说明对低波数分量影响很小；随着波数增加，值不断减小，最后在 π 处为 0，这说明对于格点间的短波作用最大。另外可以看到，滤波格式阶数越高，可分辨的（可通过的）波数范围越大。

可以根据这个滤波函数确定格式系数。N 阶滤波方法在波数空间表达式为

$$1 - \sum_{l=-N}^{N} d_l e^{il\alpha\Delta x} = 1 - \sin^N \frac{\alpha\Delta x}{2} \tag{2.67}$$

一般情况下，滤波格式都是中心对称的，因此没有频散，只有耗散，上面的公式简化为

$$(1 - d_0) - 2\sum_{l=1}^{N} d_l \cos(l\alpha\Delta x) = 1 - \sin^N \frac{\alpha\Delta x}{2} \tag{2.68}$$

滤波格式的系数可以采用 Taylor 级数展开方法得到，这种称为标准格式。

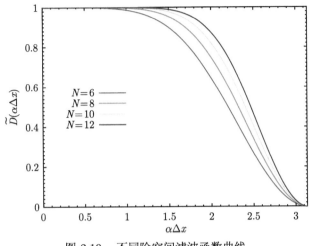

图 2.19 不同阶空间滤波函数曲线

还有一种方法，就是根据 Tam 的选择性人工黏性格式的思想，使滤波格式系数满足一定的频散关系，只针对特定波数范围内的波过滤。例如，对于显式滤波方法，定义阻尼函数为

$$D_k(\alpha\Delta x) = d_0 + 2\sum_{l=1}^{N} d_l \cos(l\alpha\Delta x) \tag{2.69}$$

其与滤波函数的关系为 $D(\alpha\Delta x) = 1 - D_k(\alpha\Delta x)$。与有选择性人工黏性格式的系数优化类似，对于一定的波数范围 β，选择一个模板函数 $D_a(\alpha\Delta x)$，选取合适的系数使得阻尼函数与模板函数之差的积分误差 E 最小，就可以得到更好的频散关系的滤波格式，

$$E = \int_{-\beta}^{\beta} (D_k(\alpha\Delta x) - D_a(\alpha\Delta x))\mathrm{d}(\alpha\Delta x) \tag{2.70}$$

式中模板函数 $D_a(\alpha\Delta x)$ 可以与选择性人工黏性中的一样，选取以 π 为中心、半波长为 σ 的高斯函数。细心的读者会发现，根据这种方法优化得到的滤波格式，就是前面优化得到的选择性人工黏性格式。当然也可以选取其他类型的函数，但是有一个原则就是模板函数在低波数分量值很小，而在高波数分量值较大，在 $\alpha\Delta x = \pi$ 时取最大值 1。

根据 Berland 等[28] 的工作，还可以采用如下方法优化滤波格式系数，

$$E = \int_{\pi/16}^{\pi/2} D_k(\alpha\Delta x)\mathrm{d}(\ln(\alpha\Delta x)) \tag{2.71}$$

这种优化方法其实是在积分时给不同波数分量加了一个权重 $\dfrac{1}{\alpha\Delta x}$，对于低波数分量，这个权重大，而对于高波数分量，这个权重小。这样就可以保证空间滤波格式对低波数分量的分辨率。

下面分别是八阶显式滤波格式的标准系数和优化后的系数：

$$d_0 = \frac{35}{128}, \quad d_1 = d_{-1} = -\frac{7}{32}, \quad d_2 = d_{-2} = \frac{7}{64}$$
$$d_3 = d_{-3} = -\frac{1}{32}, \quad d_4 = d_{-4} = \frac{1}{256} \tag{2.72}$$

$$d_0 = 0.24352749312, \quad d_1 = d_{-1} = -0.20478888064, \quad d_2 = d_{-2} = 0.12000759168$$
$$d_3 = d_{-3} = -0.04521111936, \quad d_4 = d_{-4} = 0.00822866176$$
$$\tag{2.73}$$

八阶精度标准空间滤波格式和优化格式的滤波函数曲线如图 2.20 所示。

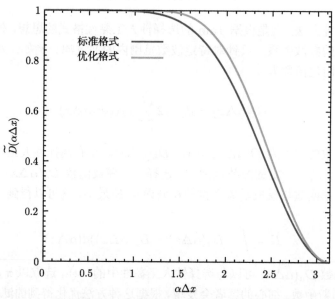

图 2.20　标准八阶空间滤波格式和优化格式频散关系比较

上面给出的高阶空间滤波格式，都是中心对称模板，而且模板点数很多，只能在计算域的内场使用，在边界区域，可以仍然使用中心模板的滤波格式，但是需要逐步降低滤波格式的阶数，也就是说在边界第二点，在垂直方向只能使用三点二阶的滤波格式。这样做的后果就是会降低整个数值计算的精度。另外一个做法就是采用偏侧空间滤波格式，例如 Berland 等[28] 的工作，

$$\bar{u}_j = u_j - \sigma \sum_{l=-M}^{N} d_l u_{j+l} \tag{2.74}$$

需要指出的是，偏侧模板的滤波格式同时包含了频散和耗散误差，而中心模板的滤波格式只存在耗散。根据作者的经验，这种偏侧模板的滤波格式在边界处耗散较大，需要非常精细地控制。这方面的详细内容可以参考 Berland 等[28] 的文章，这里不再赘述。

根据作者的经验，在实际计算中，公式 (2.62) 中的滤波强度 σ 一般取值为 0.02—0.05，可以在每一个时间推进步后对计算得到的守恒变量进行滤波。如果采用多层的 Runge-Kutta 法，则可以在一个时间推进步的某两个分步之后进行滤波。

2.7.2 紧致滤波格式

紧致滤波格式 (compact filter scheme) 可以表示为

$$a_f \bar{u}_{j-1} + \bar{u}_j + a_f \bar{u}_{j+1} = d_0 u_j + \sum_{l=1}^{N} \frac{d_l}{2} (u_{j-l} + u_{j+l}) \tag{2.75}$$

对于紧致滤波方法，当 $a_f = 0$ 时，其退化为显式格式。紧致格式的一个好处就是可以调节 a_f 系数的值来控制滤波的范围。对上式进行 Fourier 变换：

$$\left(1 + a_f(e^{i\alpha\Delta x} + e^{-i\alpha\Delta x})\right)\bar{u}(\alpha) = \left(1 + \sum_{l=1}^{N} \frac{d_l}{2}\left(e^{il\alpha\Delta x} + e^{-il\alpha\Delta x}\right)\right)u(\alpha)$$

化简得到

$$\bar{u}(\alpha) = \frac{d_0 + \sum_{l=1}^{N} d_l \cos(l\alpha\Delta x)}{1 + 2a_f \cos(\alpha\Delta x)} u(\alpha) \tag{2.76}$$

定义谱函数（spectral function, SF）为

$$\mathrm{SF}(\alpha\Delta x) = \frac{d_0 + \sum_{l=1}^{N} d_l \cos(l\alpha\Delta x)}{1 + 2a_f \cos(\alpha\Delta x)} \tag{2.77}$$

需要指出的是，一般来说滤波格式的系数都是对称的，因此函数 SF 是实数，滤波格式没有频散，只有耗散。给定一个 a_f 值，上式中的 $N+1$ 个格式系数 $(d_0, d_1, \cdots,$

d_N) 可以通过求解方程 $\mathrm{SF}(\pi)=0$ 以及满足精度要求的 N 个 Taylor 展开公式得到。例如，八阶精度滤波格式的系数为

$$d_0 = (93 + 70a_f)/128, \quad d_1 = (7 + 18a_f)/16, \quad d_2 = (-7 + 14a_f)/32$$

$$d_3 = (1 - 2a_f)/16, \qquad d_4 = (-1 + 2a_f)/128$$

a_f 是一个自由系数，其取值范围为 $-0.5 < a_f < 0.5$，当 $a_f = 0$ 时紧致格式变为显式滤波格式，a_f 取值越大，格式的耗散越小，当 $a_f = 0.5$ 时对所有波都没有作用。图 2.21 是 a_f 取不同的值时八阶紧致空间滤波格式谱函数图，可以看到 a_f 值越小，格式耗散越大。这种大模板的高阶滤波格式也只能用在内场，在边界区域，可以采用降低滤波格式阶数的方法，即采用低阶的小模板的滤波格式。更多关于紧致滤波格式的内容，可以参考 Lele[5]、Visbal 和 Gaitonde[29]、Gaitonde 和 Visbal[30] 等一些研究者的工作。

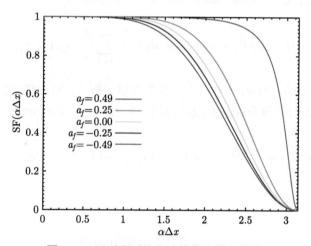

图 2.21　八阶紧致空间滤波格式谱函数图

第 3 章 时间推进方法

对于声波传播这种与时间精确相关的物理问题，在数值求解的时候仅仅要求高阶的截断误差是不够的，正如文章[6] 中所指出的那样，采用数值方法求解声学问题时，数值方法的频散和耗散特性非常重要，这对时间和空间离散同样适用。时间推进方法主要分为显式和隐式两种，由于显式时间推进方法简单易用，而且很容易构造高阶精度，因此声学计算里面大都采用显式时间推进格式。因此，这里我们只介绍显式时间推进格式，隐式时间推进格式不再介绍，感兴趣的读者可以参考其他研究者相关的工作。

3.1 低耗散低频散 Runge-Kutta 方法

在众多的时间离散格式中，显式的 Runge-Kutta 方法由于其灵活、具有大的稳定性以及适合编程等方面的优势而获得了广泛的应用。Hu 等[31] 对传统的 Runge-Kutta 系数进行了优化，得到了一套低耗散低频散的 Runge-Kutta（low-dissipation and dispersion Runge-Kutta，LDDRK）时间推进格式。Stanescu 和 Habashi[32] 在此基础上，推导出了两层存储的 LDDRK (2N storage LDDRK) 格式，与之前的格式相比，这种格式在保持高精度、高效率的同时，占用更少的内存，获得了广泛的应用。

对于一般的波传播问题，控制方程可以写为如下常微分方程形式：

$$\frac{\partial U}{\partial t} = F(t, U(t)), \quad U(t_0) = U_0 \tag{3.1}$$

p 阶精度、s 层的显式 Runge-Kutta 法的最普通形式为

$$U^{n+1} = U^n + \Delta t \sum_{i=1}^{s} b_i K_i$$

$$K_i = F\left(t^n + \Delta t c_i, U^n + \Delta t \sum_{j=1}^{i-1} a_{ij} K_j\right) \tag{3.2}$$

其中 $n, n+1$ 表示不同时间层，时间步长 $\Delta t = t^{n+1} - t^n$，系数满足如下关系：$c_i = \sum_{j=1}^{i-1} a_{ij}, i = 1, \cdots, s$。格式系数可以通过 Taylor 级数展开得到。

Jameson[33] 首先在 CFD 计算中使用了 Runge-Kutta 方法，它可以达到四阶精度且不需要特殊的启动处理，形式如下

$$\overline{U}^1 = U^n$$

$$\overline{U}^i = U^n + \alpha_i \Delta t F(\overline{U}^{i-1}), \quad i = 2, \cdots, 4$$

$$U^{n+1} = U^n + \Delta t \sum_{j=1}^{4} \beta_j F(\overline{U}^j) \tag{3.3}$$

其中

$$\alpha_2 = \frac{1}{2}, \quad \alpha_3 = \frac{1}{2}, \quad \alpha_4 = 1$$

$$\beta_1 = \frac{1}{6}, \quad \beta_2 = \frac{1}{3}, \quad \beta_3 = \frac{1}{3}, \quad \beta_4 = \frac{1}{6}$$

Hu 等[31] 发展了低耗散低频散四/六分步 Runge-Kutta 方法（LDDRK 46），在相邻的两个时间步中，四步和六步的时间推进交替进行，格式的精度为四阶。格式形式如下

$$\overline{U}^{(1)} = U^n$$

$$\overline{U}^{(i)} = U^n + \alpha_i \Delta t F(\overline{U}^{(i)}), \quad i = 2, 3, 4\text{或}6$$

$$U^{(n+1)} = U^n + \Delta t \sum_{i=1}^{4\text{或}6} \beta_i F(\overline{U}^{(i)}) \tag{3.4}$$

其中 α_i 是每一分步的时间系数，β_i 是时间积分系数，四、六分步格式系数分别见表 3.1 和表 3.2。

表 3.1　四分步格式系数

α_i	β_i
0	$\frac{1}{6}$
0.5	$\frac{1}{3}$
0.5	$\frac{1}{3}$
1.0	$\frac{1}{6}$

表 3.2　六分步格式系数

α_i	β_i
0	0.0467621
0.353323	0.137286
0.999597	0.170975
0.152188	0.197572
0.534216	0.282263
0.603907	0.165142

从上面的格式可以看到，计算需要存储的变量包括 $\overline{U}^i (i = 1, \cdots, s)$，$K_i (i = 1, \cdots, s)$，变量很多。而低存储的格式通用形式为

$$\begin{cases} W_i = \alpha_i W_{i-1} + \Delta t F(t_{i-1}, U_{i-1}), \\ U_i = U_{i-1} + \beta_i W_i, \end{cases} \quad i = 1, \cdots, s \tag{3.5}$$

其中 $\alpha_1 = 0$，以使格式能够自启动。令 $U_0 = U^n$，$U^{n+1} = U_s$，格式就完成了一个时间推进步。相对普通形式的 Runge-Kutta 方法而言，这种低存储形式的格式只需要存储两个分时间步的 W 和 U，从而大大节省了内存，提高了计算效率。下面将主要介绍低存储形式格式。

对于低存储形式的线化格式，令

$$K_1 = \Delta t F(U^n)$$

$$K_2 = \Delta t F(U^n + \beta_2 K_1)$$

$$\cdots$$

$$K_p = \Delta t F(U^n + \beta_p K_{p-1})$$

$$U^{n+1} = U^n + K_p \tag{3.6}$$

假设 U 连续可微，$K_1, K_2, \cdots, K_p$ 分别可以表示为

$$K_1 = \Delta t \frac{\partial U}{\partial t}$$

$$K_2 = \Delta t \frac{\partial U}{\partial t} + \beta_2 \Delta t^2 \frac{\partial^2 U}{\partial t^2}$$

$$K_3 = \Delta t \frac{\partial U}{\partial t} + \beta_3 \Delta t^2 \frac{\partial^2 U}{\partial t^2} + \beta_3 \beta_2 \Delta t^3 \frac{\partial^3 U}{\partial t^3}$$

$$\cdots$$

$$K_p = \Delta t \frac{\partial U}{\partial t} + \beta_p \Delta t^2 \frac{\partial^2 U}{\partial t^2} + \beta_p \beta_{p-1} \Delta t^3 \frac{\partial^3 U}{\partial t^3} + \cdots + \beta_p \beta_{p-1} \cdots \beta_2 \Delta t^p \frac{\partial^p U}{\partial t^p}$$

把上式代入方程 (3.6)，得到

$$U^{n+1} = U^n + \Delta t \frac{\partial U^n}{\partial t} + \beta_p \Delta t^2 \frac{\partial^2 U^n}{\partial t^2} + \beta_p \beta_{p-1} \Delta t^3 \frac{\partial^3 U^n}{\partial t^3} + \cdots$$
$$+ \beta_p \beta_{p-1} \cdots \beta_2 \Delta t^p \frac{\partial^p U^n}{\partial t^p} \tag{3.7}$$

假设 $U(t)$ 连续可微，则对 $U(t + \Delta t)$ 进行 Taylor 展开，得到

$$U(t + \Delta t) \approx U(t) + c_1 \Delta t \frac{\partial U}{\partial t} + c_2 \Delta t^2 \frac{\partial^2 U}{\partial t^2} + \cdots + c_p \Delta t^p \frac{\partial^p U}{\partial t^p} \tag{3.8}$$

其中 c_i 为 Taylor 展开系数。

对比公式 (3.7) 和 (3.8)，可以得到格式系数满足如下关系式，

$$\beta_p = c_2$$
$$\beta_p \beta_{p-1} = c_3 \tag{3.9}$$
$$\cdots$$
$$\beta_p \beta_{p-1} \cdots \beta_2 = c_p$$

根据上面的公式求出的系数 β_i，就是普通的 p 阶 Runge-Kutta 方法的格式系数。如果需要采用这个精确计算声学问题，还需要进一步优化格式的频散和耗散特性。

对公式 (3.7) 进行 Laplace 变换，得到

$$\widetilde{U}^{n+1} = \widetilde{U}^n \left(1 + \sum_{j=1}^{p} c_j (-i\omega\Delta t)^j \right) \tag{3.10}$$

定义数值放大因子 (numerical amplification factor) 为

$$r(\omega\Delta t) = \frac{\widetilde{u}^{n+1}}{\widetilde{u}^n} = 1 + \sum_{j=1}^{p} c_j (-i\omega\Delta t)^j \approx e^{-i\bar{\omega}\Delta t} \tag{3.11}$$

准确放大因子 (exact amplification factor) 为

$$r_e = \frac{\mathcal{L}(u(t + \Delta t))}{\mathcal{L}(u(t))} = e^{-i\omega\Delta t} \tag{3.12}$$

其中 $\mathcal{L}$ 表示 Laplace 变换。

数值放大因子与准确放大因子的比例为

$$\frac{r}{r_e} = \frac{e^{-i\bar{\omega}\Delta t}}{e^{-i\omega\Delta t}} = e^{-i(\bar{\omega}\Delta t - \omega\Delta t)} = |r|e^{-i\delta} \tag{3.13}$$

其中

$$|r| = |r(\omega\Delta t)| \tag{3.14}$$

$$\delta = i\ln\left(\frac{r}{r_e} \Big/ |r| \right) \tag{3.15}$$

上面公式中，$|r|$ 代表耗散率（或者称为耗散误差），其解析值应该为 1，δ 代表相位误差（或者称为频散误差），其理论值应该为 0。从上面公式可以看到，$|r|$ 和 δ 都是 $\omega\Delta t$ 的函数，代表了 Runge-Kutta 方法的特性，只与格式系数有关。图 3.1 中是标准的四阶 Runge-Kutta 方法的耗散和频散误差。

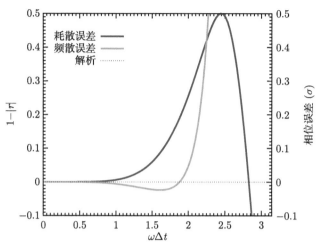

图 3.1   标准四阶 Runge-Kutta 格式频散耗散特性

时间推进格式系数优化的原则与空间差分格式的一样，即选择格式系数使得频散和耗散误差 E 在有效频率范围内的积分最小，可以表示为如下公式：

$$E = \int_0^\eta \left| 1 + \sum_{j=1}^p c_j(-\mathrm{i}\omega\Delta t)^j - e^{-\mathrm{i}\omega\Delta t} \right|^2 \mathrm{d}(\omega\Delta t) \tag{3.16}$$

其中 η 是有效频率范围。通过上面的积分公式可以求出系数 c_j，然后再根据公式 (3.9) 就可以求出优化格式系数。根据 Hu 等[31] 的工作，事实上在求解 c_j 的过程中，没有把 $|r| < 1$ 的限制条件加上去，这样求解出来的格式在某些很窄的频率区间会不稳定，即 $1 < |r| < 1.001$。因此，采用摄动方法（pertubation technique）对这些求解出的系数进行很小的修改，使得格式在给定的频率区间满足 $|r| < 1$ 的稳定性要求。

低耗散低频散五/六分步 Runge-Kutta 方法（LDDRK 56）是 Hu 等[31] 发展的低存储形式的高精度时间推进格式，在相邻的两个时间步中，5 层和 6 层的时间推进分别交替进行，格式的精度为四阶。格式系数见表 3.3。

表 3.3   Runge-Kutta 方法五/六分步格式系数

分步	i	α	β	c
	1	0.0	0.2687454	0.0
	2	−0.6051226	0.8014706	0.2687454
5 层	3	−2.0437564	0.5051570	0.5852280
	4	−0.7406999	0.5623568	0.6827066
	5	−4.4231765	0.0590065	1.1646854

| | | | | 续表 |
分步	i	α	β	c
	1	0.0	0.1158488	0.0
	2	-0.4412737	0.3728769	0.1158485
6 层	3	-1.0739820	0.7379536	0.3241850
	4	-1.7063570	0.5798110	0.6193208
	5	-2.7979293	1.0312849	0.8034472
	6	-4.0913537	0.15	0.9184166

除了上面给出的 Hu 等推导的五/六分步 Runge-Kutta 方法，还有很多其他的 Runge-Kutta 时间推进格式，图 3.2 是不同 Runge-Kutta 格式耗散频散特性

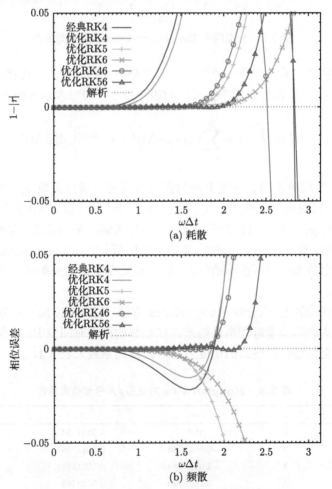

(a) 耗散

(b) 频散

图 3.2   不同 Runge-Kutta 格式耗散频散特性比较

比较，其中包括经典的四分步 Runge-Kutta 方法，优化的四分步、五分步、六分步 Runge-Kutta 方法，优化的四/六分步 Runge-Kutta 方法，优化的五/六分步 Runge-Kutta 方法。从图中可以看到，对于四分步 Runge-Kutta 方法，优化之后其分辨率区间有了明显提高。

3.2　Adams-Bashforth 时间离散格式

Adams-Bashforth 方法是一种显式多步方法，其一般形式如下

$$u^{n+1} = u^n + \Delta t \sum_{j=0}^{N} b_j \left(\frac{\partial u}{\partial t} \right)^{n-j} \tag{3.17}$$

其中 b_j 为格式系数。假设已知不同时间层 $n, n-1, n-2, \cdots$ 的结果，根据上式可以求得 $n+1$ 时间层的结果。

假设 $u(t)$ 连续可微，则相应有

$$u(t + \Delta t) \approx u(t) + \Delta t \sum_{j=0}^{N} b_j \frac{\partial u}{\partial t}(t - j\Delta t) \tag{3.18}$$

传统 Adams-Bashforth 格式：根据 $u(t + \Delta t)$ 的 Taylor 展开系数可以求得格式的系数 b_j。下面是前四阶标准格式的系数：

$$b_0 = 1$$
$$b_0 = -\frac{1}{2}, \quad b_1 = \frac{3}{2}$$
$$b_0 = \frac{5}{12}, \quad b_1 = -\frac{4}{3}, \quad b_2 = \frac{23}{12}$$
$$b_0 = -\frac{3}{8}, \quad b_1 = \frac{37}{24}, \quad b_2 = -\frac{59}{24}, \quad b_3 = \frac{55}{24}$$

3.2.1　Adams-Bashforth 格式的频散关系及优化

下面对 Adams-Bashforth 格式的频散关系进行分析，采用的方法与空间离散格式基本一致。对公式 (3.18) 进行 Laplace 变换，得到

$$\widetilde{u}e^{-\mathrm{i}\omega\Delta t} = \widetilde{u} + \Delta t \left(\sum_{j=0}^{N} b_j e^{\mathrm{i}j\omega\Delta t} \right) \frac{\partial \widetilde{u}}{\partial t} \tag{3.19}$$

上式可以简化为

$$\frac{\partial \widetilde{u}}{\partial t} = \frac{e^{-\mathrm{i}\omega\Delta t} - 1}{\Delta t \left(\sum\limits_{j=0}^{N} b_j e^{\mathrm{i}j\omega\Delta t} \right)} \widetilde{u} \tag{3.20}$$

因为 $\dfrac{\partial \widetilde{u}}{\partial t} = -\mathrm{i}\omega\widetilde{u}$，所以可以定义有效数值频率为

$$\bar{\omega}\Delta t = \mathrm{i}\frac{e^{-\mathrm{i}\omega\Delta t} - 1}{\sum\limits_{j=0}^{N} b_j e^{\mathrm{i}j\omega\Delta t}} \tag{3.21}$$

　　为了使得 Adams-Bashforth 格式具有更好的频散特性，能够更准确地模拟声传播，需要对格式系数进行优化。优化的原则是：选择合适的格式系数，使得有效数值频率和真实频率间的误差最小，即使得下面的积分误差 E 取最小值

$$E = \int_{-\eta}^{\eta} \{\sigma[\mathrm{Re}(\bar{\omega}\Delta t - \omega\Delta t)]^2$$
$$+ (1-\sigma)[\mathrm{Im}(\bar{\omega}\Delta t - \omega\Delta t)]^2\}\mathrm{d}(\omega\Delta t) \tag{3.22}$$

其中 $\mathrm{Re}()$ 和 $\mathrm{Im}()$ 分别表示实部和虚部，分别代表频散和耗散，σ 表示权重，η 为有效频率范围。通过选取合适的权重 σ，平衡频散和耗散误差，选取合适的有效频率范围，就可以优化得到更好频散特性的时间推进格式。

　　具体地，针对四阶 Adams-Bashforth 格式：

$$u^{n+1} = u^n + \Delta t \sum_{j=0}^{3} b_j \left(\frac{\partial u}{\partial t} \right)^{n-j} \tag{3.23}$$

根据 Taylor 展开求出系数间的关系：

$$b_1 = -3b_0 + \frac{53}{12}, \quad b_2 = 3b_0 - \frac{16}{3}, \quad b_3 = b_0 + \frac{23}{12} \tag{3.24}$$

根据频散耗散积分最小原则，求出 b_0，即

$$\frac{\mathrm{d}E}{\mathrm{d}b_0} = 0 \tag{3.25}$$

根据 Tam 和 Webb[6] 的优化结果，当 $\sigma = 0.36$，$\eta = 0.5$ 时，Adams-Bashforth 格式系数为

$$b_0 = 2.3025580888, \quad b_1 = -2.4910075998$$
$$b_2 = 1.5743409332, \quad b_3 = -0.3858914222$$

下面对不同 Adams-Bashforth 格式频散耗散特性进行了比较，见图 3.3。格式包括三阶和四阶的标准 Adams-Bashforth 格式，优化的 Adams-Bashforth 格式。从图中可以看到，四阶格式比三阶格式具有更宽的频率分辨范围，而优化的格式比标准的四阶格式具有更低的耗散，更适合声波传播计算。

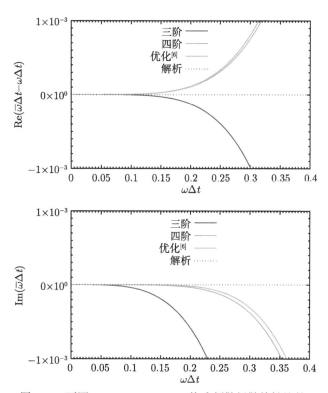

图 3.3   不同 Adams-Bashforth 格式频散耗散特性比较

3.2.2   格式稳定性分析

下面对优化四阶 Adams-Bashforth 格式稳定性进行分析。

令 $z = e^{i\omega\Delta t}$，有效数值频率公式 (3.21) 可以改写为

$$b_3 z^4 + b_2 z^3 + b_1 z^2 + \left(b_0 + \frac{i}{\bar{\omega}\Delta t}\right) z - \frac{i}{\bar{\omega}\Delta t} = 0 \tag{3.26}$$

给定一个 $\bar{\omega}\Delta t$ 的值，根据上式可以求出四个相对应的 $\omega\Delta t$ 解，这四个解的计算结果见图 3.4。因为解与 $e^{-i\omega\Delta t}$ 相关，可以知道：

（1）当 $\text{Im}(\omega)$ 为负时，解随时间衰减；

（2）当 $\text{Im}(\omega)$ 为正时，解随时间放大，格式不稳定。

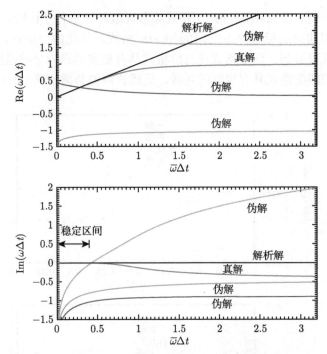

图 3.4　$\omega\Delta t$ 作为 $\bar{\omega}\Delta t$ 的函数时的四个根的实部和虚部

　　从图 3.4 中可以看到，当 $\bar{\omega}\Delta t < 0.41$ 时，所有解的虚部为负，而当 $\bar{\omega}\Delta t > 0.41$ 时有一个解的虚部为正，相应的解会随时间增长而导致数值不稳定。因此采用这个格式进行计算时，时间步长 Δt 需要满足这个稳定性条件，如果设置的时间步长 Δt 过大，导致 $\bar{\omega}\Delta t > 0.41$，这个不稳定根就会放大，导致计算发散。

第 4 章　无反射边界条件

　　低频散低耗散的高精度格式是计算气动声学的一个重要方面，而无反射边界条件则是计算气动声学的另一个关键因素。非物理的反射波进入计算域会严重影响计算结果，甚至会使计算发散。虽然现实中不可能做到完全无反射，但是，最大限度地减小非物理的反射是获得高精度的计算结果的有力保证。然而，由于格式的高阶精度，计算对边界条件变得非常敏感，边界条件处理不当就有可能导致完全错误的结果，因此边界条件对准确的声学计算非常重要。计算气动声学经过多年的发展，研究者提出了各种无反射边界条件，然而几乎没有一种适合所有条件的普适的边界条件，每一种边界条件都与某一特定的物理流动相联系，因此根据边界处的流动特点选择合适的无反射边界条件，并能准确地应用边界条件非常重要。

　　现有的无反射边界条件大概分为以下几类：

　　（1）基于特征变量的边界条件，典型的有 Thompson 特征变量边界条件[34]、Giles 特征变量边界条件[15]；

　　（2）基于摄动解的无反射边界条件，代表工作有 Bayliss 和 Turkel[10,11]、Hagstrom 和 Hariharan[35] 以及 Tam 和 Webb[6] 推导的辐射和出流边界条件；

　　（3）吸收边界条件，研究者主要有 Engquist 和 Majda[36]、Higdon[37]、Colonius 等[38] 等；

　　（4）完全耦合层（perfectly matched layer，PML）边界条件，Hu[16] 最早把 PML 边界条件从计算电磁学中应用到计算气动声学中来，后来，Hu 把原来线化条件下的 PML 边界条件推广到了 Navier-Stokes 方程，可以很好地处理有强非均匀流动的边界[19]。

　　这里仅把数值模拟研究中常用到的无反射边界条件作一个简单介绍，详细推导和其他较少使用到的边界条件可以参考所列文献。

　　在详细介绍无反射边界条件之前，先介绍几个重要的概念。

　　定义 4.1 (边界条件)　*表示求解域外的信息（扰动）对求解域边界的影响。*
确定边界条件有两个基本原则，分别称为第一原则和第二原则。

- 第一原则：若一信息由边界传入求解域，就应指定该信息的边界条件。
- 第二原则：若一信息由求解域传出边界，则不应指定该信息的边界条件。

由第一原则确定的边界条件称为解析边界条件；由第二原则确定不指定边界

条件，但在数值求解中必须补充的边界条件称为数值边界条件；由于信息传播的方式由方程的类型所决定，所以边界条件如何确定是由方程的类型所决定的；由于信息（扰动）是沿特征线传播的，所以边界条件的确定与特征线和边界交汇的方式有关。

根据特征线理论，流体支持四种扰动（或者波），分别是涡波（vorticity wave）、熵波（entropy wave）和向上游/下游传播的声波（acoustic wave）。这些波的特性完全不一样。

（1）涡波：可以简单地理解为漩涡，它的特点是只会随流动向下游运动，不会逆流而上传播；均匀流动条件下，涡波不会引起密度和压力扰动，只与速度变量有关。

（2）熵波：可以简单地理解为热斑或者热团，它的特点是只会随流动向下游运动，不会逆流而上传播；均匀流动条件下，熵波不会引起压力和速度扰动，只与密度有关。

（3）声波：它的特点是向四面八方传播；声波与所有物理变量相关。

如图 4.1 所示的开放计算域，根据上面三种扰动波的特性，对于入口边界，

（1）由于涡波和熵波不能逆流而上，因此涡波和熵波这两类信息传入求解域，需要指定解析边界条件，如果知道计算域外没有这类信息（扰动）影响计算域（譬如说干净均匀的来流），则与这两种扰动相关的边界条件值设置为 0；譬如计算时要考虑来流中阵风，或者来流湍流的影响，则应该给出相应的值；

（2）如果入口流动是亚声速 $(u < c)$，向上游传播的声波能逆流传播，传出求解域，因此可以给出数值边界条件；

（3）如果入口流动是超声速 $(u > c)$，计算域中向上游传播的声波不能穿过入口边界，也属于传入信息，需要给出解析边界条件；

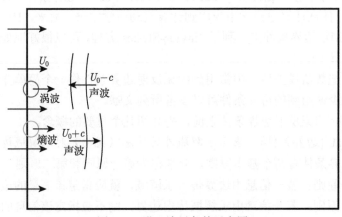

图 4.1　进口边界条件示意图

（4）无论流动是亚声速还是超声速，向下游传播的声波都会传入求解域，需要给出解析边界条件。

如图 4.2 所示的出口边界，根据三种扰动波的特性，需要根据如下原则处理边界条件：

（1）因为涡波和熵波随流动穿过出流边界，因此涡波和熵波这两类信息是传出求解域，需要指定数值边界条件；

（2）如果出口流动是亚声速 $(u < c)$，声波能逆流传播，因此计算域外如果有声源，其产生的声波会传入求解域，所以需要根据这个外部声源指定解析边界条件；

（3）如果出口流动是超声速 $(u > c)$，计算域外的声源产生的声波不能逆流传入求解域，可以给定数值边界条件；

（4）计算域内的声波，向下游传播抵达出口边界时，声波能传出求解域，因此需要给出数值边界条件。

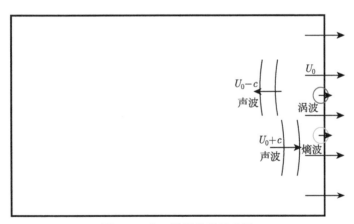

图 4.2　出口边界条件示意图

在计算时，我们计算得到的是 (ρ, u, v, p) 物理量，而不是上文提到的波或者扰动，这些扰动实际上是这些物理量的组合。那么，我们的问题是，如何把这些扰动波与边界处的 (ρ, u, v, p) 物理量联系起来呢？更直白一点就是如何给定边界处的这些物理量的值呢？因此需要通过各种手段（即各种边界条件），把边界处计算得到的 (ρ, u, v, p) 物理量与涡波、熵波、声波关联出来。如果关联得越准确，则给定的边界条件越准确；如果方法很粗糙，误差很大，则边界条件误差也大。实际上，下面介绍的边界条件（吸收边界条件除外）的主要思想都是介绍如何从物理量中分离这几种扰动波。

4.1   Thompson 无反射边界条件

1987 年, Thompson[34] 针对双曲型方程组提出了特征变量边界条件, 后来在 1990 年专门针对 Euler 方程进行了论述[13], 并对各种条件下的边界条件形式进行了详细的讨论。在此基础上 Poinsot 和 Lele[14] 对包含了黏性的 Navier-Stokes 方程的特征变量边界条件进行了研究。下面对非守恒型 Euler 方程的 Thompson 边界条件进行简单介绍。

非守恒型二维 Euler 可以写为如下形式:

$$
\frac{\partial}{\partial t}
\begin{bmatrix} \rho \\ u \\ v \\ p \end{bmatrix}
+
\begin{bmatrix}
u & \rho & 0 & 0 \\
0 & u & 0 & \dfrac{1}{\rho} \\
0 & 0 & u & 0 \\
0 & \gamma p & 0 & u
\end{bmatrix}
\frac{\partial}{\partial x}
\begin{bmatrix} \rho \\ u \\ v \\ p \end{bmatrix}
+ C = 0
\tag{4.1}
$$

其中 C 是方程中所有的 y 方向有关的量。这个方程可以表示为如下简写形式:

$$
\frac{\partial Q}{\partial t} + A \frac{\partial Q}{\partial x} + C = 0
\tag{4.2}
$$

对矩阵 A 进行对角化, 可以表示为 $A = S\Lambda S^{-1}$, 其中 Λ 是 A 的特征值对角矩阵, S 是 A 的右特征向量矩阵。

$$
S^{-1} \frac{\partial Q}{\partial t} + \Lambda S^{-1} \frac{\partial Q}{\partial x} + S^{-1} C = 0
\tag{4.3}
$$

让 $S^{-1}\partial Q$ 代表特征变量, 定义

$$
\mathcal{L} = \Lambda S^{-1} \frac{\partial Q}{\partial x}
\tag{4.4}
$$

则特征变量边界条件可以定义为

$$
\frac{\partial Q}{\partial t} + S\mathcal{L} + C = 0
\tag{4.5}
$$

方程 (4.4) 和 (4.5) 中的各个量分别为

$$
\Lambda =
\begin{bmatrix} u - c \\ u \\ u \\ u + c \end{bmatrix}
\tag{4.6}
$$

$$\mathcal{L} = \begin{bmatrix} \lambda_1\left(\dfrac{\partial p}{\partial x} - \rho c \dfrac{\partial u}{\partial x}\right) \\[2ex] \lambda_2\left(-\dfrac{\partial p}{\partial x} + c^2 \dfrac{\partial \rho}{\partial x}\right) \\[2ex] \lambda_3 \dfrac{\partial v}{\partial x} \\[2ex] \lambda_4\left(\dfrac{\partial p}{\partial x} + \rho c \dfrac{\partial u}{\partial x}\right) \end{bmatrix} \tag{4.7}$$

$$S\mathcal{L} = \begin{bmatrix} \dfrac{1}{c^2}\left[\mathcal{L}_2 + \dfrac{1}{2}(\mathcal{L}_1 + \mathcal{L}_4)\right] \\[2ex] \dfrac{1}{2\rho c}(\mathcal{L}_4 - \mathcal{L}_1) \\[2ex] \mathcal{L}_3 \\[2ex] \dfrac{1}{2}(\mathcal{L}_1 + \mathcal{L}_4) \end{bmatrix} \tag{4.8}$$

其中 λ_1 和 λ_4 代表声波扰动, 向上游和下游都可以传播; λ_2 代表熵波扰动, 只能随流动向下游传播; λ_3 代表涡波扰动, 同样只能随流动向下游传播。Thompson[13] 对这个边界条件可能的应用进行了一个非常详细的讨论, 例如, 对于在下游边界 $x_{\max}$ 处的亚声速的出流边界条件,

- 亚声速出流 ($u - c < 0$):
  - 特征值 $\lambda_1 < 0$, 特征信息从下游边界处进入计算域, 如果计算域外没有这个扰动对应的源, 必须使得这个特征值相应的特征变量为零, 即 $\mathcal{L}_1 = 0$;
  - 特征值 $\lambda_i > 0 (i = 2, \cdots, 4)$, 特征信息从下游边界传出计算域, 边界处相应的特征变量根据内场信息由方程计算即可。
- 超声速出流 ($u - c > 0$):
  - 所有的特征值 $\lambda_i (i = 1, \cdots, 4)$ 均大于零, 说明所有的信息都是从内场传出边界, 因此边界处的特征信息根据内场信息由方程计算即可。
- 亚声速入流:
  - 特征值 $\lambda_i < 0 (i = 1, 2, 3)$, 前三个特征信息从外界进入计算域, 如果计算域外没有这三个扰动对应的源, 就必须使得这三个特征值相应的特征变量为零, 即 $\mathcal{L}_i = 0 (i = 1, 2, 3)$;
  - 特征值 $\lambda_4 > 0$, 特征信息从入口边界传出计算域, 其相应的特征变量根据内场值由方程计算即可。

对于一般的曲线网格，可以进行坐标变换，从物理域 (x, y, z) 变换到计算域 (ξ, η, ζ)。计算域 (ξ, η, ζ) 坐标系下三维 Thompson 边界条件方程为[39]

$$
\Lambda = \begin{bmatrix} U - |\nabla\xi|c \\ U \\ U \\ U \\ U + |\nabla\xi|c \end{bmatrix} \tag{4.9}
$$

$$
\mathcal{L} = \begin{bmatrix} \lambda_1 \left[|\nabla\xi|\dfrac{\partial p}{\partial \xi} - \rho c \left(\xi_x\dfrac{\partial u}{\partial \xi} + \xi_y\dfrac{\partial v}{\partial \xi} + \xi_z\dfrac{\partial w}{\partial \xi} \right) \right] \\[2mm] \lambda_2 \left(-\dfrac{\partial p}{\partial \xi} + c^2\dfrac{\partial \rho}{\partial \xi} \right) \\[2mm] \lambda_3 \left[\xi_z(\xi_y - \xi_x)\dfrac{\partial w}{\partial \xi} - (\xi_x^2 + \xi_x\xi_y + \xi_z^2)\dfrac{\partial v}{\partial \xi} + (\xi_y^2 + \xi_x\xi_y + \xi_z^2)\dfrac{\partial u}{\partial \xi} \right] \\[2mm] \lambda_4 \left[\xi_x(\xi_z - \xi_y)\dfrac{\partial u}{\partial \xi} + (\xi_x^2 + \xi_y\xi_z + \xi_z^2)\dfrac{\partial v}{\partial \xi} - (\xi_x^2 + \xi_y\xi_z + \xi_y^2)\dfrac{\partial w}{\partial \xi} \right] \\[2mm] \lambda_5 \left[|\nabla\xi|\dfrac{\partial p}{\partial \xi} + \rho c \left(\xi_x\dfrac{\partial u}{\partial \xi} + \xi_y\dfrac{\partial v}{\partial \xi} + \xi_z\dfrac{\partial w}{\partial \xi} \right) \right] \end{bmatrix} \tag{4.10}
$$

$$
S\mathcal{L} = \begin{bmatrix} \dfrac{\mathcal{L}_1 + 2|\nabla\xi|\mathcal{L}_2 + \mathcal{L}_5}{2c^2|\nabla\xi|} \\[3mm] \dfrac{\xi_x(\mathcal{L}_5 - \mathcal{L}_1)}{2\rho c|\nabla\xi|^2} + \dfrac{(\xi_y + \xi_z)\mathcal{L}_3 + \xi_z\mathcal{L}_4}{(\xi_x + \xi_y + \xi_z)|\nabla\xi|^2} \\[3mm] \dfrac{\xi_y(\mathcal{L}_5 - \mathcal{L}_1)}{2\rho c|\nabla\xi|^2} + \dfrac{\xi_z\mathcal{L}_4 + \xi_x\mathcal{L}_3}{(\xi_x + \xi_y + \xi_z)|\nabla\xi|^2} \\[3mm] \dfrac{\xi_z(\mathcal{L}_5 - \mathcal{L}_1)}{2\rho c|\nabla\xi|^2} - \dfrac{\xi_x(\mathcal{L}_3 + \mathcal{L}_4) + \xi_y\mathcal{L}_4}{(\xi_x + \xi_y + \xi_z)|\nabla\xi|^2} \\[3mm] \dfrac{\mathcal{L}_1 + \mathcal{L}_5}{2|\nabla\xi|} \end{bmatrix} \tag{4.11}
$$

其中 $U = u\xi_x + v\xi_y + w\xi_z$，$|\nabla\xi| = (\xi_x^2 + \xi_y^2 + \xi_z^2)^{\frac{1}{2}}$。其特征值及边界条件的给定与二维情况非常类似，在此不再赘述。

4.2 Giles 无反射边界条件

1988 年，麻省理工学院燃气轮机实验室（Gas Turbine Lab）的 Giles 在他的两个报告中详细给出了针对叶轮机非定常流动数值模拟的方法和无反射边界条件，后来他对这两个报告进行了总结和提炼，发表在 1990 年的 *AIAA Journal* 上。下面将对这个无反射边界条件进行介绍，详细的分析可以参考 Giles 的全文[15]。

考虑如下二维线化 Euler 方程，

$$\frac{\partial Q}{\partial t} + A\frac{\partial Q}{\partial x} + B\frac{\partial Q}{\partial y} = 0 \tag{4.12}$$

其中

$$Q = \begin{bmatrix} \rho' \\ u' \\ v' \\ p' \end{bmatrix}, \quad A = \begin{bmatrix} u_0 & \rho_0 & 0 & 0 \\ 0 & u_0 & 0 & 1/\rho_0 \\ 0 & 0 & u_0 & 0 \\ 0 & \gamma p_0 & 0 & u_0 \end{bmatrix}, \quad B = \begin{bmatrix} v_0 & 0 & \rho_0 & 0 \\ 0 & v_0 & 0 & 0 \\ 0 & 0 & v_0 & 1/\rho_0 \\ 0 & 0 & \gamma p_0 & v_0 \end{bmatrix}$$

Q 是扰动量，带下标 0 的是平均流场变量。令

$$Q(x, y, t) = e^{i(kx+ly-\omega t)}u^R \tag{4.13}$$

其中 k, l 分别是 x, y 方向的波数，ω 是频率。将上式代入式 (4.12)，

$$(-\omega I + kA + lB)u^R = 0 \tag{4.14}$$

其中 I 是单位矩阵。公式 (4.14) 要有非无效解，其系数矩阵的行列式必须等于 0，即满足下式：

$$\det(-\omega I + kA + lB) = 0 \tag{4.15}$$

上式化简得到

$$(u_0 k + v_0 l - \omega)^2[(u_0 k + v_0 l - \omega)^2 - k^2 - l^2] = 0 \tag{4.16}$$

这就是二维线化 Euler 方程的频散关系。从公式 (4.14) 可以知道，列向量 u^R 是奇异矩阵 $(-\omega I + kA + lB)$ 的右零向量（right null-vector）。构造无反射边界条件需要左行向量 v^L，它是奇异矩阵 $A^{-1}(-\omega I + kA + lB)$ 的左零向量（left null-vector），即满足

$$v^L A^{-1}(-\omega I + kA + lB) = 0 \tag{4.17}$$

可以证明左零向量 v^L 和右零向量 u^R 正交，假设 v_n^L 是频散关系 (4.16) 的某个解 k_n 对应的左特征向量，u_m^R 是 k_m 对应的右特征向量，根据公式 (4.17) 和 (4.14)，分别有

$$v_n^L A^{-1}(-\omega I + k_m A + lB)u_m^R = 0$$
$$v_n^L A^{-1}(-\omega I + k_n A + lB)u_m^R = 0$$

两式相减得到

$$(k_m - k_n)v_n^L u_m^R = 0 \tag{4.18}$$

即对于不同的模态 $v_n^L u_m^R = 0$。

求解频散关系方程 (4.16)，得到如下解：

$$k_{1,2} = \frac{\omega - v_0 l}{u_0} \tag{4.19}$$

$$k_3 = \frac{(\omega - v_0 l)(-u_0 + S)}{1 - u_0^2} \tag{4.20}$$

$$k_4 = \frac{(\omega - v_0 l)(-u_0 - S)}{1 - u_0^2} \tag{4.21}$$

其中 $S = \sqrt{1 - (1 - u_0^2)l^2/(\omega - v_0 l)^2}$。

对于 $u_0 > 0$，$k_{1,2}$ 对应向右传播的波。对于 $0 < u_0 < 1$ 的亚声速流动，k_3 代表向右传播的波，而 k_4 代表向左传播的波。

- k_1 对应的右特征向量和左特征向量分别为

$$u_1^R = (-1,0,0,0)^T, \quad v_1^L = (-1,0,0,1) \tag{4.22}$$

这对特征向量对应的物理分量为熵波。

- k_2 对应的右特征向量和左特征向量分别为

$$u_2^R = (0,-u_0\lambda,1-v_0\lambda,0)^T, \quad v_2^L = (0,-u_0\lambda,1-v_0\lambda,-\lambda) \tag{4.23}$$

其中 $\lambda = l/\omega$，这对特征向量对应的物理分量为涡波。

- k_3 对应右特征向量和左特征向量分别为

$$u_3^R = \frac{1}{2(1-u_0)}\begin{bmatrix}(1-r\lambda)(1-u_0S)\\(1-v_0\lambda)(S-u_0)\\(1-u_0^2)\lambda\\(1-r\lambda)(1-u_0S)\end{bmatrix} \tag{4.24}$$

$$v_3^L = (0, 1 - v_0\lambda, u_0\lambda, (1 - v_0\lambda)S) \tag{4.25}$$

这对特征向量对应向下游传播的等熵无旋声波。

• k_4 对应的右特征向量和左特征向量分别为

$$u_4^R = \frac{1}{2(1 + u_0)} \begin{bmatrix} (1 - v_0\lambda)(1 + u_0S) \\ -(1 - v_0\lambda)(S + u_0) \\ (1 - u_0^2)\lambda \\ (1 - v_0\lambda)(1 + u_0S) \end{bmatrix} \tag{4.26}$$

$$v_4^L = (0, -(1 - v_0\lambda), -u_0\lambda, (1 - v_0\lambda)S) \tag{4.27}$$

当 $u_0 < 1$ 时，这对特征向量对应向上游传播的等熵无旋声波。

4.2.1 理想无反射边界条件

通过上面的特征值和特征向量分析可知，物理量 Q 包含了上述四种波的组合，即

$$Q(x, y, t) = \left[\sum_{n=1}^{N} a_n u_n^R e^{\mathrm{i}k_n x}\right] e^{\mathrm{i}(ly - \omega t)} \tag{4.28}$$

利用左特征向量 v^L 与右特征向量 u^R 正交的特性，有

$$v_n^L Q(x, y, t) = v_n^L \left[\sum_{m=1}^{N} a_m u_m^R e^{\mathrm{i}k_m x}\right] e^{\mathrm{i}(ly - \omega t)}$$

$$= a_n (v_n^L u_n^R) e^{\mathrm{i}(ly - \omega t)} \tag{4.29}$$

就可以把与左特征向量 v_n^L 对应的这个扰动分离出来。理想的无反射边界条件就是，对每一个入射模态 (incoming mode) n，满足

$$v_n^L Q = 0 \tag{4.30}$$

也就是说只要能够分离出边界处变量 Q 中对应的入射波模态，使其等于零，就可以做到无反射。从这里可以看出，分离扰动的方法越精确，无反射边界条件也就越精确。这个理想的无反射边界条件是在频率-波数空间提出来的，由于计算大都在时间–物理空间进行，频率–波数空间的表达式不能直接应用。下面将对这个理想的无反射边界条件进行简化，使得它能够被用到计算中去。

4.2.2　一维非定常无反射边界条件

假设计算域为 $0 < x < 1$，$0 < u_0 < 1$，则 $x = 0$ 处为入流边界，对应的入射波为 Euler 方程的前三个根，即熵波、涡波和向下游传播的声波；而 $x = 1$ 为出流边界，只有第四个根，即向上游传播的声波为入射波。假设一维情况，即当 $\lambda = 0$ 时，$S = 1$，右特征向量简化为

$$u_1^R = \begin{bmatrix} -1 \\ 0 \\ 0 \\ 0 \end{bmatrix}, \qquad u_2^R = \begin{bmatrix} 0 \\ 0 \\ 1 \\ 0 \end{bmatrix} \tag{4.31}$$

$$u_3^R = \begin{bmatrix} 1/2 \\ 1/2 \\ 0 \\ 1/2 \end{bmatrix}, \qquad u_4^R = \begin{bmatrix} 1/2 \\ -1/2 \\ 0 \\ 1/2 \end{bmatrix} \tag{4.32}$$

左特征向量为

$$\begin{aligned}
u_1^L &= (-1, 0, 0, 0) \\
u_2^L &= (0, 0, 1, 0) \\
u_3^L &= (0, 1, 0, 1) \\
u_4^L &= (0, -1, 0, 1)
\end{aligned} \tag{4.33}$$

根据特征向量，可以得到 Euler 方程原始变量与特征变量间的关系为

$$\begin{bmatrix} c_1 \\ c_2 \\ c_3 \\ c_4 \end{bmatrix} = \begin{bmatrix} -1 & 0 & 0 & 1 \\ 0 & 0 & 1 & 0 \\ 0 & 1 & 0 & 1 \\ 0 & -1 & 0 & 1 \end{bmatrix} \begin{bmatrix} \rho' \\ u' \\ v' \\ p' \end{bmatrix} \tag{4.34}$$

$$\begin{bmatrix} \rho' \\ u' \\ v' \\ p' \end{bmatrix} = \begin{bmatrix} -1 & 0 & 1/2 & 1/2 \\ 0 & 0 & 1/2 & -1/2 \\ 0 & 1 & 0 & 0 \\ 0 & 0 & 1/2 & 1/2 \end{bmatrix} \begin{bmatrix} c_1 \\ c_2 \\ c_3 \\ c_4 \end{bmatrix} \tag{4.35}$$

亚声速入流无反射边界条件为

$$\begin{bmatrix} c_1 \\ c_2 \\ c_3 \end{bmatrix} = 0 \tag{4.36}$$

亚声速出流边界条件为

$$c_4 = 0 \tag{4.37}$$

上面的无反射边界条件是在一维假设前提下简化推导得到的。根据这个假设可以知道,如果入射波是一维的,那么这个无反射边界条件精度尚可;如果入射波不是一维的,譬如在二维或者三维情况下入射波传播方向与边界存在一定的角度,那么就破坏了上面无反射边界条件成立的条件,精度不能保证,也就是说在边界处会引起较强的反射。

4.2.3 二阶近似边界条件

由于 v^L 是 λ 的函数,因此对 v^L 在 $\lambda = 0$ 处进行 Taylor 展开,有

$$v_n^L(\lambda) = v_n^L|_{\lambda=0} + \lambda\frac{\mathrm{d}v_n^L}{\mathrm{d}\lambda}\bigg|_{\lambda=0} + \frac{1}{2}\lambda^2\frac{\mathrm{d}^2v_n^L}{\mathrm{d}\lambda^2}\bigg|_{\lambda=0} + \cdots \tag{4.38}$$

对其取二阶近似,得到

$$v_n^L(\lambda) = v_n^L|_{\lambda=0} + \lambda\frac{\mathrm{d}v_n^L}{\mathrm{d}\lambda}\bigg|_{\lambda=0} \tag{4.39}$$

应用到无反射边界条件公式 (4.30) 可以得到

$$\left(v_n^L|_{\lambda=0} + \frac{l}{\omega}\frac{\mathrm{d}v_n^L}{\mathrm{d}\lambda}\bigg|_{\lambda=0}\right)Q = 0 \tag{4.40}$$

上面这个公式还是在频率-波数空间,需要变换到物理空间才能使用。因此对上式乘以 $-\mathrm{i}\omega$,把 $\mathrm{i}\omega$ 和 $\mathrm{i}l$ 用 $-\partial/\partial t$ 和 $\partial/\partial y$ 代替,得到

$$v_n^L|_{\lambda=0}\frac{\partial Q}{\partial t} - \frac{\mathrm{d}v_n^L}{\mathrm{d}\lambda}\bigg|_{\lambda=0}\frac{\partial Q}{\partial y} = 0 \tag{4.41}$$

把 v^L 代入式 (4.41),分别得到二阶近似的进口边界条件和出流边界条件:

$$\begin{bmatrix} -1 & 0 & 0 & 1 \\ 0 & 0 & 1 & 0 \\ 0 & 1 & 0 & 1 \end{bmatrix}\frac{\partial Q}{\partial t} + \begin{bmatrix} 0 & 0 & 0 & 0 \\ 0 & u_0 & v_0 & 1 \\ 0 & v_0 & -u_0 & v_0 \end{bmatrix}\frac{\partial Q}{\partial y} = 0 \tag{4.42}$$

$$(0, -1, 0, 1)\frac{\partial Q}{\partial t} + (0, -v_0, u_0, v_0)\frac{\partial Q}{\partial y} = 0 \tag{4.43}$$

上面入流边界条件公式存在病态，修改过的入流边界条件为

$$\begin{bmatrix} -1 & 0 & 0 & 1 \\ 0 & 0 & 1 & 0 \\ 0 & 0 & 0 & 1 \end{bmatrix} \frac{\partial Q}{\partial t} + \begin{bmatrix} -v_0 & 0 & 0 & v_0 \\ 0 & u_0 & v_0 & 1 \\ 0 & v_0 & (1-u_0)/2 & v_0 \end{bmatrix} \frac{\partial Q}{\partial y} = 0 \qquad (4.44)$$

改写为特征变量形式的入流和出流边界条件分别为

$$\frac{\partial}{\partial t}\begin{bmatrix} c_1 \\ c_2 \\ c_3 \end{bmatrix} + \begin{bmatrix} v_0 & 0 & 0 & 0 \\ 0 & v_0 & \dfrac{1+u_0}{2} & \dfrac{1-u_0}{2} \\ 0 & \dfrac{1-u_0}{2} & v_0 & 0 \end{bmatrix} \frac{\partial}{\partial y}\begin{bmatrix} c_1 \\ c_2 \\ c_3 \\ c_4 \end{bmatrix} = 0$$

$$\frac{\partial c_4}{\partial t} + (0, u_0, 0, v_0)\frac{\partial}{\partial y}\begin{bmatrix} c_1 \\ c_2 \\ c_3 \\ c_4 \end{bmatrix} = 0$$

从上面的公式推导过程可以知道，这个边界条件公式是理想无反射边界条件在 $\lambda = 0$ 处的一个二阶近似。如果偏离了 $\lambda = 0$ 这个假设，则会带来较大的误差。也就是说，这个边界条件实际上是准一维的，如果扰动波垂直入射边界，则符合边界条件的假设，精度可以保证；如果入射边界的偏斜角度较小，那么误差不大，如果偏斜角度很大，那么将会带来很大的误差。

4.3   基于摄动解的边界条件

Bayliss 和 Turkel[10,11]、Hagstrom 和 Hariharan[35] 针对定常和非定常问题也给出过基于摄动解的远场边界条件，这里将介绍 Tam 和 Webb[6] 1993 年基于线化 Euler 方程的摄动解提出的辐射边界条件和出流边界条件，最初为线化形式处理线性问题。后来 Tam 和 Dong[12] 将其推广到弱非线性形式，能够处理带有弱非均匀流动的声传播问题。Hixon 等[20] 的测试表明，在均匀流动情况下，相对于 Thompson 边界条件[13] 和 Giles 特征变量无反射边界条件[15]，Tam 和 Webb 的基于摄动解的辐射和出流边界条件是最精确的。

4.3.1   线化 Euler 方程的频散关系和摄动解

假设密度、压力和速度分别为 ρ_0, p_0, u_0 的均匀流动中有如图 4.3 所示的小扰动，描述这些二维小扰动的线化 Euler 方程为

$$\frac{\partial Q}{\partial t} + \frac{\partial E}{\partial x} + \frac{\partial F}{\partial y} = H \tag{4.45}$$

其中

$$Q = \begin{bmatrix} \rho' \\ u' \\ v' \\ p' \end{bmatrix}, \quad E = \begin{bmatrix} \rho_0 u' + \rho' u_0 \\ u_0 u' + \dfrac{p'}{\rho_0} \\ u_0 v' \\ u_0 p' + \gamma p_0 u' \end{bmatrix}, \quad F = \begin{bmatrix} \rho_0 v' \\ 0 \\ \dfrac{p'}{\rho_0} \\ \gamma p_0 v' \end{bmatrix}$$

H 为声源项。

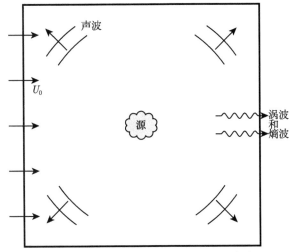

图 4.3 均匀流动中的声波、涡波和熵波

其初值条件为

$$Q = Q_{\text{initial}}(x, y) \tag{4.46}$$

对方程 (4.45) 进行 Fourier-Laplace 变换，得到

$$A\widetilde{Q} = \widetilde{G} \tag{4.47}$$

其中

$$A = \begin{bmatrix} \omega - \alpha u_0 & -\rho_0 \alpha & -\rho_0 \beta & 0 \\ 0 & \omega - \alpha u_0 & 0 & -\dfrac{\alpha}{\rho_0} \\ 0 & 0 & \omega - \alpha u_0 & -\dfrac{\beta}{\rho_0} \\ 0 & -\gamma p_0 \alpha & -\gamma p_0 \beta & \omega - \alpha u_0 \end{bmatrix} \tag{4.48}$$

$\widetilde{G} = \mathrm{i}\left(\widetilde{H} + \dfrac{\widetilde{Q}_{\text{initial}}}{2\pi}\right)$ 为声源项和初始条件的 Fourier-Laplace 变换之和。

矩阵 A 的特征值 λ_j 和相应的特征变量 $X_j\ (j=1,2,3,4)$ 分别为

$$\lambda_1 = \lambda_2 = \omega - \alpha u_0 \tag{4.49}$$

$$\lambda_3 = (\omega - \alpha u_0) + a_0(\alpha^2 + \beta^2)^{\frac{1}{2}} \tag{4.50}$$

$$\lambda_4 = (\omega - \alpha u_0) - a_0(\alpha^2 + \beta^2)^{\frac{1}{2}} \tag{4.51}$$

$$X_1 = \begin{bmatrix} 1 \\ 0 \\ 0 \\ 0 \end{bmatrix}, \qquad X_2 = \begin{bmatrix} 0 \\ \beta \\ -\alpha \\ 0 \end{bmatrix} \tag{4.52}$$

$$X_3 = \begin{bmatrix} \dfrac{1}{a_0^2} \\[2mm] \dfrac{-\alpha}{\rho_0 a_0(\alpha^2 + \beta^2)^{\frac{1}{2}}} \\[2mm] \dfrac{-\beta}{\rho_0 a_0(\alpha^2 + \beta^2)^{\frac{1}{2}}} \\[2mm] 1 \end{bmatrix}, \qquad X_4 = \begin{bmatrix} \dfrac{1}{a_0^2} \\[2mm] \dfrac{\alpha}{\rho_0 a_0(\alpha^2 + \beta^2)^{\frac{1}{2}}} \\[2mm] \dfrac{\beta}{\rho_0 a_0(\alpha^2 + \beta^2)^{\frac{1}{2}}} \\[2mm] 1 \end{bmatrix} \tag{4.53}$$

其中 $a_0 = \left(\dfrac{\gamma p_0}{\rho_0}\right)^{\frac{1}{2}}$ 为声速。

方程 (4.47) 的解可以用其特征变量的线性组合表示

$$\widetilde{Q} = \frac{C_1}{\lambda_1}X_1 + \frac{C_2}{\lambda_2}X_2 + \frac{C_3}{\lambda_3}X_3 + \frac{C_4}{\lambda_4}X_4 \tag{4.54}$$

这个公式说明，均匀流动的线化 Euler 方程的解可以用熵波 X_1、涡波 X_2 和两个声波模态 X_3 和 X_4 表示。

系数向量 C 可以通过下式求出：

$$C = X^{-1}\widetilde{G} \tag{4.55}$$

X^{-1} 是特征向量矩阵的逆矩阵：

$$X^{-1} = \begin{bmatrix} 1 & 0 & 0 & -\dfrac{1}{a_0^2} \\[2mm] 0 & \dfrac{\beta}{\alpha^2 + \beta^2} & -\dfrac{\alpha}{\alpha^2 + \beta^2} & 0 \\[2mm] 0 & -\dfrac{1}{2}\dfrac{\rho_0 a_0 \alpha}{(\alpha^2 + \beta^2)^{\frac{1}{2}}} & -\dfrac{1}{2}\dfrac{\rho_0 a_0 \beta}{(\alpha^2 + \beta^2)^{\frac{1}{2}}} & \dfrac{1}{2} \\[2mm] 0 & \dfrac{1}{2}\dfrac{\rho_0 a_0 \alpha}{(\alpha^2 + \beta^2)^{\frac{1}{2}}} & \dfrac{1}{2}\dfrac{\rho_0 a_0 \beta}{(\alpha^2 + \beta^2)^{\frac{1}{2}}} & \dfrac{1}{2} \end{bmatrix} \tag{4.56}$$

熵波只包含密度扰动，即 $u' = v' = p' = 0$，对此条件下的线化 Euler 方程解求反 Fourier-Laplace 变换，得到密度扰动 ρ' 的解：

$$\rho'(x,y,t) = \iint_{\Gamma}\int_{-\infty}^{\infty} \frac{C_1}{\omega - \alpha u_0} e^{i(\alpha x + \beta y - \omega t)} \mathrm{d}\alpha \, \mathrm{d}\beta \, \mathrm{d}\omega \tag{4.57}$$

频散关系为

$$\lambda_1 = \omega - \alpha u_0 = 0$$

上式在 α 平面内积分，可以简化为

$$\rho'(x,y,t) = \begin{cases} 2\pi \mathrm{i} \iint_{\Gamma}\int_{\beta} \dfrac{C_1 e^{i(\frac{x}{u_0} - t)\omega + i\beta y}}{u_0} \mathrm{d}\omega \, \mathrm{d}\beta, & x \to \infty \\[2mm] 0, & x \to -\infty \end{cases} \tag{4.58}$$

或者

$$\rho'(x,y,t) = \begin{cases} \chi(x - u_0 t, y), & x \to \infty \\ 0, & x \to -\infty \end{cases} \tag{4.59}$$

这说明熵波会形状不变地随流动向下游运动。

涡波由速度扰动组成，即没有压力和密度扰动 $(p = \rho = 0)$，通过 Fourier-Laplace 逆变换，可以得到

$$\begin{bmatrix} u' \\ v' \end{bmatrix} = \iint_{\Gamma}\int_{-\infty}^{\infty} \begin{bmatrix} \beta \\ -\alpha \end{bmatrix} \frac{C_2(\alpha, \beta)}{\omega - \alpha u_0} e^{i(\alpha x + \beta y - \omega t)} \mathrm{d}\alpha \, \mathrm{d}\beta \, \mathrm{d}\omega \tag{4.60}$$

频散关系为

$$\lambda_2 = \omega - \alpha u_0 = 0$$

令

$$\psi(x,y,t) = \iint_{\Gamma}\int_{-\infty}^{\infty} \frac{-\mathrm{i}C_2(\alpha, \beta)}{\omega - \alpha u_0} e^{i(\alpha x + \beta y - \omega t)} \mathrm{d}\alpha \, \mathrm{d}\beta \, \mathrm{d}\omega \tag{4.61}$$

则有

$$u' = \frac{\partial \psi}{\partial y}, \qquad v' = -\frac{\partial \psi}{\partial x} \tag{4.62}$$

同样，上式经过在 α 平面内积分简化为

$$\psi = \begin{cases} \psi(x - u_0 t, y), & x \to \infty \\ 0, & x \to -\infty \end{cases} \tag{4.63}$$

与熵波一样，涡波随流动向下游运动过程中不改变波的形状。

声波与所有的物理量都相关，其频散关系为

$$\lambda_3 \lambda_4 = (\omega - \alpha u_0)^2 - a_0^2(\alpha^2 + \beta^2) = 0 \tag{4.64}$$

通过 Fourier-Laplace 逆变换和简化，声波解可以写为

$$\begin{bmatrix} \rho' \\ p' \end{bmatrix} = \iiint_{\Gamma}\!\!\!\int_{-\infty}^{\infty} \frac{\rho_0 a_0^2(\alpha \widetilde{G}_2 + \beta \widetilde{G}_3) + (\omega - \alpha u_0)\widetilde{G}_4}{(\omega - \alpha u_0)^2 - a_0^2(\alpha^2 + \beta^2)}$$

$$\cdot \begin{bmatrix} \dfrac{1}{a_0^2} \\ 1 \end{bmatrix} e^{\mathrm{i}(\alpha x + \beta y - \omega t)} \mathrm{d}\alpha\, \mathrm{d}\beta\, \mathrm{d}\omega \tag{4.65}$$

$$\begin{bmatrix} u' \\ v' \end{bmatrix} = \iiint_{\Gamma}\!\!\!\int_{-\infty}^{\infty} \frac{(\omega - \alpha u_0)(\alpha \widetilde{G}_2 + \beta \widetilde{G}_3)/(\alpha^2 + \beta^2) + \widetilde{G}_4/\rho_0}{(\omega - \alpha u_0)^2 - a_0^2(\alpha^2 + \beta^2)}$$

$$\cdot \begin{bmatrix} \alpha \\ \beta \end{bmatrix} e^{\mathrm{i}(\alpha x + \beta y - \omega t)} \mathrm{d}\alpha\, \mathrm{d}\beta\, \mathrm{d}\omega \tag{4.66}$$

对积分进行摄动展开并简化，可以得到

$$\begin{bmatrix} \rho' \\ u' \\ v' \\ p' \end{bmatrix} \sim \frac{F\left(\dfrac{r}{V(\theta)} - t, \theta\right)}{r^{1/2}} \begin{bmatrix} \dfrac{1}{a_0^2} \\ \dfrac{\hat{u}(\theta)}{\rho_0 a_0} \\ \dfrac{\hat{v}(\theta)}{\rho_0 a_0} \\ 1 \end{bmatrix} + O(r^{-3/2}) \tag{4.67}$$

其中

$$V(\theta) = u_0 \cos\theta + a_0(1 - M^2 \sin^2\theta)^{\frac{1}{2}}, \quad M = u_0/a_0$$

$$\hat{u}(\theta) = \frac{\cos\theta - M(1 - M^2\sin^2\theta)^{\frac{1}{2}}}{(1 - M^2\sin^2\theta)^{\frac{1}{2}} - M\cos\theta}$$

$$\hat{v}(\theta) = \sin\theta[(1 - M^2\sin^2\theta)^{\frac{1}{2}} + M\cos\theta] \tag{4.68}$$

$V(\theta)$ 是波在 θ 方向传播的有效速度。

4.3.2 辐射边界条件

对于如图 4.3 所示的开放计算域，其上游和两侧的远场边界，在没有外部扰动输入的情况下，只有内部声源产生的声波传播到边界，因此只需要根据上面得到的声波摄动解构造无反射边界条件。因此对声波解公式 (4.67) 求关于时间 t 和空间坐标 r 的偏导数，例如密度，对于任意的函数 F，可以得到

$$\frac{\partial\rho'}{\partial t} = \frac{-F'\left(\dfrac{r}{V(\theta)} - t, \theta\right)}{r^{1/2}}\left(\frac{1}{a_0^2}\right) + O(r^{-\frac{3}{2}})$$

$$\frac{\partial\rho'}{\partial r} = \left[\frac{F'\left(\dfrac{r}{V(\theta)} - t, \theta\right)\bigg/V(\theta)}{r^{\frac{1}{2}}} - \frac{F\left(\dfrac{r}{V(\theta)} - t, \theta\right)}{2r^{\frac{3}{2}}}\right]\left(\frac{1}{a_0^2}\right) + O(r^{-\frac{5}{2}})$$

通过组合 $\dfrac{\partial\rho'}{\partial t}$，$\dfrac{\partial\rho'}{\partial r}$ 和 ρ'，可以得到如下公式：

$$\frac{1}{V(\theta)}\frac{\partial\rho'}{\partial t} + \frac{\partial\rho'}{\partial r} + \frac{\rho'}{2r} = 0 + O(r^{-\frac{5}{2}})$$

同样地可以得到只与声波相关的其他变量的关系式，这样就得到如下形式的基于摄动解的声波方程：

$$\left(\frac{1}{V(\theta)}\frac{\partial}{\partial t} + \frac{\partial}{\partial r} + \frac{1}{2r}\right)\begin{bmatrix}\rho'\\u'\\v'\\p'\end{bmatrix} = 0 + O(r^{-\frac{5}{2}}) \tag{4.69}$$

其中 r 为边界点到声源点的距离，θ 为边界点与声源点间的连线与 x 轴的夹角。这就是直角坐标系下的二维辐射边界条件。这个边界条件适用于边界处只存在声波的情况，一般对应开放式边界的远场。从这个公式可以知道，由于这个方程是基于摄动解的，其误差与距离 $r^{\frac{5}{2}}$ 成反比，也就是说，边界离声源的距离 r 越大，

这个公式就越精确，如果人工边界离声源距离过近，就会引起较大的误差。因此在进行计算时，要求计算域不能太小，不然就会引起较大的误差。

上面的边界条件是线性的，Tam 和 Dong[12] 后来把这个边界条件推广到弱非线性情况，就得到如下形式的弱非线性形式辐射边界条件：

$$\frac{1}{V(\theta,r)}\frac{\partial}{\partial t}\begin{bmatrix}\rho\\u\\v\\p\end{bmatrix}+\left(\frac{\partial}{\partial r}+\frac{1}{2r}\right)\begin{bmatrix}\rho-\bar{\rho}\\u-\bar{u}\\v-\bar{v}\\p-\bar{p}\end{bmatrix}=0 \tag{4.70}$$

其中 ρ,u,v,p 是流场全变量，既包含声学扰动，也包含背景流场量，而 $\bar{\rho},\bar{u},\bar{v},\bar{p}$ 分别是边界处平均流场密度、x 和 y 方向速度、压力。

4.3.3　出流边界条件

上面的辐射边界条件只能应用于边界只存在声波扰动的情况。在出流边界处，一般存在着声波扰动、熵波扰动及涡波扰动，根据线化 Euler 方程的声波 (4.67)、熵波 (4.59) 和涡波解 (4.63)，可以得到在出流边界处扰动的形式为

$$\begin{bmatrix}\rho'\\u'\\v'\\p'\end{bmatrix}=\begin{bmatrix}\chi(x-u_0t,y)+\rho_a\\\frac{\partial\psi}{\partial y}(x-u_0t,y)+u_a\\-\frac{\partial\psi}{\partial x}(x-u_0t,y)+v_a\\p_a\end{bmatrix}+\cdots \tag{4.71}$$

其中 (ρ_a,u_a,v_a,p_a) 是声波扰动，函数 χ,ψ,F 都是任意函数。对于压力扰动，只有声波项，因此直角坐标系下出流边界处压力 p' 的边界条件为

$$\frac{1}{V(\theta)}\frac{\partial p'}{\partial t}+\cos\theta\frac{\partial p'}{\partial x}+\sin\theta\frac{\partial p'}{\partial y}+\frac{p'}{2r}=0 \tag{4.72}$$

对密度 ρ' 表达式取关于 t 和 x 的偏导数，可以得到

$$\frac{\partial\rho'}{\partial t}+u_0\frac{\partial\rho'}{\partial x}=\frac{\partial\rho_a}{\partial t}+u_0\frac{\partial\rho_a}{\partial x} \tag{4.73}$$

因为 $\rho_a=p_a/a_0^2=p/a_0^2$，而 p' 的表达式为 (4.72)，上式可以变为

$$\frac{\partial\rho'}{\partial t}+u_0\frac{\partial\rho'}{\partial x}=\frac{1}{a_0^2}\left(\frac{\partial p'}{\partial t}+u_0\frac{\partial p'}{\partial x}\right) \tag{4.74}$$

同样对 u' 和 v' 进行微分，可以得到

$$\frac{\partial u'}{\partial t} + u_0 \frac{\partial u'}{\partial x} = \frac{\partial u_a}{\partial t} + u_0 \frac{\partial u_a}{\partial x} \tag{4.75}$$

$$\frac{\partial v'}{\partial t} + u_0 \frac{\partial v'}{\partial x} = \frac{\partial v_a}{\partial t} + u_0 \frac{\partial v_a}{\partial x} \tag{4.76}$$

由于声波扰动满足线化 Euler 方程，即

$$\frac{\partial u_a}{\partial t} + u_0 \frac{\partial u_a}{\partial x} = -\frac{1}{\rho_0} \frac{\partial p_a}{\partial x} = -\frac{1}{\rho_0} \frac{\partial p}{\partial x} \tag{4.77}$$

$$\frac{\partial v_a}{\partial t} + u_0 \frac{\partial v_a}{\partial x} = -\frac{1}{\rho_0} \frac{\partial p_a}{\partial y} = -\frac{1}{\rho_0} \frac{\partial p}{\partial y} \tag{4.78}$$

将上式代入 (4.75) 和 (4.76)，得到

$$\frac{\partial u'}{\partial t} + u_0 \frac{\partial u'}{\partial x} = -\frac{1}{\rho_0} \frac{\partial p}{\partial x} \tag{4.79}$$

$$\frac{\partial v'}{\partial t} + u_0 \frac{\partial v'}{\partial x} = -\frac{1}{\rho_0} \frac{\partial p}{\partial y} \tag{4.80}$$

这就是出流边界处速度扰动需要满足的边界条件。

总结上述公式，二维均匀流动出流边界条件为

$$\begin{aligned}
&\frac{\partial \rho'}{\partial t} + u_0 \frac{\partial \rho'}{\partial x} = \frac{1}{a_0^2}\left(\frac{\partial p'}{\partial t} + u_0 \frac{\partial p'}{\partial x}\right) \\
&\frac{\partial u'}{\partial t} + u_0 \frac{\partial u'}{\partial x} = -\frac{1}{\rho_0} \frac{\partial p'}{\partial x} \\
&\frac{\partial v'}{\partial t} + u_0 \frac{\partial v'}{\partial x} = -\frac{1}{\rho_0} \frac{\partial p'}{\partial y} \\
&\frac{1}{V(\theta)} \frac{\partial p'}{\partial t} + \cos\theta \frac{\partial p'}{\partial x} + \sin\theta \frac{\partial p'}{\partial y} + \frac{p'}{2r} = 0
\end{aligned} \tag{4.81}$$

当平均流场变化为比较平缓的非均匀流动时，均匀流场的出流边界条件 (4.81) 可以拓展到非均匀流动情形。设边界处非均匀平均流场为 $(\bar{\rho}, \bar{u}, \bar{v}, \bar{p})$，扩展后考虑非均匀流动的二维出流边界条件为

$$\frac{\partial \rho}{\partial t} + \boldsymbol{u} \cdot \nabla(\rho - \bar{\rho}) = \frac{1}{\bar{a}^2}\left(\frac{\partial p}{\partial t} + u \cdot \nabla(p - \bar{p})\right)$$

$$\frac{\partial u}{\partial t} + \boldsymbol{u} \cdot \nabla(u - \bar{u}) = -\frac{1}{\bar{\rho}} \frac{\partial}{\partial x}(p - \bar{p})$$

$$\frac{\partial v}{\partial t} + \boldsymbol{u} \cdot \nabla(v - \bar{v}) = -\frac{1}{\bar{\rho}}\frac{\partial}{\partial y}(p - \bar{p}) \tag{4.82}$$

$$\frac{1}{V(r,\theta)}\frac{\partial p}{\partial t} + \frac{\partial}{\partial r}(p - \bar{p}) + \frac{1}{2r}(p - \bar{p}) = 0$$

其中 $\boldsymbol{u} = (\bar{u}, \bar{v})$ 是流场平均速度，$V(r,\theta) = \bar{u}\cos\theta + \bar{v}\sin\theta + [\bar{a}^2 - (\bar{v}\cos\theta - \bar{u}\sin\theta)^2]^{\frac{1}{2}}$
是声波传播速度，$\bar{a}$ 是当地声速。

4.3.4　三维辐射和出流边界条件

　　Bogey 和 Bailly[40] 推导出三维线性辐射和出流边界条件。如图 4.4 所示，三维球坐标系、柱坐标系和直角坐标系分别表示为 (r, ϕ, θ)，(r', ϕ, z) 和 (x, y, z)。设原点 O 为声源位置。三维直角坐标 (x, y, z) 下辐射边界条件的形式为

$$\frac{\partial Q}{\partial t} + V_g\left(\frac{\partial}{\partial x}\sin\theta\cos\phi + \frac{\partial}{\partial y}\sin\theta\sin\phi + \frac{\partial}{\partial z}\cos\theta + \frac{1}{r}\right)(Q - \bar{Q}) = 0 \tag{4.83}$$

其中

$$V_g = (u_x\sin\theta\cos\phi + u_y\sin\theta\sin\phi + u_z\cos\theta)$$
$$+ (c^2 - (u_x\cos\theta\cos\phi + u_y\cos\theta\sin\phi - u_z\sin\theta)^2 - (-u_x\sin\phi + u_y\cos\phi)^2)^{1/2}$$

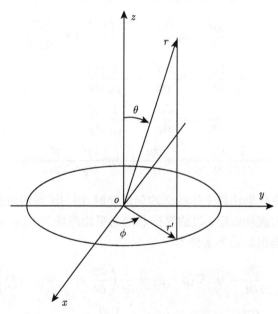

图 4.4　三维边界条件所采用的坐标系示意图

三维柱坐标 (r', ϕ, z) 下的辐射边界条件形式为

$$\frac{\partial Q}{\partial t} + V_g\left(\frac{\partial}{\partial r'}\sin\theta + \frac{\partial}{\partial z}\cos\theta + \frac{1}{\sqrt{r'^2 + z^2}}\right)(Q - \bar{Q}) = 0 \qquad (4.84)$$

其中 $V_g = (u_r\sin\theta + u_z\cos\theta) + (c^2 - (u_r\cos\theta - u_z\sin\theta)^2 - u_\phi^2)^{1/2}$。

三维柱坐标 (r', ϕ, z) 出流边界条件为

$$\frac{\partial \rho}{\partial t} + \boldsymbol{U} \cdot \nabla\rho = \frac{1}{c^2}\left(\frac{\partial p}{\partial t} + \boldsymbol{U} \cdot \nabla p\right)$$

$$\frac{\partial \boldsymbol{U}}{\partial t} + (\boldsymbol{U} \cdot \nabla)\boldsymbol{U} + \frac{1}{\rho}\nabla p = 0 \qquad (4.85)$$

$$\frac{\partial p}{\partial t} + V_g\left(\frac{\partial}{\partial r'}\sin\theta + \frac{\partial}{\partial z}\cos\theta + \frac{1}{\sqrt{r^2 + z^2}}\right)(p - \bar{p}) = 0$$

其中 V_g 与三维柱坐标辐射边界条件中的相同。

4.4　Newtonian 阻尼吸收边界条件

对于一般形式的方程组：

$$\frac{\partial Q}{\partial t} = F(Q) \qquad (4.86)$$

Newtonian 吸收边界条件的一般形式如下

$$\frac{\partial Q}{\partial t} = F(Q) + \sigma(Q - \bar{Q}) \qquad (4.87)$$

其中 $\bar{Q}$ 是一个基准量，或者说是平均量，σ 为吸收系数，一般为一个沿边界的分布，如

$$\sigma = \sigma_{\max} e^{-\ln(2)\frac{(x-l)^2}{d^2}}$$

其中 $\sigma_{\max}$ 为系数的最大值，l 为边界的位置，d 为给定的吸收区域半宽度，即达到最大吸收系数一半的位置离边界的距离。

此方法的优点是简单易用，一般配合长拉伸比网格作为缓冲区使用，缺点是对于非线性问题，很难选择正确的 $\overline{Q}$，容易导致边界吸收不完全，引起反射。

第 5 章　阻抗边界条件

　　吸声材料，如航空发动机短舱声衬、多孔材料等本身结构复杂，通常无法直接采用其真实几何进行建模和数值模拟。因此，数值计算中广泛采用特定的边界条件进行模化以表征其物理特性。对于声学特性的模拟，采用声阻抗边界条件代替真实吸声材料是可行的计算方法，大大降低了计算成本。声阻抗是频率的函数，因此频域计算方法可直接应用其定义，考虑平均流动时往往采用 Ingård-Myers 边界条件[41,42]。然而频域计算方法存在固有缺点：① 每次只能求解单个频率，对于宽频问题求解时间长；② 频域控制方程多采用有限元方法求解，对于大规模声传播问题的求解内存消耗大，计算速度慢；③ 无法适用于非线性问题的求解；④ 无法适用于非定常流动下的声传播模拟。因此基于时域控制方程的求解方法应用范围更广，能够模拟频域方法难以求解的声传播问题。但是，时域声阻抗边界条件的实现相较于频域方法更复杂，是时域方法的关键技术之一。几十年来，研究者发展了基于时域方法的多种声阻抗边界条件，结合计算气动声学方法，成功应用于各类包含声阻抗边界的声传播问题的数值求解，如消声管道、航空发动机短舱、大气声传播等。本章首先给出声阻抗的定义，之后详细介绍时域声阻抗边界条件采用的阻抗模型和实现方法，最后给出无限大阻抗平面反射和二维直管道声传播两个算例的数值模拟及验证。

5.1　声阻抗的定义

　　1914 年，Webster[43] 最早将阻抗这一概念引入声学。声阻抗是关于频率的函数，其定义为当地复声压与法向声质点速度（指向边界为正，少部分文献定义指向流场的方向为正）的比值，其单位为 $\mathrm{Pa \cdot s/m^3}$ 或 $\mathrm{Rayl/m^2}$ [①]，

$$Z(\omega,x) = \frac{\widetilde{p}(\omega,x)}{\widetilde{u}(\omega,x) \cdot n(x)} = R + \mathrm{i}X \tag{5.1}$$

其中 ω 为圆频率。定义 $R = \mathbb{R}(Z)$ 为声阻，通常为非负实数，$X = \Im(Z)$ 为声抗，这里假设时间相关项基于 $e^{\mathrm{i}\omega t}$（注意有一些教材和文献采用 $e^{-\mathrm{i}\omega t}$，此时声阻抗为 $Z = R - \mathrm{i}X$）。以空气为介质的声传播问题通常采用空气的特性阻抗 ρc 归一化吸声表面的声阻抗。

———————————
　　① 1 Rayl = 10 Pa·s/m。

$$\zeta = \frac{Z}{\rho c} = r + \mathrm{i}\chi \tag{5.2}$$

声阻抗曲线可由实验测试获得，如原位法、双传声器法、直接提取法、目标函数优化法等，也可以根据经验或半经验声阻抗模型计算获得。

5.2　时域阻抗边界条件采用的阻抗模型

由于声阻抗是定义在频域的物理量，因此基于频域方程的数值模拟可以直接应用声阻抗的定义作为边界条件。但当使用时域方程时，就必须构造一个声阻抗模型能够精确高效地拟合实验获得的声阻抗曲线，再将该声阻抗模型通过 Fourier 逆变换转化到时域，从而实现边界条件。这里所说的声阻抗模型并非一般意义上的经验或半经验声阻抗模型，而是精心构造的适用于数值计算的声阻抗模型。

在介绍声阻抗边界条件前，给出推导过程中需要使用的数学定义。定义 Fourier 正变换和逆变换，

$$\widetilde{f}(\omega) = \int_{-\infty}^{+\infty} f(t)e^{-\mathrm{i}\omega t}\mathrm{d}t, \quad f(t) = \frac{1}{2\pi}\int_{-\infty}^{+\infty} \widetilde{f}(\omega)e^{\mathrm{i}\omega t}\mathrm{d}\omega \tag{5.3}$$

定义卷积，

$$f * g(t) = \int_{-\infty}^{+\infty} f(t-\tau)g(\tau)\mathrm{d}\tau \tag{5.4}$$

根据 Fourier 逆变换，可以将频域下的声阻抗公式(5.1)变换到时域，

$$p(t) = \int_{-\infty}^{\infty} z(t-\tau)v_n(\tau)\mathrm{d}\tau \tag{5.5}$$

其中

$$p(t) = \frac{1}{2\pi}\int_{-\infty}^{+\infty} \widetilde{p}(\omega)e^{\mathrm{i}\omega t}\mathrm{d}\omega$$

$$v_n(t) = \frac{1}{2\pi}\int_{-\infty}^{+\infty} \widetilde{v}_n(\omega)e^{\mathrm{i}\omega t}\mathrm{d}\omega$$

$$z(t) = \frac{1}{2\pi}\int_{-\infty}^{+\infty} \widetilde{Z}(\omega)e^{\mathrm{i}\omega t}\mathrm{d}\omega$$

假如考虑平均流动，则需要采用 Ingård-Myers[41,42] 边界条件（注意原文中速度的正方向为指向流体），

$$\widetilde{\boldsymbol{v}} \cdot \boldsymbol{n} = \frac{\widetilde{p}}{\mathrm{i}\omega Z}\left[\mathrm{i}\omega + \bar{\boldsymbol{v}} \cdot \nabla - \boldsymbol{n} \cdot (\boldsymbol{n} \cdot \nabla\bar{\boldsymbol{v}})\right] \tag{5.6}$$

平均流动通常满足 $\bar{\boldsymbol{v}} \cdot \boldsymbol{n} = 0$，因此

$$\tilde{\boldsymbol{v}} \cdot \boldsymbol{n} = \frac{\tilde{p}}{\mathrm{i}\omega Z} \left[\mathrm{i}\omega + \bar{\boldsymbol{v}} \cdot \nabla + \bar{\boldsymbol{v}} \cdot (\boldsymbol{n} \cdot \nabla \boldsymbol{n}) \right] \tag{5.7}$$

假设 Z 是空间无关的变量，则有

$$\mathrm{i}\omega Z \tilde{v}_n = \mathrm{i}\omega \tilde{p} + \bar{\boldsymbol{v}} \cdot \nabla \tilde{p} + \bar{\boldsymbol{v}} \cdot (\boldsymbol{n} \cdot \nabla \boldsymbol{n}) \tilde{p} \tag{5.8}$$

上式经 Fourier 逆变换后为

$$\int_0^t z(t-\tau) \frac{\partial}{\partial \tau} v_n(\tau) \mathrm{d}\tau = \frac{\partial p}{\partial t} + \bar{\boldsymbol{v}} \cdot \nabla p + \bar{\boldsymbol{v}} \cdot (\boldsymbol{n} \cdot \nabla \boldsymbol{n}) p \tag{5.9}$$

或写成

$$\int_0^t z(t-\tau) v_n(\tau) \mathrm{d}\tau = p + \int_0^t \bar{\boldsymbol{v}} \cdot \nabla p(\tau) \mathrm{d}\tau + \int_0^t \bar{\boldsymbol{v}} \cdot (\boldsymbol{n} \cdot \nabla \boldsymbol{n}) p(\tau) \mathrm{d}\tau \tag{5.10}$$

根据上式，Rienstra[44] 结合实际物理问题给出了阻抗模型应满足的若干基本条件。首先，因为未来时刻 t 的速度 $v(t)$ 不能对当前时刻 τ 的压力 $p(\tau)$ 产生影响，所以当 $\tau > t$ 时，$z(t-\tau) = 0$。因此，当 $\Im(\omega) < 0$ 时，$Z(\omega)$ 是解析函数。同理，未来时刻 t 的压力 $p(t)$ 不能对当前时刻 τ 的速度 $v(\tau)$ 产生影响，则有当 $\Im(\omega) < 0$ 时，$Z(\omega)$ 是非零的。为了 Fourier 逆变换后能够在实数域内计算，$z(t)$ 必须是实函数，那么 $Z^*(\omega) = Z(-\omega)$。此外，实际问题中声阻通常是非负的，因此 $\mathbb{R}(Z) \geqslant 0$。Rienstra[44] 分别称这三类条件为因果条件、实条件和被动条件。

当然，需要注意的是在流动条件下，Ingård-Myers 边界条件采用零厚度涡层模型是不适定的[45-47]，在时域计算时可能出现非物理的不稳定波。为解决这一问题，Brambley[48] 提出了改进的 Ingård-Myers 边界条件，其考虑了有限厚度的边界层，

$$Z \left[\tilde{v}_o + \frac{k^2 + m^2}{\mathrm{i}(\omega - Mk)} \delta I_1 \tilde{p}_o \right] = \frac{\omega - Mk}{\omega - U(1)k} \left[\tilde{p}_o + \mathrm{i}(\omega - Mk) \delta I_0 \tilde{v}_o \right] \tag{5.11}$$

本书依旧采用 Ingård-Myers 边界条件，通过合理设计计算网格和添加人工滤波，在大多数情况下并不会发生数值不稳定现象。

下面简要介绍几种时域声阻抗边界条件所采用的声阻抗模型，供读者在实际计算中选用。

Tam 和 Auriault[49] 于 1996 年率先开展了时域声阻抗边界条件的研究，他们所采用的模型为三参数模型，该模型因只有三个拟合参数而得名，

$$Z = R + \frac{X_{-1}}{\mathrm{i}\omega} + \mathrm{i}\omega X_1 \tag{5.12}$$

其对应的时域边界条件为

$$\frac{\partial p}{\partial t} = R\frac{\partial v_n}{\partial t} - X_{-1}v_n + X_1\frac{\partial^2 v_n}{\partial t^2} \tag{5.13}$$

三参数模型形式简单，模型中的声阻为常数，声抗不具有周期性，因此几乎无法精确拟合实际的声阻抗曲线，不能有效发挥时域方法计算宽频问题的优势。对于考虑平均流动的情况，Tam 和 Auriault[49] 指出采用质点位移连续假设的声阻抗边界条件是不适定的，零厚度涡层会导致非物理的 Kelvin-Helmholtz 不稳定波。因此，Tam 和 Auriault[49] 建议仍采用 $p = Zv_n$ 作为边界条件，但其中的 Z 应与马赫数相关，即将平均流动对吸声的影响包含到声阻抗建模中。为克服上述问题，Li 等[50] 提出了等效声阻抗模型，同时避免了不适定问题和实验测量上的麻烦。

$$Z' = \frac{\hat{p}}{\hat{v}_n} = Z \Big/ \left[1 + \frac{Z}{\mathrm{i}\omega\hat{p}}M_e \cdot \nabla\frac{\hat{p}}{Z} - \frac{\boldsymbol{n} \cdot (\boldsymbol{n} \cdot \nabla M_e)}{\mathrm{i}\omega} \right] \tag{5.14}$$

其中 M_e 为有效平均马赫数。

Özyörük 和 Long[51] 指出时域中的卷积计算十分耗时，

$$\int_0^{n\Delta t} z(t-\tau)\frac{\partial}{\partial\tau}v_n(\tau)\mathrm{d}\tau \cong \Delta t\sum_{m=0}^{n} z[(n-m)\Delta t]\dot{v}_n(m\Delta t) \tag{5.15}$$

对于三维问题，需要存储阻抗边界上每一个网格点的所有时域数据用于计算卷积，随着物理时间的推进，所需的计算量和存储空间越来越大，同时这一卷积的近似计算方法还会导致计算精度的降低。为解决这一难题，Özyörük 和 Long[46,51] 将计算电磁学中的 Z 变换方法应用到时域声阻抗边界条件的实现。其基本思想是将法向速度看作输入信号，将声阻抗认为是声学系统对输入信号的响应，那么卷积就是输出信号。通过 Z 变换可以将当前的输出信号离散后表示为输入信号和之前输出信号的线性组合，因此无须再存储所有时间步的输入信号，大大降低了计算资源的消耗。采用 z 为自变量表示的声阻抗的一般形式为

$$Z(z) = \frac{a_0 + \sum_{l=1}^{M_N} a_l z^{-l}}{1 - \sum_{k=1}^{M_D} b_k z^{-k}} \tag{5.16}$$

为了克服时域阻抗边界条件的不稳定问题，Fung 和 Ju[52,53] 提出了基于反射系数的声阻抗模型，通过反射系数小于 1 的性质保证了计算的稳定性，

$$\widetilde{W}(\omega) = \frac{1 - Z(\omega)}{1 + Z(\omega)} \tag{5.17}$$

为了弥补三参数模型自由度少的问题，Reymen 等[54] 提出了多极点阻抗模型：

$$Z(\omega) = \sum_{j=1}^{N} \frac{A_j}{\mathrm{i}\omega - \zeta_j} \tag{5.18}$$

其中 A_j 为留数，ζ_j 为极点。该模型的待定系数可以根据拟合的声阻抗谱增加，能够很好地模拟宽频问题，可以证明三参数模型是多极点模型的一种特例。为了避免耗时的卷积计算，Reymen 等[54] 采用了递归卷积算法。此外，Bin 等[55] 提出了二阶频域响应函数线性求和形式的阻抗模型：

$$Z(\omega) = \sum_{j=1}^{N} \frac{a_1^j(\mathrm{i}\omega) + a_0^j}{b_2^j + b_1^j(\mathrm{i}\omega) + b_0^j} \tag{5.19}$$

Li 等[56] 提出了基于三参数模型和共轭极点对的阻抗模型：

$$Z(\omega) = a_0 + \mathrm{i}\omega a_1 + \frac{a_2}{\mathrm{i}\omega} + \sum_{j=1}^{N} \left(\frac{A_j}{\mathrm{i}\omega - \zeta_j} + \frac{A_j^*}{\mathrm{i}\omega - \zeta_j^*} \right) \tag{5.20}$$

Dragna 等[57] 也提出了类似的阻抗模型：

$$Z(\omega) = a_0 + \sum_{j=1}^{M} \frac{b_j}{\mathrm{i}\omega - \lambda_j} + \sum_{j=1}^{N} \left(\frac{A_j}{\mathrm{i}\omega - \zeta_j} + \frac{A_j^*}{\mathrm{i}\omega - \zeta_j^*} \right) \tag{5.21}$$

Dragna 等[57] 指出 Reymen 等[54] 的递归卷积算法降低了边界条件的精度，提出了附加偏微分方程组（auxiliary differential equation）法，保证了边界条件的计算和内场计算采用一样的格式。在时域声阻抗边界条件的实现上，除上述方法外，Zhong 等[58] 将 Ingård-Myers 边界条件[41,42] 视为传递函数，采用线性控制理论中的能控标准型（controllable canonical form）实现声阻抗边界条件：

$$A(s) = \frac{1}{Z(s)} = \frac{d_M s^M + d_{M-1} s^{M-1} + \cdots + d_1 s + d_0}{s^N + c_{N-1} s^{N-1} + \cdots + c_1 s + c_0} \tag{5.22}$$

以上声阻抗模型假设阻抗在空间上是均一的，但通过引入空间坐标，则可以应用于空间非均一声阻抗的模拟[59]。

5.3　时域阻抗边界条件的实现

时域阻抗边界条件的实现基本步骤如图 5.1 所示。首先需要确定一个通用的声阻抗模型，同时给定声阻抗的数据。通过拟合方法，确定模型中的待定参数以尽可能拟合给定的声阻抗曲线。将阻抗模型代入边界条件，通过频域/时域变换得到时域下的声阻抗边界条件。选取合适的数值方法在声传播计算中实现这一边界。

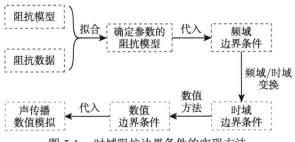

图 5.1 时域阻抗边界条件的实现方法

本节将以多极点阻抗模型为例，详细介绍时域阻抗边界条件的数学推导和实现方法。给定如下通用形式的阻抗模型：

$$Z(\omega) = a_0 + \mathrm{i}\omega a_1 + \sum_{m=1}^{M} \frac{b_m}{\mathrm{i}\omega - \lambda_m} + \sum_{n=1}^{N} \left(\frac{A_n}{\mathrm{i}\omega - \zeta_n} + \frac{A_n^*}{\mathrm{i}\omega - \zeta_n^*} \right) \tag{5.23}$$

其中 a_0，a_1，b_m 和 λ_m 为实数，A_n 和 ζ_n 为复数，$(\cdot)^*$ 表示共轭。这些待定系数需根据给定的声阻抗曲线进行拟合。本书采用 Gustavsen 和 Semlyen[60] 提出的矢量拟合方法进行待定系数求解。

下面通过拟合几种常见声阻抗模型说明该多极点阻抗模型的通用性及拟合方法的精度。首先验证的是余切函数模型，该模型假定声阻为常数，声抗为余切函数。

$$Z(\omega) = R - \mathrm{i} \cot \left(\frac{\omega L}{c} \right) \tag{5.24}$$

其中 R 表示声阻，ω 为角频率，c 为声速，L 为共振腔腔深。给定 $R = 0.75$，$L = 0.05$，$c = 340$ m/s。虽然理论模型或半经验模型能够给出连续的声阻抗谱，但在通过实验提取声阻抗时，频率间隔往往较大。本节将针对不同频率间隔的数据进行拟合，对比分析使用拟合算法时应注意的事项。图 5.2 给出拟合结果和给定声阻抗数据对比，表 5.1 给出具体的拟合参数。对于简单的余切模型，可以看到即便使用数据的频率间隔非常大（500 Hz），仍能很好地采用多极点模型近似，拟合得到的曲线与原曲线几乎重合，拟合误差为千分之一左右。

接下来，采用工程上常用的经验/半经验模型进行验证。这里使用 Goodrich 模型[61]，该模型适用于单自由度的穿孔板声衬，能够考虑切向流和高声压级的影响。

$$Z = R_o + R_{of} + S_r V_p + R_{cm} + \mathrm{i} \left[X_m + S_m V_p + X_{em} - \cot(kh) \right] \tag{5.25}$$

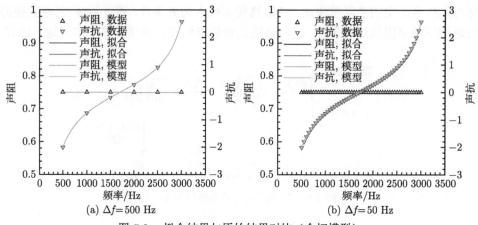

(a) $\Delta f = 500$ Hz   (b) $\Delta f = 50$ Hz

图 5.2　拟合结果与原始结果对比（余切模型）

表 5.1　拟合参数

Δf/Hz	a_0	a_1	b_m		λ_m		A_n	ζ_n
			b_1	b_2	λ_1	λ_2	A_1	ζ_1
500	0.7501	0.0061	29.9380	−9.9602	−0.2220	−0.6700	21.0963+0.0014i	−0.0004+63.0267i
50	0.7513	0.0062	20.0611	−0.0766	−0.0234	−11.4488	20.9683+0.0341i	−0.0118+62.9973i

模型公式中每一项的具体表达式请参考相关文献，在此不再赘述。本书给定两组参数，如表 5.2 所示，其中 d 为穿孔板的孔径、t 为穿孔板的厚度、h 为蜂窝腔高度、σ 为穿孔板穿孔率、c 为声速、ρ 为空气密度、μ 为空气的动力黏度、SPL 为声压级、V_{cm} 为声衬表面切向流平均马赫数、δ^* 为边界层位移厚度，第一行数据来源于文献 [61]。

表 5.2　Goodrich 模型参数

No	d/mm	h/mm	t/mm	σ/%	c/(m/s)	ρ/(kg/m^3)	μ/(kg/(m·s))	SPL/dB	V_{cm}	δ^*/mm
1	0.9906	38.1	0.7874	8.2	340.7	1.225	1.8×10^{-5}	130	0.45	2.3114
2	0.8	150.0	1.0	10	340.7	1.225	1.8×10^{-5}	150	0.45	2.3144

图 5.3 所示为 No.1 声衬的声阻抗曲线和拟合结果。当共振腔腔深较小时，在给定频率范围内只有一个共振点，因而阻抗曲线相对简单，此时频率间隔为 500 Hz，仍能非常精准地拟合给定的频率处的声阻抗。在没有数据点的频率处，模型得到的曲线和拟合得到的曲线仍能几乎重合，这对于宽频声传播问题的计算至关重要。

当声衬蜂窝腔的高度变大时，在给定频率范围内出现了三个共振点和两个反共振点（图 5.4），声阻抗曲线相对复杂。当数据点的频率间隔仍为 500 Hz 时，得到的拟合曲线与原声阻抗曲线存在差异，因此需增加原始数据的密度。当频率间隔为 50 Hz 时，二者重合度很好。此外，需要说明的是提高极点数目能够提高拟合精度。但对于简单的声阻抗曲线，少量的极点数即可获得很高的拟合精度。

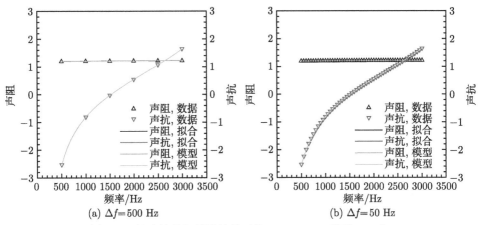

(a) $\Delta f = 500$ Hz　　(b) $\Delta f = 50$ Hz

图 5.3　拟合结果与原始结果对比（Goodrich 模型 No.1）

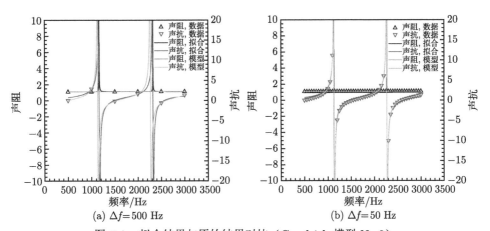

(a) $\Delta f = 500$ Hz　　(b) $\Delta f = 50$ Hz

图 5.4　拟合结果与原始结果对比（Goodrich 模型 No.2）

声阻抗模型 $Z(\omega)$ 确定后，对其进行 Fourier 逆变换可得

$$z(t) = a_0\delta(t) + a_1\frac{\partial\delta(t)}{\partial t} + \sum_{m=1}^{M} b_m e^{\lambda_m t} H(t)$$

$$+ \sum_{n=1}^{N}\{2e^{\mathbb{R}(\zeta_n)t}[\mathbb{R}(A_n)\cos(\Im(\zeta_n)t) - \Im(A_n)\sin(\Im(\zeta_n)t)]H(t)\} \quad (5.26)$$

其中 $\delta(t)$ 为 Dirac 函数，$H(t)$ 为 Heaviside 函数。将 $z(t)$ 代入公式(5.10)可得

$$p(t) = a_0 v_n(t) + a_1 \frac{\partial v_n(t)}{\partial t} + \sum_{m=1}^{M} b_m \phi_m(t)$$

$$+ \sum_{n=1}^{N} 2 \left[\mathbb{R}(A_n) \chi_n^I(t) - \Im(A_n) \chi_n^{II}(t) \right] + \bar{\boldsymbol{v}} \cdot \nabla \psi(t) + \bar{\boldsymbol{v}} \cdot (\boldsymbol{n} \cdot \nabla \boldsymbol{n}) \psi(t)$$

$$(5.27)$$

其中

$$\phi_m(t) = \int_0^t e^{\lambda_m(t-\tau)} v_n(\tau) \mathrm{d}\tau \tag{5.28a}$$

$$\chi_n^I(t) = \int_0^t e^{\mathbb{R}(\zeta_n)(t-\tau)} \cos[\Im(\zeta_n)(t-\tau)] v_n(\tau) \mathrm{d}\tau \tag{5.28b}$$

$$\chi_n^{II}(t) = \int_0^t e^{\mathbb{R}(\zeta_n)(t-\tau)} \sin[\Im(\zeta_n)(t-\tau)] v_n(\tau) \mathrm{d}\tau \tag{5.28c}$$

$$\psi(t) = \int_0^t p(\tau) \mathrm{d}\tau \tag{5.28d}$$

如前所述，直接进行卷积计算消耗量大，且需要存储从 $t=0$ 时刻的所有数据。而近似算法，如分段线性递归方法[62] 会导致边界条件的精度降低。因此，本书采用 Dragna 等[57] 提出的附加偏微分方程组法，将方程 (5.28a)—(5.28d) 等式两边取关于 t 的导数可得

$$\frac{\partial \phi_m}{\partial t} - \lambda_m \phi_m - v_n = 0 \tag{5.29a}$$

$$\frac{\partial \chi_n^I}{\partial t} - \mathbb{R}(\zeta_n) \chi_n^I + \Im(\zeta_n) \chi_n^{II} - v_n = 0 \tag{5.29b}$$

$$\frac{\partial \chi_n^{II}}{\partial t} - \mathbb{R}(\zeta_n) \chi_n^{II} - \Im(\zeta_n) \chi_n^I = 0 \tag{5.29c}$$

$$\frac{\partial \psi}{\partial t} - p = 0 \tag{5.29d}$$

即把卷积的求解转化为求解偏微分方程组，其数值解法可保持与主控方程的数值解法一致，从而保证了计算精度。每一个极点均对应一个偏微分方程，因此极点个数越少，额外的偏微分方程越少，这对于减少计算量缩短计算时间是有利的。

在边界条件(5.27)的实现上，Tam 和 Dong[63] 指出采用高阶格式离散线化 Euler 方程，若在边界使用固壁边界条件/声阻抗边界条件会导致代数方程的个数大于未知数的个数，因此需要人为引入一个自由度保证离散方程中未知数的个数

与系统的自由度相匹配。Tam 和 Dong 通过鬼点（ghost point）法引入附加自由度，如图 5.5 所示，每个壁面边界的网格点 p_0 均对应一个鬼点 p_{ghost}，鬼点仅存储压力值。

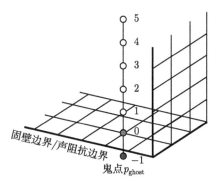

图 5.5 鬼点法示意图

根据小扰动的动量方程

$$\rho_0 \frac{\partial \boldsymbol{u}'}{\partial t} + \nabla \cdot (\rho_0 \boldsymbol{u}_0 \boldsymbol{u}' + p'I) + \rho' \boldsymbol{u}_0 \cdot \nabla \boldsymbol{u}_0 + \rho_0 \boldsymbol{u}' \nabla \boldsymbol{u}_0 = 0 \qquad (5.30)$$

可以得到壁面法向方向的动量方程为

$$\frac{\partial v'_n}{\partial t} + F_n(\rho_0, \bar{\boldsymbol{v}}, \rho', \boldsymbol{v}') + \frac{1}{\rho_0} \boldsymbol{n} \cdot \nabla p' = 0 \qquad (5.31)$$

其中 $F_n(\rho_0, \bar{\boldsymbol{v}}, \rho', \boldsymbol{v}')$ 表示方程中不包含脉动压力的项。$\partial v'_n / \partial t$ 可由边界条件(5.27)给出，对于硬壁面有 $\partial v'_n / \partial t = 0$。通过法向动量方程即可计算鬼点的压力：

$$p_{\text{ghost}} = \frac{1}{a_{15}^{-1}} \left(-\rho_0 \frac{\partial v'_n}{\partial t} - \rho_0 F_n - \sum_{i=0}^{5} a_{15}^i p_i \right) \qquad (5.32)$$

其中 a_{15}^i 表示使用的差分格式系数。计算得到鬼点的值之后，采用其值更新网格点 p_0, p_1, p_2 的压力空间导数。采用递归算法[64] 实现上述过程可以在绘制网格时不显式地给出鬼点的网格，从而降低绘制网格的难度。

5.4　无限大阻抗平面的反射

本节采用无限大阻抗平面对线声源的反射算例校核时域声阻抗边界条件，该算例的解析解由 Brambley 和 Gabard 给出[65]。数值模型如图 5.6 所示。来流为

均匀流动, 马赫数 $Ma = 0.5$, 声源为线声源, 无量纲频率为 31。声阻抗由公式给出:

$$Z = 0.75 + 0.01\mathrm{i}\omega - \frac{10\mathrm{i}}{\omega} \tag{5.33}$$

无限大阻抗平面在这一频率下的阻抗值为 $(0.75, -39/3100)$。声源距离无限大平面的距离为 $y_s = 0.3$, 计算域内场尺寸为 $8y_s \times 8y_s$。网格为均匀网格, $\Delta x = \Delta y = 0.02$。远场采用 PML 无反射边界条件, 这里设置为 30 层网格。计算时 CFL (Courant-Friedrichs-Lewy) 数取 0.5。

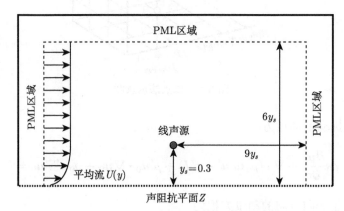

图 5.6   无限大阻抗平面对线声源的反射

声源采用 Petersson 等[66] 发展的四阶精度点声源离散方法给定。在计算域内 x_s 处引入点声源,

$$s(x,t) = A\sin(t)\delta(|x - x_s|) \tag{5.34}$$

令 h 为相邻网格点的间距, 则离散后的点声源为

$$s_j = A\sin(t)\delta_\varepsilon(|x_j - x_s|), \quad \delta_\varepsilon(x) = \frac{1}{h}\varphi\left(\frac{x}{h}\right) \tag{5.35}$$

其中

$$\varphi(x) = \begin{cases} \dfrac{1}{32}(16 - 4x - 4x^2 + x^3), & x < 2 \\[2mm] \dfrac{1}{96}(48 - 44x + 12x^2 - x^3), & x \in [2,4) \\[2mm] 0, & x \geqslant 4 \end{cases} \tag{5.36}$$

图 5.7 分别给出数值模拟得到的声阻抗边界条件和固壁边界条件下的瞬时声压云图, 可以观察到声阻抗边界显著改变了声场的指向性。图 5.8 给出数值模拟

得到的远场指向性与解析解[65] 的对比情况，结果表明，时域声阻抗边界条件能够准确计算声阻抗平面对声波的吸收和反射。

(a) 声阻抗边界   (b) 固壁边界

图 5.7 瞬时声压云图

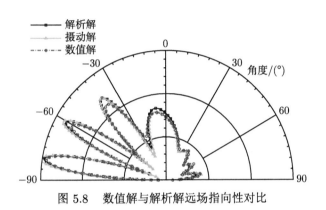

图 5.8 数值解与解析解远场指向性对比

5.5 二维直管道的声传播

声学处理广泛用于管道中的降噪。本节通过求解二维直管道声传播问题验证边界条件和计算方法的正确性。计算域和边界条件如图 5.9 所示。管道长 $L_d = 7\,\mathrm{m}$，高度 $H_d = 0.4\,\mathrm{m}$。阻抗面的长度为 l。原点位于阻抗表面的前缘。同时考虑了有和没有切向流的情况。假设有多个频率的平面波从管道的左侧端部通过 PML 区域引入，

$$\sum_{i=1}^{N} \begin{bmatrix} \rho_{\mathrm{in}}^i \\ u_{\mathrm{in}}^i \\ v_{\mathrm{in}}^i \\ p_{\mathrm{in}}^i \end{bmatrix} = \sum_{i=1}^{N} \begin{bmatrix} 1 \\ 1 \\ 0 \\ 1 \end{bmatrix} A_{\mathrm{in}}^i \cos\left(\omega^i t - k_x^i x\right) \tag{5.37}$$

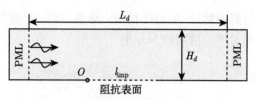

图 5.9   计算域示意图

其中 A_{in}^i 表示入射声波的振幅，k_x^i 是轴向波数，ω^i 是圆频率。该算例同时引入了 5 个频率，$\omega^{1-5}=10, 15, 20, 25, 30$。所有频率的声压级都是相同的 SPL = 120 dB。对于空间非均匀声阻抗平面，考虑了两种声阻抗分布，分别定义如下

$$Z_v(\omega, x \in [0,1]) = R_v + \mathrm{i}X_v \tag{5.38}$$

$$Z_c(\omega, x \in [0,1]) = R_c + \mathrm{i}X_c \tag{5.39}$$

其中 $R_c = 0.75$，$X_c = -\cot(0.1\omega)$，$R_v = 0.75+0.5x$，$X_v = -\cot[(0.1-0.06x)\omega]$。显然，$Z_v$ 是空间相关的，而 Z_c 与坐标无关。请注意，所有分布在原点位置的阻抗都相同。图 5.10 和图 5.11 分别描绘了 x-ω 平面中 Z_c 和 Z_v 的声阻及声抗分布。

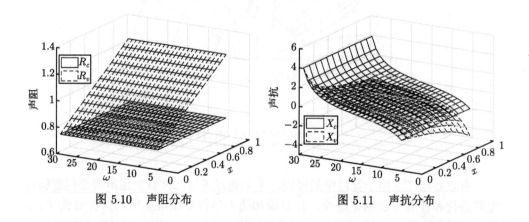

图 5.10   声阻分布   图 5.11   声抗分布

采用阻抗模型分别拟合 Z_c 和 Z_v 的阻抗数据，拟合同样使用矢量拟合方法[60]。参数在表 5.3 和图 5.12 中给出。拟合 Z_v 的所有参数在 x 方向上平滑变化。

表 5.3 Z_c 拟合参数

a_0	a_1	b_m	λ_m	A_n	ζ_n
0.752	0.013	10.025	-0.01	10.265+0.21i	$-0.005+31.441$i
—	—	-0.038	-11.192	—	—

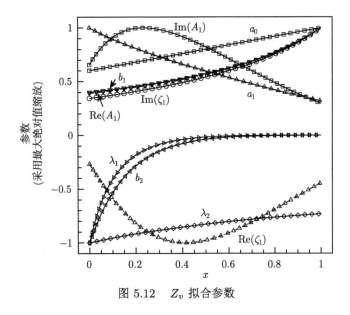

图 5.12 Z_v 拟合参数

为验证时域求解方法，本算例同时采用频域求解器对该问题求解并进行比较，频域求解器的网格与时域求解器中使用的网格相同。与可以处理宽频问题的时域法不同，频域法一次只能计算单个频率。图 5.13 给出了在单频声源激励和多频声源激励下沿管道上壁面 (Z_v) 的声压级分布对比。Fourier 变换用于将多频声源激

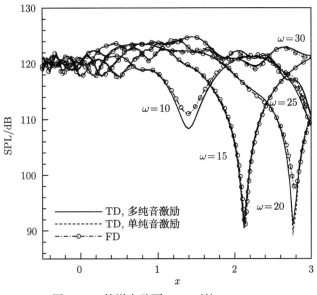

图 5.13 管道上壁面 SPL 对比，$Ma = 0$

励结果转换为对应的离散频率。同时，提供频域求解器得到的数值结果作为参考。图 5.14 提供了声衬区域周围声压级等值线的比较，分别为 $\omega = 20$ 和 30。数值结果非常吻合，验证了方法的正确性。

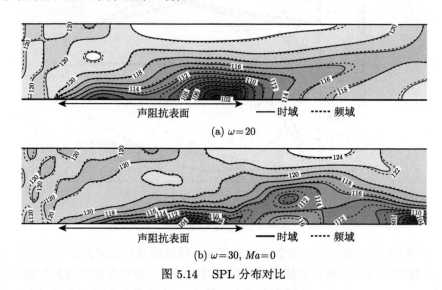

(a) $\omega = 20$

(b) $\omega = 30$, $Ma = 0$

图 5.14　SPL 分布对比

在另外两个较稀疏网格上进行仿真。图 5.15 给出了在 $\omega = 15$ 下不同网格尺寸的声压级等值线的比较。网格 $\Delta x = 0.01$ 和 $\Delta x = 0.02$ 的等高线对于均匀和非均匀阻抗边界都吻合良好。但是，当网格大小扩展到 0.04 时，可能会发现明显的差异。所采用的 DRP 方案的空间分辨率约为每波长 7 个点（PPW），这表明网格大小可能高达 0.06。然而，由于阻抗边界，高阶模式被激发，因此需要更精细的网格来解析这些波长较短的模式。在目前情况下，每个方向上至少需要三倍网格点才能获得准确的结果。此外，与均匀阻抗边界相比，空间依赖阻抗边界不需要更多的网格进行计算。不同角频率下 Z_v 和 Z_c 的声压级分布比较如图 5.16 所示。随着空间内声阻和声抗的逐渐变化，上壁面的声压级逐渐偏离了阻抗均匀的 SPL 分布。但是，上游的 SPL 分布在同一频率下重叠，它表明阻抗边界的声能反射特征很少受到这种可变阻抗的影响。当然，对最终传输损耗的影响确实与频率有关。

表面切向流动通常对声衬的声学特性有显著影响。这里计算了空间非均匀声阻抗表面 Z_v 在不同速度剖面情况下的声场。平均流速定义为

$$u_0 = Ma\frac{n+1}{n}\left(1 - \left|1 - \frac{2y}{H_d}\right|^n\right) \tag{5.40}$$

在这里，分别模拟 $Ma = 0.3$，0.5 时的声波传播。n 的值设定为 24，对应边界层的厚度为 $\delta_{99.9\%} = 0.05$。因此，在边界层区域网格需要足够密才能准确描述其速度分布。图 5.17 给出了时域和频域求解器获得的声压级等值线的比较，二者吻合很好，验证了存在流动时该方法的正确性。

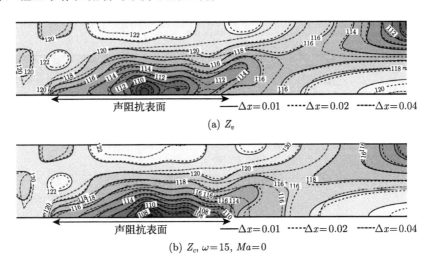

(a) Z_v

(b) Z_c，$\omega = 15$，$Ma = 0$

图 5.15 不同网格的 SPL 分布对比

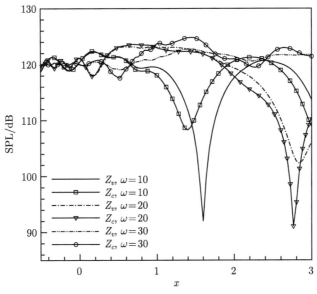

图 5.16 SPL 分布对比（Z_c 和 Z_v）

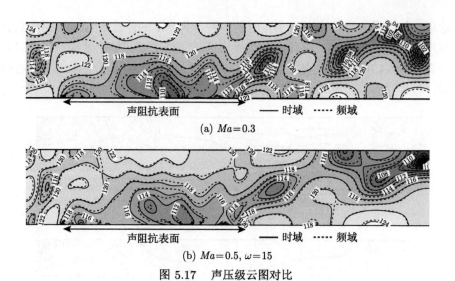

(a) $Ma = 0.3$

(b) $Ma = 0.5,\ \omega = 15$

图 5.17　声压级云图对比

第 6 章　网格块界面通量重构方法

6.1　通量不连续和通量重构思想

自从 Lele[5]、Tam 和 Webb[6] 分别在 1992 年和 1993 年提出紧致差分格式和 DRP 格式以来，高阶差分格式在过去的三十多年得到了非常大的发展。高阶有限差分方法，尤其是 DRP 格式和紧致差分格式在湍流和噪声数值模拟中得到了广泛的应用[23,67–69]。然而，高阶有限差分格式也存在较大的缺陷，如难以处理复杂几何结构，这极大地限制了它在更复杂的真实工程问题上的应用。采用高阶有限差分格式进行数值模拟时，为了提高其处理复杂几何结构的能力，通常采用重叠网格（overlap grid）技术。图 6.1 是重叠网格示意图，对于一对一点重叠情况，重叠网格的层数取决于所采用的空间离散格式模板点数。例如 7 点 DRP 格式，两块相邻网格间至少需要 6 层重叠点（图 6.1(a)）。而对于图 6.1(b) 中所示非一对一点重叠网格，网格块间必须采用高阶插值方法来进行信息交换。美国航空航天局（NASA）艾姆斯（AMES）研究中心的一个研究组在过去的三十多年间发展了一种名为 PEGASUS[70–72] 的软件来处理重叠网格。基于 PEGASUS 软件，Rizzetta 等[73] 发展了名为 FDL3DI 的高阶有限差分大涡模拟程序，并成功应用到很多复杂流动噪声问题。重叠网格技术的确提高了有限差分方法处理复杂几何

网格块1　　　　　　　　　　　　网格块2

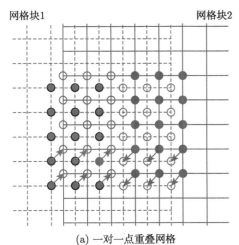
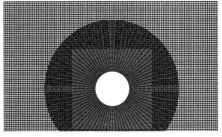

(a) 一对一点重叠网格　　　　　　　　　(b) 非一对一点重叠网格

图 6.1　重叠网格示意图

结构的能力，但是重叠网格的生成和前处理非常困难。重叠网格间数据交换和插值很复杂，需要专业软件的配合，除了 NASA AMES，目前能够为高阶差分方法生成插值信息的前处理软件并不多。这个缺陷阻碍了高精度差分方法在复杂流动的数值模拟中的进一步应用。

相对于结构网格方法，非结构网格方法具有更好的处理复杂几何结构的能力。最近 Liu 等[74] 提出了基于非结构网格的谱差分方法，Wang 等[75] 把它推广到三角形单元的二维 Euler 方程，Sun 等[76] 把它应用到六面体网格上的三维 Navier-Stokes 方程。Huynh[77] 在 2007 年提出了通量重构方法（flux reconstruction (FR) approach）。这个方法把节点间断伽辽金方法（nodal discontinuous Galerkin method）、谱差分等几种不同的高精度格式统一到一个框架下。这些方法有一个共同关键点，通量只在单元内连续，而单元之间不连续。对于无黏通量，采用黎曼（Riemann）算子求解单元边界的共同通量以保证守恒性和稳定性。而在有限差分方法中，通量不仅要求在同一网格块内连续，而且在网格块界面之间连续。这个要求使得差分法对网格质量要求比较高，尤其是高阶格式，由于它的网格模板比较大，模板内网格质量不好通常会影响计算精度，甚至引起稳定性问题。如图 6.2 所示的网格，尽管每块网格都是连续光滑的，但是在两块网格连接的边界附近不能直接使用中心模板的高阶差分格式，因为网格块与块之间并不光滑，采用中心模板格式计算的网格度量 $\left(\text{Metric，例如 } \dfrac{\partial x}{\partial \xi}\right)$ 和 Jacobian $\left(\left|\dfrac{\partial(x, y, z)}{\partial(\xi, \eta, \zeta)}\right|\right)$ 不连续。根据谱差分和通量重构方法中单元内通量连续、单元间通量不连续的特

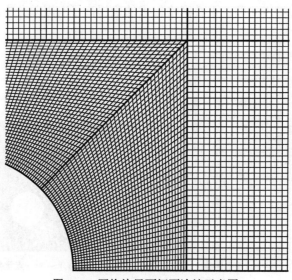

图 6.2   网格块界面间不连续示意图

点，如果放松差分方法关于通量连续的要求，只要求通量在网格块内连续，网格块与块之间可以不连续，那么如图 6.2 所示的网格则有可能采用高阶差分方法进行求解。尽管放松了通量的连续性要求，但是可以像谱差分或者通量重构方法中一样采用 Riemann 算子求解共同通量使得通量在计算域内连续。这样在生成网格时，就没有必要保证网格块之间光滑连续，而可以采用更加灵活的分块方式，因此这种网格块界面通量重构的方法会提高差分方法处理复杂几何结构的能力。下面将介绍如何把这种网格界面通量重构的思想应用到高阶差分方法中。

6.2 界面通量重构方法

6.2.1 数值方法

这部分我们采用的格式分别是 7 点 DRP 格式[6] 和 4 阶精度的紧致差分格式[5]，其具体形式在第 2 章中已经给出，在此不再赘述，具体可以参考公式 (2.25) 和 (2.47)。由于中心模板的 DRP 格式和紧致格式没有耗散，对于格式分辨率范围之外的高波数分量，以及格点间的振荡，随着计算的进行，这些成分可能会放大，甚至污染计算结果，因此需要采用措施抑制这些分量，例如可以采取第 2 章中介绍的有选择性人工黏性或者空间滤波方法。这里采用 Berland 等[28] 提出的高阶滤波方法，具体见公式 (2.74)。滤波格式的模板大小是 $M+N+1$，N 和 M 分别表示模板中滤波点左边和右边的点数，在内场可以采用中心模板的地方，采用 11 点中心格式；在靠近边界的区域，模板点数逐渐减小，最小为 4。在计算时针对守恒变量滤波，分别沿 ξ 和 η 方向按顺序进行。网格块界面上的格点需要多加注意，因为界面两侧网格块内不一致的滤波可能会引起误差，甚至是稳定性问题，所以最好在网格块界面两侧用同样的滤波格式和滤波强度。如果界面两侧的滤波格式不一样，则需要在耗散较小的一侧用大一些的滤波强度。一般来说，网格块界面附近的滤波强度要稍微大于内场的滤波强度。

6.2.2 网格块界面通量重构方法

对于多块网格上的数值模拟，一般在网格块内场边界采用重叠网格，重叠网格的层数取决于采用差分格式的模板点数。如图 6.3 中的例子所示，对于界面通量重构 (block interface flux reconstruction, BIFR) 方法，相邻两块网格只需要一层重叠网格点，而且也不要求穿过界面的网格光滑、正交、网格尺度连续。这就像一种大尺度的非结构方法，也就是说，在每个网格块内是结构化的，而网格块之间是非结构的。如图 6.3 所示，因为在网格块内场边界只有一层网格重叠，在内场边界附近必须采用偏侧差分模板进行计算。假设在当前时刻，流场数据在两块网格的交界面上是光滑连续的，对于交界面上的这个共同网格点，由于采用各自网格块的数据计算通量及其偏导数，这就会导致在下一个时间步，这个点有两个不同的值，这样就在交界面处出现了间断。为了保证通量的连续性及计算的稳定性，需要在交界面处采用 Riemann 算子计算共同通量。对于一维问题，我们可以采用迎风算子。

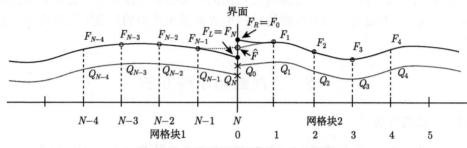

图 6.3　一维界面通量重构方法示意图

　　这个方法可以直接推广到二维和三维问题。以二维问题为例，复杂几何的计算一般都会采用曲线贴体网格，因此物理域下的主控方程一般都会变换到计算域以方便进行计算。以下面的计算域的二维守恒型 Navier-Stokes 方程为例，

$$\frac{\partial Q}{\partial t} + \frac{\partial F(Q)}{\partial \xi} + \frac{\partial G(Q)}{\partial \eta} + \frac{\partial F_v(Q, \nabla Q)}{\partial \xi} + \frac{\partial G_v(Q, \nabla Q)}{\partial \eta} = 0 \qquad (6.1)$$

其中 Q 是守恒变量，F 和 G 分别是 ξ 和 η 方向的无黏通量，F_v 和 G_v 是相应的黏性通量。在网格块界面上通常可以采用 Rusanov 算子[78]计算共同通量，

$$\hat{F} = \frac{1}{2}[(F_L + F_R) \cdot \boldsymbol{n} - \lambda(Q_R - Q_L)] \qquad (6.2)$$

其中 Q 和 F 是守恒变量和通量，下标 L 和 R 分别代表网格块内场界面的左和右（注：每块网格自己这边是左，相邻的那块是右），$\boldsymbol{n}$ 是界面每个网格点处的法向矢量。$\lambda = |V_n| + c$ 是最大特征速度，V_n 是流体的法向速度，c 是声速。

　　计算无黏通量导数的算法可以总结为如下几个步骤：

　　（1）给定每块网格所有点上的守恒量 Q；

　　（2）直接根据守恒量 Q 计算所有点上的无黏通量 $F(Q)$；

　　（3）采用 Riemann 算子计算网格块界面上的共同通量 $\hat{F}$。

　　• 对于二维问题，如图 6.4 所示，有 ξ 和 η 两个方向的通量 $F(Q)$ 和 $G(Q)$ 需要计算。在 ξ 界面上，$\hat{F}$ 采用 Riemann 算子进行计算，但是 $\hat{G}$ 采用简单的守恒量算术平均值进行计算，$\hat{G} = G((Q_L + Q_R)/2)$，在 η 界面上则相反。

- 网格的角区点是需要特别注意的地方，因为这个点既属于 ξ 界面，也属于 η 界面，因此角区点的两个通量都是采用 Riemann 算子计算得到的。

（4）采用高阶差分格式计算通量偏导数 $\dfrac{\partial F}{\partial \xi}$ 和 $\dfrac{\partial G}{\partial \eta}$：能采用中心模板的点采用中心模板格式，而靠近界面的区域不能采用中心模板的则采用偏侧模板，界面上的点采用完全偏侧模板。

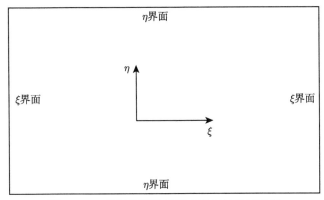

图 6.4 二维问题网格块界面通量处理示意图

因为黏性通量是守恒量及其偏导数的函数，黏性通量导数的计算采用如下方式：

（1）采用算术平均计算网格块界面上的守恒量平均值，$\bar{Q} = (Q_R + Q_L)/2$；

（2）采用差分格式计算守恒量的偏导数，采用的格式与计算无黏通量偏导数时一致；

（3）计算网格界面上守恒量梯度的平均值，此处可以采用简单的算术平均 $\overline{\nabla Q} = (\nabla Q_L + \nabla Q_R)/2$；

（4）根据第（2）—（3）步中得到的守恒量及其梯度，计算黏性通量；

（5）计算黏性通量的偏导数，格式与无黏通量处一致。

6.3 稳定性分析

采用如下线性波迁移方程用作稳定性分析，

$$\frac{\partial u}{\partial t} + c\frac{\partial u}{\partial x} = 0, \qquad a \leqslant x \leqslant b \tag{6.3}$$

其中 $c = 1$ 是波传播速度。这个问题的边界条件是 $u(a, t) = g(t)$。$N+1$ 个网格点均匀分布在计算域 $a \leqslant x \leqslant b$ 上。把空间离散格式的系数代入波传播方程 (6.3)，

结合 $x = a$ 处的边界条件，可以得到如下方程，

$$\frac{\partial U}{\partial t} = -\frac{1}{\Delta x} B^{-1} A U + g(t) \tag{6.4}$$

其中 $U = (u_1, \cdots, u_N)^{\mathrm{T}}$, $g(t) = -\dfrac{1}{\Delta x} u_0(t)[\cdots]^{\mathrm{T}}$, A 和 B 是 $N \times N$ 空间离散矩阵。对于显式格式，B 是一个 N 维的单位矩阵，对于 4 阶紧致格式，B 是一个 N 维的三对角矩阵。与 2.5 节中格式稳定性分析一样，通过计算矩阵 $M = B^{-1} A$ 的特征值来分析差分格式的稳定性。根据稳定性分析要求，空间离散矩阵的特征值的实部不能大于 0。对于常用的 7 点 DRP 格式（7 点中心模板和 7 点偏侧模板），其特征值计算结果如图 6.5(a) 所示，图中标为 "DRP-7777"。根据稳定性分析结果可以知道这种组合是不稳定的。为了满足稳定性要求，对于边界上的点 $0, 1, N-1, N$，采用标准的 4 点偏侧格式（3 阶），而点 $2, N-2$，则采用标准 5 点中心差分格式（4 阶）。它们的系数见公式 (2.39), (2.40), (6.5)。

$$u_2' = \frac{1}{\Delta x}\left(\frac{1}{12}u_0 - \frac{2}{3}u_1 + \frac{2}{3}u_3 - \frac{1}{12}u_4\right) \tag{6.5}$$

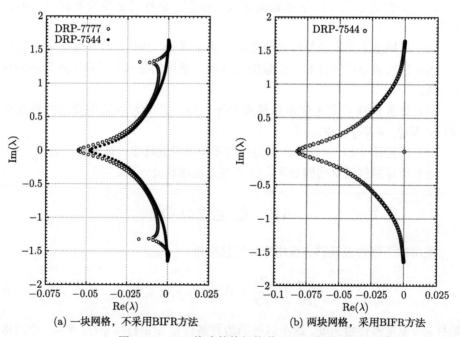

(a) 一块网格，不采用BIFR方法　　　　　(b) 两块网格，采用BIFR方法

图 6.5　DRP 格式的特征值谱 ($N = 200$)

中心区域采用 7 点中心差分模板，边界上采用 5 点和 4 点格式的这种组合方式的特征值，标记为 "DRP-7544"，如图 6.5(a) 所示。从图中可以看到这种组合的所有特征值实部都小于等于 0，这说明 "7-5-4-4" 这种离散组合是稳定的。根据 Carpenter 等[25] 的研究，在内场采用 4 阶精度格式，在边界采用 3 阶精度格式，整体的计算精度还是 4 阶。

下面对耦合高阶差分格式的 BIFR 方法的稳定性进行分析。这里采用显式 DRP 格式的空间离散及边界耦合格式如图 6.6 所示。在内场采用 7 点中心模板，公式 (2.39), (2.40), (6.5) 用在边界区域不能使用 7 点中心模板的网格点。计算域在中间均分成两块网格，在网格块界面处采用迎风算子计算共同通量。图 6.5(b) 中是计算得到的特征值，可以看到采用了 "7-5-4-4" 这种 DRP 格式组合的 BIFR 方法是稳定的。

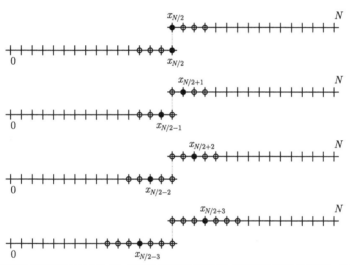

图 6.6　在网格块界面采用 DRP 格式和偏侧模板示意图 (圆圈表示网格模板；采用迎风算子计算共同通量)

下面也对边界采用通量重构方法的 4 阶紧致格式进行稳定性分析。在边界区域采用如下 3 阶格式，

$$u_0' + \alpha u_1' = \frac{1}{\Delta x}(a\,u_0 + b\,u_1 + c\,u_2 + d\,u_3) \tag{6.6}$$

其中 $a = \dfrac{11 - 2\alpha}{6}$, $b = \dfrac{6 - \alpha}{2}$, $c = \dfrac{2\alpha - 3}{2}$, $d = \dfrac{2 - \alpha}{6}$. 这里 α 取值 5。需要指出的是，即使没有采用界面通量重构方法，内场 4 阶、边界 3 阶的这种紧致格式组合本身也是稳定的，其特征值如图 6.7(a) 所示。图 6.7(b) 中是采用了界面通量重

构方法的特征值，可以看到，这种组合的紧致格式耦合界面通量重构方法也是稳定的。

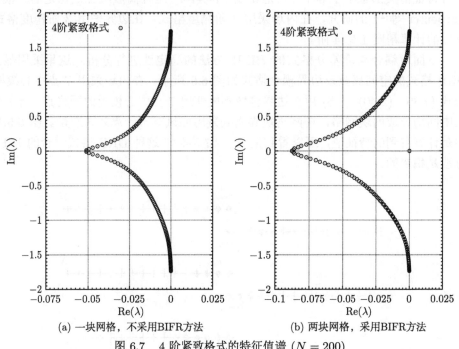

(a) 一块网格，不采用BIFR方法　　　　(b) 两块网格，采用BIFR方法

图 6.7　4 阶紧致格式的特征值谱 $(N = 200)$

6.4　BIFR 方法精度验证

下面采用不同类型的算例对界面通量重构方法进行精度验证和能力展示：均匀网格上的一维和二维的脉冲波传播验证方法的精度，二维波浪网格上的波传播问题展示界面通量重构方法在非均匀网格上的能力，多个圆柱的声散射问题展示该方法处理复杂几何结构的能力，雷诺数 150 的圆柱绕流问题展示该方法处理黏性问题的能力。

6.4.1　一维高斯波传播

分别采用 7 点 DRP 格式和 4 阶紧致格式求解一维线性波传播方程 (6.3)，波传播速度 $c = 1$，初始条件为

$$u(x,0) = \frac{1}{2}\exp\left(-\ln 2\left(\frac{x - 50}{8}\right)^2\right)$$

如图 6.8 所示，计算域大小为 $0 \leqslant x \leqslant 200$，在 $x = 100$ 处分为两块网格，在该处采用界面通量重构方法。在 $x = 0$ 和 200 处采用周期性边界条件，也应用界面通量重构方法。这也就是说高斯波在计算域传播一个周期会穿过两次网格界面，采用迎风算子计算共同通量。计算时间步长为 0.01，以减小时间推进格式对精度的影响。计算中没有采用任何滤波方法或者人工黏性来稳定计算，波传播了 20 个周期计算依然稳定。这说明界面通量重构方法是稳定的，与上面的稳定性分析结论一致。10 个周期之后的计算结果如图 6.8 所示，计算结果与解析解吻合得很好。需要指出的是，在 $x = 100$ 处存在一些小的振荡，尽管非常小、非常难以观察到。有两个因素导致此振荡，第一个是界面通量重构方法本身，如果不使用该方法，显然不可能会出现这个振荡，这说明 BIFR 方法确实比重叠网格方法精度低。第二个是界面处使用的迎风算子。因为采用的是完全迎风的算子（对应公式 (6.7) 中 $\theta = 1$），界面右侧的振荡无法迎风传播到左侧。这就是说，如果采用部分迎风的算子，应该是能减弱这个振荡的。采用部分迎风算子 ($\theta = 0.25$) 的计算结果见图 6.8，从图中可以看到在 $x = 100$ 处右侧的振荡确实减弱了。尽管采用部分迎风的算子能够减小数值模拟的误差，但是采用这个算子长时间的计算有可能会带来稳定问题。

$$\hat{F} = \frac{1}{2}(F_R + F_L - \theta|\lambda|(u_R - u_L)) \tag{6.7}$$

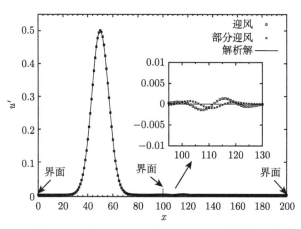

图 6.8 采用界面通量重构方法计算的一维高斯波传播 10 个周期的数值模拟结果 ($N = 200$)

采用不同网格得到的两个周期的结果的 L2 误差如图 6.9 所示，采用 DRP 格式和紧致格式的结果分别标记为 "DRP-IFR" 和 "CP4-IFR"，采用重叠网格的计算结果在图中标记为 "DRP-Ref" 和 "CP4-Ref"。从图中对比可以看到，采用重叠网格的误差稍微比采用 BIFR 方法的小，这说明 BIFR 方法对数值模拟的精度只

有很小的影响。从图中也可以看到 L2 误差随计算网格尺度的变化，无论是 DRP
格式还是紧致格式，耦合 BIFR 方法之后仍然具有四阶精度，与重叠网格方法的
精度一致。

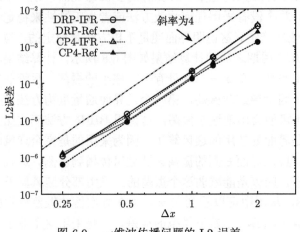

图 6.9   一维波传播问题的 L2 误差

6.4.2   平均流中的涡迁移

采用 4 阶 DRP 格式和紧致格式耦合 BIFR 方法对平均流动中的等熵涡波的
迁移问题进行了计算，背景流动马赫数为 0.5，$t = 0$ 时刻涡波为

$$p = \frac{1}{\gamma}\left(1 - \frac{1}{2}(\gamma-1)\epsilon^2 \exp\left[1 - \left(\frac{r^2}{r_d^2}\right)\right]\right)^{\frac{\gamma}{\gamma-1}}$$

$$\rho = \left(1 - \frac{1}{2}(\gamma-1)\epsilon^2 \exp\left[1 - \left(\frac{r^2}{r_d^2}\right)\right]\right)^{\frac{1}{\gamma-1}}$$

$$u = \bar{u} - \frac{\epsilon}{r_d}y \exp\left[\frac{1}{2}\left(1 - \frac{r^2}{r_d^2}\right)\right]$$

$$v = \frac{\epsilon}{r_d}x \exp\left[\frac{1}{2}\left(1 - \frac{r^2}{r_d^2}\right)\right]$$

其中 $r = \sqrt{x^2 + y^2}$，ϵ 是涡波的幅值，取值为 10^{-1}；$r_d = 10$ 是涡的半径。$\gamma = 1.4$
是绝热指数。计算域大小为 $-50 \leqslant x \leqslant 50$ 和 $-50 \leqslant y \leqslant 50$，如图 6.10 所示。采
用均匀网格进行计算，计算域在 $x = 0$ 处分为两个部分，BIFR 方法应用在这个
内场边界及周期性边界处，因此涡在计算域内循环一周要穿过两个界面。采用重
叠网格方法得到的计算结果作为参考对比。采用 Rusanov 算子计算界面处的共同
通量。

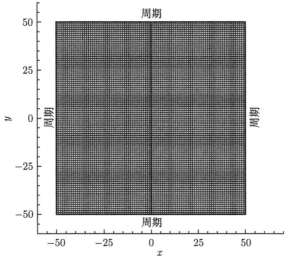

图 6.10　均匀流动中的涡迁移算例网格

　　图 6.11(a) 和图 6.11(b) 中分别给出了采用 DRP 格式和紧致格式的 L2 误差随网格尺度的变化。采用重叠网格的计算结果作为参考也画在图中，标记为 "ref"。可以看到采用了 BIFR 方法的结果 L2 误差比重叠网格方法的误差稍大，DRP格式或者紧致格式耦合 BIFR 方法的精度仍然是 4 阶，与重叠网格方法的精度一致。这说明 BIFR 并不改变格式的整体精度，但是比重叠网格绝对误差稍微大一些。

　　为了展示 BIFR 方法在非均匀网格上的性能，也采用波浪网格计算了等熵涡波迁移的算例，网格如图 6.12 所示，采用如下公式生成。

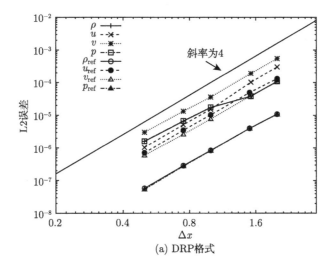

(a) DRP格式

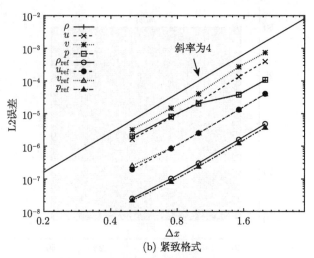

(b) 紧致格式

图 6.11   涡波循环两次后的 L2 误差

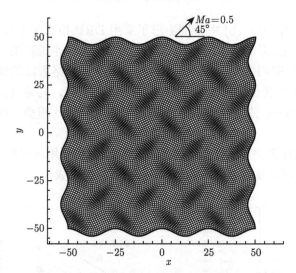

图 6.12   涡迁移计算中采用的波浪型网格

$$x_{i,j} = -50 + \left((i-1) - 2\left(1 - \cos\left(\frac{8(j-1)}{\text{Jdim}-1}\pi\right)\right) \right)$$

$$y_{i,j} = -50 + \left((j-1) - 2\left(1 - \cos\left(\frac{8(i-1)}{\text{Idim}-1}\pi\right)\right) \right)$$

其中 $i = 1, \cdots, \text{Idim}$；$j = 1, \cdots, \text{Jdim}$，Idim 和 Jdim 分别是 ξ 和 η 方向的点数，在这个算例中均等于 101。背景流动马赫数是 0.5，如图 6.12 所示，流动方向与 x 轴成 45°。BIFR 方法应用在周期性边界上，采用 Rusanov 算子计算共同

通量。计算分别采用 DRP 格式和紧致格式求解二维 Euler 方程。为了保持计算稳定,采用显式滤波方法[28] 消除数值伪波,在每个 Runge-Kutta 法时间推进步的最后一层对守恒量进行滤波。在内场采用 11 点滤波格式,强度为 0.025。在边界区域,滤波格式模板点从 9,7 逐渐减少到 4,强度为 0.05。计算在 10 个波传播循环内保持稳定。

图 6.13 是四个循环后的瞬时密度和流向速度场云图结果,从云图中看不到任何的扭曲,说明 BIFR 方法未在界面处引入明显误差。四个循环内 L2 相对误差随时间的变化如图 6.14 所示,可以看到,一个循环后 L2 相对误差小于 1%,四个循环后最大的 L2 相对误差也仅仅为 3%。

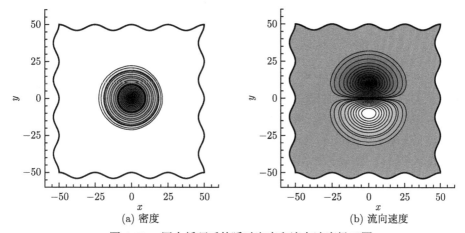

(a) 密度   (b) 流向速度

图 6.13 四个循环后的瞬时密度和流向速度场云图

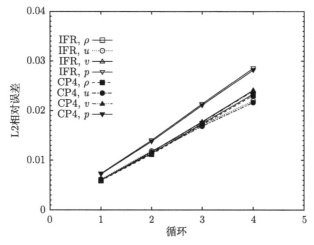

图 6.14 等熵涡波算例的 L2 相对误差随时间变化

6.4.3　双圆柱声散射

采用 BIFR 方法计算第四届计算气动声学研讨会[79] 的第二类第一个标准算例，这个标准算例设计用来测试高阶计算气动声学方法处理复杂几何结构的能力。几个其他研究者[79-81] 采用这个问题验证了他们的计算气动声学方法。计算域中有两个直径不一样的圆柱 $(D_1 = 1.0, D_2 = 0.5)$，两个圆柱中间有一个声源。如果以声源为坐标原点，则圆柱的坐标为 $L_1 = (-4, 0)$, $L_2 = (4, 0)$。声源的形式如下

$$S = 10^{-3} \exp\left[-\ln 2\left(\frac{x^2 + y^2}{0.2^2}\right)\right] \sin(8\pi t) \tag{6.8}$$

计算域大小为 $-10 \leqslant x \leqslant 10$, $0 \leqslant y \leqslant 4$，网格块拓扑如图 6.15 所示。计算域外围采用大小为 $\Delta = 0.025$ 的均匀网格，每一个圆柱被三块网格包围，左圆柱附近网格放大图见图 6.15(b)。从图中可以看到，尽管每一块网格内的网格都是光滑的，但是网格线穿过块界面并不光滑，而且界面两侧网格尺寸并不相同。这个算例中所有的内场网格界面处采用 BIFR 方法。分别采用 DRP 和紧致格式离散二维 Euler 方程求解此问题，采用 Rusanov 算子求解界面处的共同通量。为了消除数值伪波，在每一个 Runge-Kutta 推进步的最后一层施加显式滤波，这里采用 11 点空间滤波格式，内场滤波强度为 0.02，在圆柱表面为 0.045。

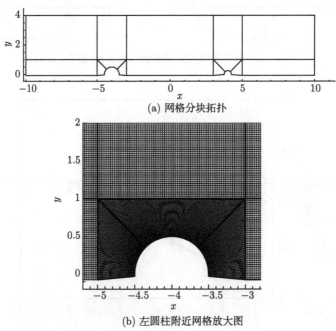

(a) 网格分块拓扑

(b) 左圆柱附近网格放大图

图 6.15　双圆柱声散射数值模拟采用的网格

远场边界采用 PML 无反射边界条件，采用 20 层网格点。在 $y = 0$ 处采用对称边界条件。在圆柱表面采用滑移固壁边界条件，这里采用 Rusanov 算子计算圆柱表面的通量，边界右侧的虚拟点守恒量 Q_R 可以根据采用如下公式计算的原始变量求得

$$
\begin{aligned}
\rho_{\text{ghost}} &= \rho_{\text{wall}} \\
v^n_{\text{ghost}} &= -v^n_{\text{wall}} \\
v^\tau_{\text{ghost}} &= v^\tau_{\text{wall}} \\
p_{\text{ghost}} &= p_{\text{wall}}
\end{aligned}
\tag{6.9}
$$

其中上标 n 和 τ 分别表示固壁法向和切向。

图 6.16 是瞬时压力场云图结果，其圆柱附近的放大图如图 6.16(b)。可以看到压力云图穿过网格块界面很光滑，没有任何可见的间断。这说明 BIFR 方法能有效处理这种不光滑网格块界面的数据通信问题。压力扰动均方根沿中心线及圆柱表面的分布如图 6.17 和图 6.18。采用 DRP 格式和紧致格式的数值模拟结果与解析解进行了对比，可以看到这两种格式的计算结果都与解析解符合得很好，说明 BIFR 方法可以精确计算网格块界面通量。

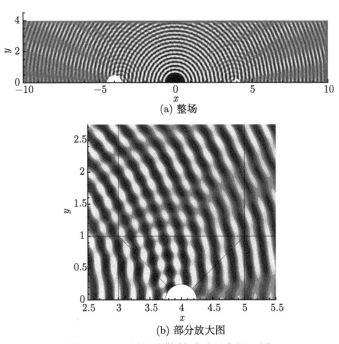

(a) 整场

(b) 部分放大图

图 6.16   双圆柱声散射瞬时压力场云图

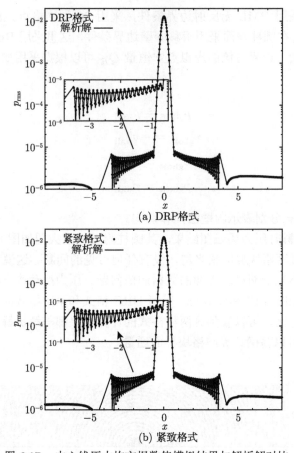

(a) DRP格式

(b) 紧致格式

图 6.17　中心线压力均方根数值模拟结果与解析解对比

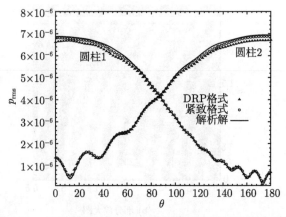

图 6.18　圆柱表面压力均方根数值模拟结果与解析解对比

6.4.4 圆柱绕流

为了展示 BIFR 方法处理黏性流动的能力，采用 BIFR 方法模拟圆柱绕流问题。入流马赫数为 0.2，基于来流速度和圆柱直径的雷诺数为 150。分别采用 DRP 格式和紧致格式求解二维 Navier-Stokes 方程。计算域大小为 $-10 \leqslant x \leqslant 25$，$-8 \leqslant y \leqslant 8$。网格块拓扑如图 6.19(a) 所示，圆柱被四块网格包围，如图 6.19(b) 所示，很显然这种网格不能采用重叠网格方法，只能采用 BIFR 方法。为了消除数值伪波，在每一个 Runge-Kutta 时间推进步的最后一层采用 9 点滤波方法，内场滤波强度为 0.04，圆柱表面强度为 0.08。

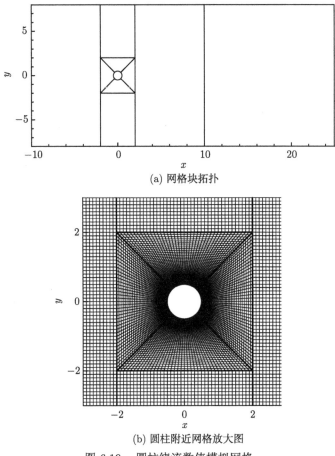

(a) 网格块拓扑

(b) 圆柱附近网格放大图

图 6.19　圆柱绕流数值模拟网格

在所有的外围边界采用非线性 Euler 方程的 PML 边界条件[82]、20 层网格点，在圆柱表面采用无滑移固壁边界条件。图 6.20(a) 和图 6.20(b) 中分别是瞬时速度场 u 和 v。可以看到流场很光滑地穿过网格块界面，没有任何不连续的地方。采用

DRP 格式计算得到的圆柱表面时间平均压力分布如图 6.21 所示，并与 Inoue 和 Hatakeyama[83] 的 DNS 结果进行了对比，符合得非常好。图 6.22 是数值计算得到的圆柱绕流升力和阻力系数，升力系数变化范围是 −0.58 到 0.58，阻力系数变化范围是 1.32 到 1.38，非常接近 Inoue 和 Hatakeyama[83] 的 DNS 结果。卡门涡街脱落频率可以通过升力系数的周期进行计算，计算得到的涡脱落频率斯特劳哈尔数是 0.18，等于 Williamson[84] 的实验结果，非常接近 Inoue 和 Hatakeyama[83] 的结果 0.183。这说明 BIFR 方法可以精确有效地应用于黏性流动问题。采用紧致格式耦合 BIFR 方法的结果与 DRP 格式的结果一致，在此不再赘述。

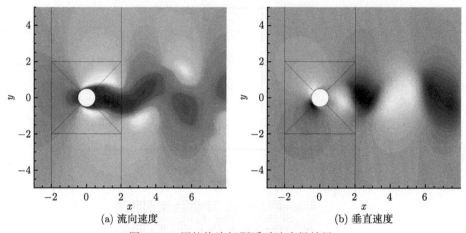

(a) 流向速度   (b) 垂直速度

图 6.20   圆柱绕流问题瞬时速度场结果

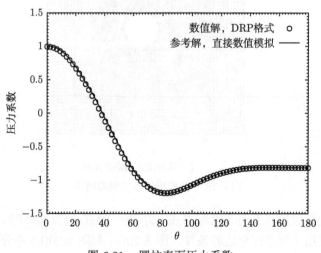

图 6.21   圆柱表面压力系数

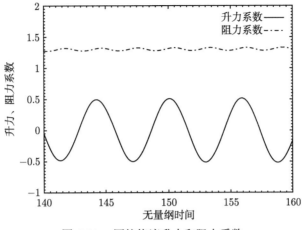

图 6.22 圆柱绕流升力和阻力系数

6.5 改进的界面通量重构方法

上面提出的网格块界面通量重构方法，对于 4 阶 DRP 和紧致格式来说是稳定的，并且不改变空间离散的整体精度，确实提高了差分格式处理复杂几何结构的能力。但是这个方法确实在内场网格边界处引入了误差，使得这个方法精度低于重叠网格方法。在上面的方法中，只有界面上的网格点的通量通过求解共同通量进行修正，界面附近网格点的通量导数的计算采用的模板如图 6.5 所示，以考虑共同通量的影响。为了提高这种方法的精度，我们将采用 Huynh[77] 的通量重构方法的思想，改进网格块界面通量重构方法。在改进方法中，将会对差分格式网格模板内的几个点都进行通量修正，也就是说需要对内场网格边界附近的几个点进行通量修正。针对结构网格的通量修正方式与非结构网格上的类似，除了需要修正的点数和修正函数的具体形式。

假设在内场网格界面一侧有 $N_c + 1$ 个网格点（包含界面上的这个点）需要修正通量，按照从边界到内场的方向，其序号记为 $0, \cdots, N_c$，其在计算域内的坐标分别为 $\xi_0, \cdots, \xi_{N_c}$。与 Huynh 的方法[77] 类似，修正通量可以表示为

$$F_i^c = F_i + \Delta F^c \, g_i, \qquad i = 0, \cdots, N_c \tag{6.10}$$

其中 F_i^c 是点 i 的修正后的通量，F_i 是该点的原通量，ΔF^c 是该点需要修正的通量，g_i 是修正函数，修正函数在 $\xi_0 \leqslant \xi \leqslant \xi_{N_c}$ 区间接近 0，并且满足

$$g(\xi_0) = 1, \qquad g(\xi_{N_c}) = 0 \tag{6.11}$$

界面左侧和右侧的 ΔF^c 可以通过下面两个公式计算

$$\Delta F^c = \hat{F}_I - F_L \tag{6.12}$$

$$\Delta F^c = \hat{F}_I - F_R \tag{6.13}$$

这样通量导数可以表示为

$$\left.\frac{\partial F}{\partial \xi}\right|_i^c \approx \sum_{l=-M}^{N} a_l F_{i+l} + \Delta F^c \, g_i', \qquad i = 0, \cdots, N_c \tag{6.14}$$

其中 a_l 是有限差分格式的系数，g_i' 是修正函数 g_i 的导数。图 6.5 展示了如何在网格块界面处使用 7 点 DRP 格式，界面一侧 $N_c + 1$ 个点上的通量导数计算采用公式 (6.14)。修正通量对 i 的导数的影响通过 $\Delta F^c g_i'$ 这一项考虑进去。

界面一侧需要修正通量的点的数目 N_c 与采用的差分格式的模板点数相关，但是目前没有一个统一的理论来确定，通常根据经验取模板点数的一半。这里把改进的界面通量重构方法应用到四种差分格式，分别是 5 点和 9 点标准中心差分格式、7 点[6] 和 11 点 DRP 格式[28]。对于 5，7，9，11 点中心差分格式，分别选取 $N_c = 2, 3, 4, 5$。根据 Huynh[77] 和 Vincent 等[85] 的研究，可以选取如下修正函数，

$$
g = \begin{cases}
\dfrac{1}{2}(-1)^k(L_k - L_{k+1}), & \text{5 点格式}, & k = 2 \\[2mm]
\dfrac{1}{2}(-1)^k(L_k - (((k+1)\,L_{k-1} + k\,L_{k+1})/(2k+1))), & \text{7 点 DRP 格式}, & k = 3 \\[2mm]
\dfrac{1}{2}(-1)^k(1 - x)L_k, & \text{9 点格式}, & k = 4 \\[2mm]
\dfrac{1}{2}(-1)^k(L_k - (((k+1)\,L_{k-1} + k\,L_{k+1})/(2k+1))), & \text{11 点 DRP 格式}, & k = 5
\end{cases} \tag{6.15}
$$

其中 L_k 是 k 阶勒让德（Legendre）多项式。因为 Legendre 多项式的取值范围是 $-1 \leqslant x \leqslant 1$，这个修正函数需要映射到区间 $\xi_0 \leqslant \xi \leqslant \xi_{N_c}$ 或者 $\xi_0 \geqslant \xi \geqslant \xi_{N_c}$。

这个改进的方法很容易直接应用到二维或三维无黏/有黏流动问题。对于通量计算，其步骤比上面的原始方法多了三小步，即在计算通量导数之前，需要如下三步：

（1）采用公式 (6.12) 或者 (6.13) 分别计算 ξ 和 η 界面上的修正通量 ΔF^c 和 ΔG^c；

（2）采用高阶差分格式计算原始通量的导数 $\dfrac{\partial F}{\partial \xi}$ 和 $\dfrac{\partial G}{\partial \eta}$，在能使用中心模板的点采用中心模板格式，不能使用的地方采用偏侧模板；

（3）采用公式 (6.14) 计算边界附近 $N_c + 1$ 个点的修正通量导数。

由于有黏通量还与守恒量梯度相关，因此在计算通量之前，还需要修正守恒量梯度导数，即需要增加下面三小步：

（1）计算界面点的修正解 ΔQ^c：$\Delta Q^c = \bar{Q} - Q_L$ 或者 $\Delta Q^c = \bar{Q} - Q_R$；

（2）计算原始解变量的导数 $\dfrac{\partial Q}{\partial \xi}$ 和 $\dfrac{\partial Q}{\partial \eta}$；

（3）根据公式 (6.14) 修正守恒量梯度，

- 修正 ξ 界面相连的 $N_c + 1$ 个点导数 $\dfrac{\partial Q}{\partial \xi}$；

- 修正 η 界面相连的 $N_c + 1$ 个点导数 $\dfrac{\partial Q}{\partial \eta}$。

6.6 改进方法的稳定性分析

下面对改进的网格块界面通量重构方法进行稳定性分析。同样，计算域分为 200 个点，从中部均分为两块网格。采用 DRP 格式的特征值如图 6.23，可以看到所有的特征值的实部都小于等于 0，说明 DRP 格式耦合改进的网格块界面通量重构方法也是稳定的。需要说明的是稳定性分析结果与计算的网格点数 N 无关，采用更多或者更少的网格点，得到的稳定性分析结果结论不变。

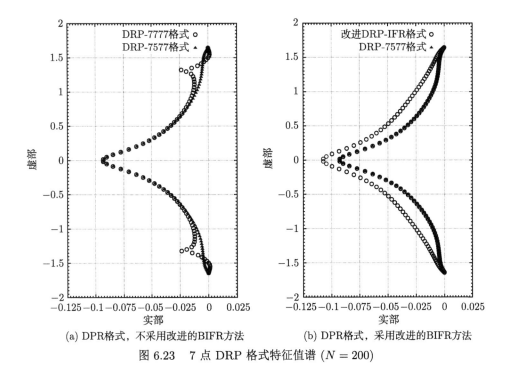

(a) DPR格式，不采用改进的BIFR方法　　(b) DPR格式，采用改进的BIFR方法

图 6.23　7 点 DRP 格式特征值谱 $(N = 200)$

采用 5 点标准差分格式进行离散计算的特征值如图 6.24，可以看到其特征值的实部都小于等于 0。需要指出的是，在边界点 0 和 1，分别采用 4 点 3 阶的格式（公式 (2.39) 和 (2.40)）进行离散，根据 Carpenter 等[25] 的研究，内场 4 阶精度的格式、边界耦合 3 阶精度的格式，不影响整体计算精度。

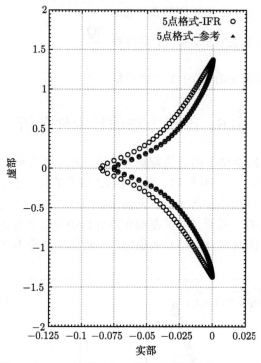

图 6.24   5 点标准差分格式的特征值谱 ($N = 200$)

采用 9 点标准中心差分格式（耦合/不耦合改进的界面通量重构方法）的特征值谱如图 6.25。可以看到，即使不采用界面通量重构方法（图中标记 "参考" 的结果），这个格式组合的某些特征值实部存在正值，但是采用了改进的界面通量重构方法，实部具有正值的特征值的点减少了，这说明采用改进的界面通量重构方法提高了格式的稳定性，但是即使这样，这种 9 点标准中心差分格式组合仍然是不稳定的，后面的算例中将会进一步证明。

采用 11 点 DRP 格式[28]（耦合/不耦合改进的界面通量重构方法）的特征值谱如图 6.26，同样可以看到即使没有采用界面通量重构方法（图中标记为 "参考" 的结果），这个格式组合也是不稳定的，采用界面通量重构方法之后，实部值大于 0 的特征值点减少了，说明界面通量重构方法能够提高格式的稳定性。

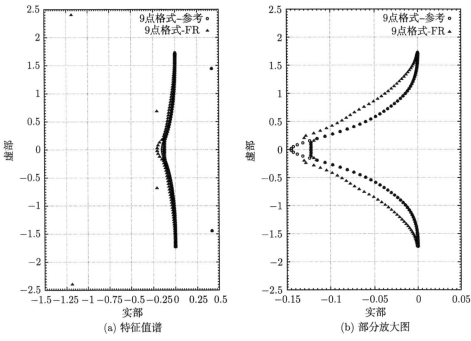

图 6.25 9 点标准中心差分格式的特征值谱 ($N = 200$)

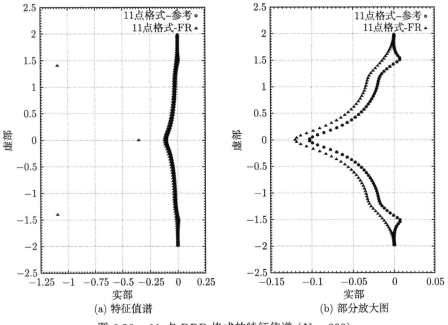

图 6.26 11 点 DRP 格式的特征值谱 ($N = 200$)

6.7　改进方法的精度验证

采用改进的界面通量重构方法计算均匀网格上的等熵涡波传播问题，网格见图 6.10，设置也与 6.4 节中的一致。

L2 误差随网格尺度的变化结果如图 6.27，同时与重叠网格的参考结果（标记为"参考"，下同）以及原始 BIFR 方法的结果（标记为"原方法"，下同）进行了对比。可以看到改进的 BIFR 方法的计算结果 L2 误差与重叠网格的计算结果相当或者更小。采用改进的 BIFR 方法在波浪型网格上计算了等熵涡波传播问题，网格见图 6.12，设置也与原始 BIFR 方法计算一致。

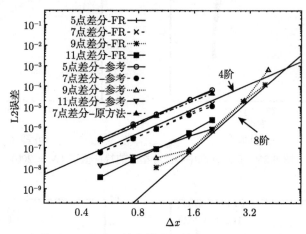

图 6.27　改进 BIFR 方法计算的等熵涡波传播 2 个循环后的 L2 误差

6 个循环之后的瞬时密度和流向速度场计算结果见图 6.28，流场很光滑，看不到任何扭曲。6 个循环内的 L2 相对误差结果见图 6.29，需要指出的是，即使

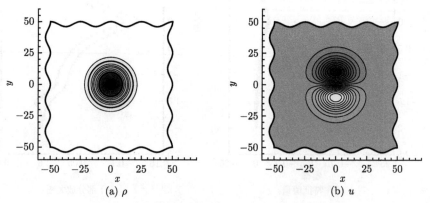

(a) ρ　　　　　　　　　　　　　　　(b) u

图 6.28　6 个循环后瞬时密度和流向速度场结果

不添加任何人工黏性或者滤波,标准 5 点差分格式和 7 点 DRP 格式在 6 个循环都是稳定的,但是采用 9 点格式和 11 点格式的算例长时间计算是不稳定的,需要在每个时间步施加 11 点空间滤波来稳定计算,滤波强度为 0.01。因此可以看到,9 点格式和 11 点格式耦合改进 BIFR 方法的相对误差大于参考结果。因为没有空间滤波方法的影响,5 点格式和 7 点格式耦合改进 BIFR 方法的相对误差与参考结果误差相当,甚至小于参考结果,也明显小于原始 BIFR 方法的误差。这说明改进的 BIFR 方法与重叠网格方法精度一样。

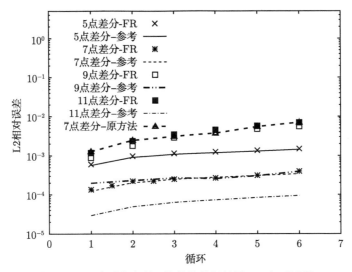

图 6.29 采用波浪型网格数值模拟结果 L2 相对误差

6.7.1 非一致尺度网格

为了展示改进 BIFR 方法在非一致尺度网格上的能力,在非一对一连接的网格上计算了等熵涡波的传播问题。如图 6.30 所示,计算域分为三块网格,网格尺度分别为 2,1 和 2。沿着网格界面采用三阶精度 Lagrange 插值计算非重叠网格点上的守恒量,改进的 BIFR 方法应用到网格内场块界面及周期性边界处。

6 个循环内的 L2 相对误差如图 6.31 所示。需要指出的是,即使没有采用空间滤波方法,计算在 10 个循环内都是稳定的。对于标准 5 点差分格式,其相对误差在 6 个循环内保持 0.5%,而 7 点、9 点和 11 点格式的 L2 相对误差都小于 0.01%。采用原始 BIFR 方法的计算结果也在图 6.31 中,标记为“原方法”,可以看出,改进后的 BIFR 方法的误差要比原方法降低了很多。这说明改进的 BIFR 方法在非一致尺度网格上也是精确的。

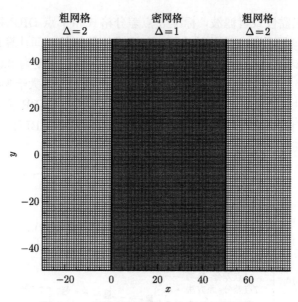

图 6.30　涡波迁移算例中非一致尺度网格

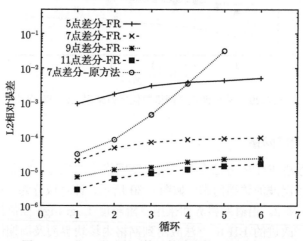

图 6.31　非一致尺度网格计算结果的 L2 相对误差

6.7.2　扭曲网格

　　我们测试了涡波穿过扭曲网格的情况，网格如图 6.32 所示，两块网格之间的角度为 30°。图中的每一个圆圈表示所标记的时间涡的位置。改进的 BIFR 方法应用在内场边界及周期性边界处。辐射和出流边界条件应用在左边边界和右边边界。

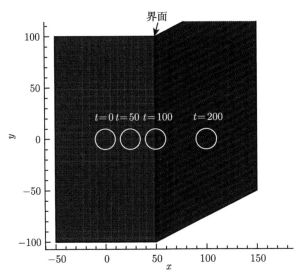

图 6.32 等熵涡迁移算例采用的扭曲网格 (每一个圆圈表示图中标记时刻涡的位置)

图 6.33 中是数值模拟结果的 L2 相对误差，需要指出的是，这个算例不需要人工黏性或者滤波就能保持稳定。对于 5 点差分格式的结果，当涡通过 $x = 50$ 的界面后，其相对误差小于 0.01%。7 点、9 点和 11 点格式的 L2 相对误差也非常小。而原始 BIFR 方法的结果，图中标记为 "原方法"，通过网格块界面后误差增加了很多，远大于改进方法的结果。采用 5 点格式计算得到的速度扰动 u' 沿涡中心线的分布如图 6.34，并与解析解进行了对比。可以看到采用改进 BIFR 方法的结果与解析解符合得很好，说明即使是扭曲网格，改进的 BIFR 方法也很精确。

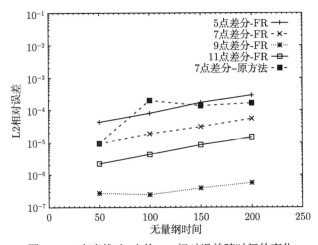

图 6.33 密度扰动 ρ' 的 L2 相对误差随时间的变化

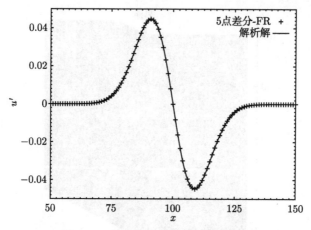

图 6.34　速度扰动 u' 沿中线的分布

6.7.3　三圆柱声散射

这里采用第四届计算气动声学研讨会[79] 第二类标准问题的第二个问题来验证改进 BIFR 方法的精度。这个算例包含三个不等直径的圆柱 ($D_1 = 1.0$, $D_2 = D_3 = 0.75$)，以声源为坐标原点，这三个圆柱的坐标分别为 $L_1 = (-3, 0)$, $L_2 = (3, 4)$, $L_3 = (3, -4)$。时间相关的声源形式为

$$S = 10^{-3} \exp\left[-\ln 2 \left(\frac{x^2 + y^2}{0.2^2} \right) \right] \sin(8\pi t) \tag{6.16}$$

计算域大小为 $-10 \leqslant x \leqslant 10$，$-10 \leqslant y \leqslant 10$。结构网格分区如图 6.35 所示，尺度为 $\Delta = 0.025$ 的均匀网格分布在外围区域，而圆柱附近网格如图 6.35(b) 所示，每个圆柱由四块网格包围，穿过网格块界面的网格并不光滑。图 6.35(a) 中网格的所有网格块内场界面都采用改进的 BIFR 方法，采用 Rusanov 算子计算共同通量。数值计算采用二维 Euler 方程，5 点、7 点、9 点和 11 点四种格式都用来求解这个问题。为了稳定计算，在每一个 Runge-Kutta 时间推进步的最后一层采用 11 点空间滤波方法对守恒变量滤波，内场滤波强度为 0.02，圆柱表面滤波强度为 0.045。外场开放边界采用 PML 无反射边界条件、20 层网格。圆柱表面采用滑移固壁边界条件。

瞬时压力场结果如图 6.36 所示，其圆柱附近的放大图见 6.36(b)。从图中可以看到网格块界面附近的压力场很光滑，没有任何不连续的现象，这说明改进的 BIFR 方法对于这种不连续的网格是有效的。这里仅给出了 7 点 DRP 格式的计算结果，除了 5 点格式，由于分辨率不足，其他格式的计算结果与 7 点格式的计算结果没有明显差异，这里将不再给出。压力脉动均方根沿中心线的分布结果见图 6.37，圆柱表

面压力扰动均方根结果见图 6.38。数值计算结果与解析解符合得很好。

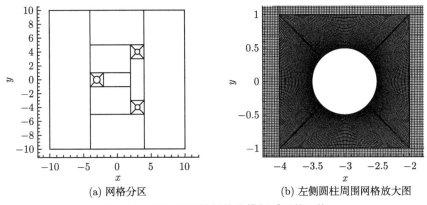

(a) 网格分区   (b) 左侧圆柱周围网格放大图

图 6.35 三圆柱声散射数值模拟采用的网格

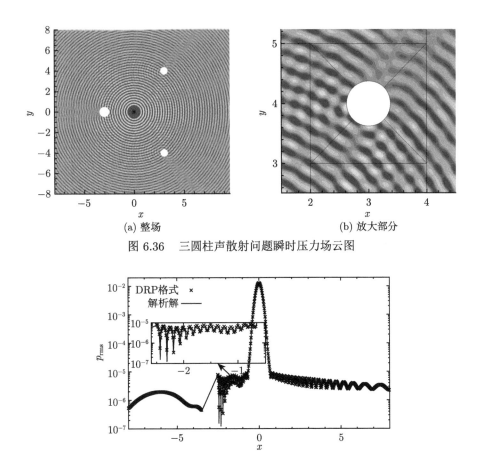

(a) 整场   (b) 放大部分

图 6.36 三圆柱声散射问题瞬时压力场云图

图 6.37 压力扰动均方根沿中心线分布数值模拟结果与解析解对比

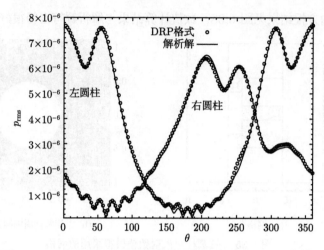

图 6.38　圆柱表面压力扰动均方根数值模拟结果与解析解对比

第 7 章　多时间步长方法

7.1　多尺度流动问题与多时间步长推进策略

计算气动声学问题通常涉及到多尺度流动发声现象，即在流动与声学方面的幅值和长度尺度上存在很大的差别。在时间推进过程中，为保证计算稳定，需要使用统一的时间步长，该时间步长一般由整个计算域中最小尺度的网格决定，这样就会导致巨大的计算量。为克服这一困难，Tam 和 Kurbatskii[86,87] 提出了一种多块网格的多时间步长推进方法。随后，Tam 和 Ju[88] 及 Garrec 等[89] 将这一方法延伸到曲线坐标系下。然而，这些方法需要相邻网格块的网格大小之比存在相同的比例。Allampalli 和 Hixon[90] 提出了一种多步长的 Adams-Bashforth 方法，但是该格式需要相邻网格块之间的时间步长比例必须是 2。Liu 等[91] 发展了一种适用于间断伽辽金（discontinuous Galerkin，DG）方法的非均匀的多时间步长 Runge-Kutta 积分方法。

对多尺度流动发声问题进行非定常数值模拟，为减少计算量，在时间推进过程中可以采用多时间步长，即时间步长不是由全场最小的网格尺度确定。考虑到现有的一些多时间步长推进方法的局限性，本章将发展一种基于优化时间插值格式的多步长时间推进方法，可以应用于相邻网格块之间网格尺寸任意变化的重叠网格，在不同网格尺度的网格块中，采用不同的时间步长来进行推进，其时间步长的限制条件是所在网格块中的稳定性条件。相邻网格块之间的数值解通过时间和空间插值来传递，以此保证网格块重叠区域的网格点能够用不同时间步长进行推进。详细的实现方法将在下一节中给出；在 7.2 节中将发展一种优化的时间插值格式，该格式能够使角频率在很宽频率范围内具有很小的插值误差；为了验证所发展的多时间步长推进方法的可行性、精度以及计算效率，在 7.3 节中将采用多个算例进行校核。

7.2　基于 Adams-Bashforth 格式的多时间步长推进策略

对于多尺度问题，常常采用多块重叠网格以降低网格生成的难度，在减少网格数量的同时又能保证局部区域网格的质量。如果整个计算域都使用单时间步长，如图 7.1(a) 所示，为保证计算稳定性的需要，所采用的时间步长由最小的网格尺度决定，则整个计算过程将花费大量的时间。

为了提高计算效率，并保证数值解的高精度，本章提出了一种基于优化的时间插值格式的多时间步长推进方法。对于所有相同网格尺度的网格块，时间推进步长为该区域内时间推进稳定性允许的最大步长，在不同网格尺度的网格块交界处，网格边界点的信息通过相邻网格块的数据交换来得到。由于不同尺度网格块的时间步长不同，相邻网格中的数值解可能不在同一时间层上，因此，需要时间插值来保证网格重叠区域正确的数据传递。同时，由于网格重叠，在进行数值交换时还需进行空间插值。图 7.1(b) 给出的是多时间步长推进和数据交换实现的示意图。

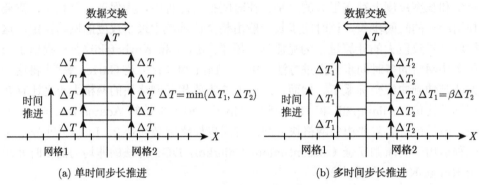

图 7.1　时间推进与数据交换

假设在网格交界面的网格分别为粗网格和细网格，分别记为网格 1 和网格 2。网格 1 和网格 2 中稳定的最大时间步长分别为 ΔT_1 和 ΔT_2 且各自满足时间推进格式的稳定性要求。T_1 和 T_2 分别代表网格 1 和网格 2 的当前时间层。通过比较 T_1 和 T_2 来确定哪块网格先进行时间推进，如图 7.2 所示，需要考虑以下三种情况。

（1）如果 $T_1 = T_2$，则网格 1 和网格 2 相互之间将通过空间插值以及数据交换进行传递，得到各自边界点上的信息。然后网格 1 和网格 2 将分别以 ΔT_1 和 ΔT_2 为时间步长推进，如图 7.2(a) 所示。

（2）如果 $T_1 > T_2$，则网格 1 内场的数值解将通过时间和空间插值以及数据交换传递到网格 2 边界。然后网格 2 将以 ΔT_2 为时间步长推进，如图 7.2(b) 所示。

（3）如果 $T_1 < T_2$，则网格 2 内场的数值解将通过时间和空间插值以及数据交换传递到网格 1 边界。然后网格 1 将以 ΔT_1 为时间步长推进，如图 7.2(c) 所示。

实际上，就是结合时间插值技术，利用现有的一些时间推进格式来实现多步长的时间推进。可以看出采用这样的方法实现简单，而且相邻网格块的网格大小可以自由变化，不是一些固定的比例值，这将很大程度地降低网格生成的难度。不难发现，这种方法的关键就是需要高精度的时间插值格式，下面将基于频段内的误差分析, 给出一种优化的时间插值格式。

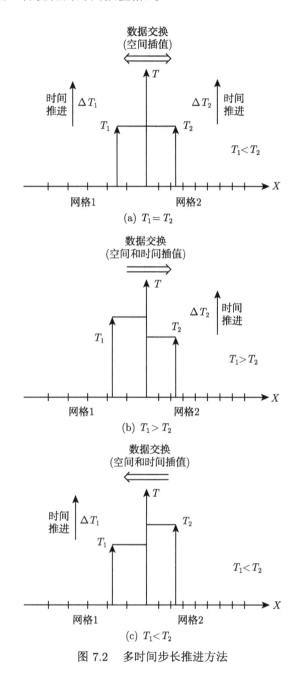

(a) $T_1 = T_2$

(b) $T_1 > T_2$

(c) $T_1 < T_2$

图 7.2 多时间步长推进方法

图 7.3 所示的是一个一维插值点位置示意图。插值源点由 N 个点组成, 标记

为 0 到 $N-1$ 点，分别代表不同的时间层。假设插值目标点 t 在第 L 个间隔中，即位于 $[t_{L-1}, t_L]$，其中 $1 \leqslant L \leqslant N-1$。定义第 i 个已知点 t_i 与插值点 t 之间的距离 $\ell_i \Delta t = t_i - t$，其中 $\Delta t = \dfrac{t_{N-1} - t_0}{N-1}$。

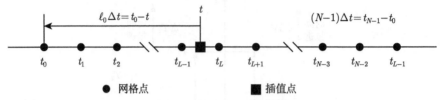

图 7.3　插值点位置示意图

函数 $u(t)$ 插值公式的一般形式可写成

$$u(t) = \sum_{j=0}^{N-1} S_j u_j + \Delta t \sum_{j=0}^{N-1} Q_j \frac{\partial u_j}{\partial t} \tag{7.1}$$

其中 $u(t)$ 代表在插值点 t 的未知函数，u_j 是 t_j 时刻对应的已知量。公式 (7.1) 是时间插值格式的一般形式。可以采用多种方法来确定插值系数 S_j 和 Q_j 的值。写出变量 $u(t)$ 在 t_0 时刻的 Taylor 级数，通过比较展开式中 Δt 相同阶数的系数，可得到标准的 Hermite 多项式插值格式。但采用这样的方式得到的插值格式难以保证其具有低的频散和耗散特性。而低频散低耗散是计算气动声学的基本特性。为获得高精度的空间插值格式，Tam 和 Kurbatskii[86] 在波数空间内通过积分误差最小化对标准的 Lagrange 多项式空间插值进行优化，得到优化的空间插值格式。这里将使用 Tam 和 Webb[6] 提出的优化方法对时间插值格式进行优化。

为分析插值误差，选用一维迁移方程如下

$$\frac{\partial u}{\partial t} + c \frac{\partial u}{\partial x} = 0 \tag{7.2}$$

其解析解为

$$\begin{cases} u(t) = e^{i(kx - \omega t)} \\ \omega = ck \end{cases} \tag{7.3}$$

插值点的未知函数 $u(t)$ 可以用以上的解析解来表示。将解析解公式 (7.3) 代入插值公式 (7.1)，可以得到 $u(t)$ 的表达式：

$$u(t) = e^{i(kx - \omega t)} \left[\sum_{j=0}^{N-1} S_j e^{-i\ell_j \omega \Delta t} + (-i\omega \Delta t) \sum_{j=0}^{N-1} Q_j e^{-i\ell_j \omega \Delta t} \right] \tag{7.4}$$

通过比较表达式 (7.4) 和 (7.3)，便可得到插值公式关于 $\omega\Delta t$ 的 L2 范数误差

$$
\begin{aligned}
E_{\text{local}} &= \left| e^{i(kx-\omega t)} - e^{i(kx-\omega t)} \left[\sum_{j=0}^{N-1} S_j e^{-i\ell_j\omega\Delta t} + (-i\omega\Delta t) \sum_{j=0}^{N-1} Q_j e^{-i\ell_j\omega\Delta t} \right] \right|^2 \\
&= \left| 1 - \left[\sum_{j=0}^{N-1} S_j e^{-i\ell_j\omega\Delta t} + (-i\omega\Delta t) \sum_{j=0}^{N-1} Q_j e^{-i\ell_j\omega\Delta t} \right] \right|^2
\end{aligned}
\tag{7.5}
$$

在插值表达式中，我们并不希望只在某个确定的 $\omega\Delta t$ 上具有很高的精度，而是希望在较宽的频段内都具有较小的频散和耗散误差。所以优化过程中使用积分误差 E_{int} 来代替局部误差 E_{local}，对于 $\omega\Delta t \in [0, \kappa]$，有

$$
E_{\text{int}} = \int_0^\kappa \left| 1 - \left[\sum_{j=0}^{N-1} S_j e^{-i\ell_j\omega\Delta t} + (-i\omega\Delta t) \sum_{j=0}^{N-1} Q_j e^{-i\ell_j\omega\Delta t} \right] \right|^2 \mathrm{d}(\omega\Delta t)
\tag{7.6}
$$

插值系数的优化将使用 Lagrange 乘数方法，Lagrange 函数 $\mathcal{L}$ 的一般形式如下

$$
\mathcal{L} = \mathcal{L}_1 + \mathcal{L}_2 + \mathcal{L}_3 + \cdots
\tag{7.7}
$$

从表达式 (7.7) 中可以看出，优化过程中需要引入适当的限制条件。在这里采用三个约束条件，其中 $\mathcal{L}_1$ 是最小积分误差，另外两个限制条件通过下面的方法来确定。首先，当插值函数 $u(t)$ 是常数时，局部插值误差 E_{local} 要为 0，即

$$
E_{\text{local}} = \left| 1 - \sum_{j=0}^{N-1} S_j \right|^2 = 0
\tag{7.8}
$$

然后，通过 Taylor 级数展开对比相同阶数的系数，以保证在小频率范围内达到需要的阶数[92]。这就是 Lagrange 函数需要加入的第三个约束。将 u_j 在 t 处展开：

$$
u_j = u + \sum_{p=1}^\infty \frac{(\ell_j\Delta t)^p}{p!} \frac{\partial^p u}{\partial t^p}, \qquad j = 0, 1, 2, \cdots, N-1
\tag{7.9}
$$

把方程 (7.9) 代入公式 (7.1) 的右侧表达式，比较 Δt 相同阶数的 Taylor 展开式的系数便可确定插值系数。假设插值精度取 M 阶，则插值公式的系数满足如下条件：

$$\begin{cases} \sum_{j=0}^{N-1} S_j = 1 \\ \sum_{j=0}^{N-1} \ell_j S_j + \sum_{j=0}^{N-1} Q_j = 0 \\ \qquad \cdots\cdots \\ \sum_{j=0}^{N-1} \frac{1}{M!} \ell_j^M S_j + \sum_{j=0}^{N-1} \ell_j^{M-1} Q_j = 0 \end{cases} \tag{7.10}$$

约束方程 (7.8) 和约束方程 (7.10) 的第一个方程是相同的。所以只需要式 (7.6) 和式 (7.10) 来构造 Lagrange 函数

$$\mathcal{L} = \int_0^\kappa \left| 1 - \left[\sum_{j=0}^{N-1} S_j e^{-\mathrm{i}\ell_j \omega \Delta t} + (-\mathrm{i}\omega\Delta t) \sum_{j=0}^{N-1} Q_j e^{-\mathrm{i}\ell_j \omega \Delta t} \right] \right|^2 \mathrm{d}(\omega\Delta t)$$
$$+ \sum_{k=0}^{M} \lambda_k \left[\sum_{j=0}^{N-1} \frac{1}{M!} \ell_j^M S_j + \sum_{j=0}^{N-1} \ell_j^{M-1} Q_j \right] \tag{7.11}$$

其中 λ_k 是 Lagrange 乘数。

为了使误差 E_{int} 最小，Lagrange 函数 $\mathcal{L}$ 的导数要满足如下条件：

$$\begin{cases} \dfrac{\partial \mathcal{L}}{\partial S_j} = 0, \quad j = 0, 1, 2, \cdots, N-1 \\ \dfrac{\partial \mathcal{L}}{\partial Q_j} = 0, \quad j = 0, 1, 2, \cdots, N-1 \\ \dfrac{\partial \mathcal{L}}{\partial \lambda_j} = 0, \quad j = 0, 1, 2, \cdots, M \end{cases} \tag{7.12}$$

依据方程 (7.11) 和方程 (7.12)，可得到关于系数 S_j 和 Q_j 的线性方程组，写成如下形式：

$$AS = B \tag{7.13}$$

其中向量 S 由所有的插值系数和 Lagrange 乘数组成，其形式如下

$$S = (S_0, S_1, \cdots, S_{N-1}, Q_0, Q_1, \cdots, Q_{N-1}, \lambda_0, \lambda_1, \cdots, \lambda_M)^{\mathrm{T}} \tag{7.14}$$

A 是由 $(2N + M + 1) \times (2N + M + 1)$ 个元素组成的矩阵，向量 B 代表方程的右边项。矩阵 A 中各元素如下

$$\begin{cases} A_{k,j} = \dfrac{\sin[\kappa(\ell_k - \ell_j)]}{\ell_k - \ell_j} & (k,j = 0,1,\cdots,N-1;\ k \neq j) \\[3mm] A_{k,j} = \kappa & (k,j = 0,1,\cdots,N-1;\ k = j) \\[3mm] A_{k,j+N} = \dfrac{\sin[\kappa(\ell_k - \ell_j)]}{(\ell_k - \ell_j)^2} - \dfrac{\kappa \cos[\kappa(\ell_k - \ell_j)]}{\ell_k - \ell_j} \\[2mm] & (k,j = 0,1,\cdots,N-1;\ k \neq j) \\[3mm] A_{k,j+N} = 0 & (k,j = 0,1,\cdots,N-1;\ k = j) \\[3mm] A_{k+N,j} = \dfrac{\sin[\kappa(\ell_j - \ell_k)]}{(\ell_j - \ell_k)^2} - \dfrac{\kappa \cos[\kappa(\ell_j - \ell_k)]}{\ell_j - \ell_k} \\[2mm] & (k,j = 0,1,\cdots,N-1;\ k \neq j) \\[3mm] A_{k+N,j} = 0 & (k,j = 0,1,\cdots,N-1;\ k = j) \\[3mm] A_{k+N,j+N} = \dfrac{\kappa^2 \sin[\kappa(\ell_j - \ell_k)]}{\ell_j - \ell_k} + \dfrac{2\kappa \cos[\kappa(\ell_j - \ell_k)]}{(\ell_j - \ell_k)^2} - \dfrac{2\sin[\kappa(\ell_j - \ell_k)]}{(\ell_j - \ell_k)^3} \\[2mm] & (k,j = 0,1,\cdots,N-1;\ k \neq j) \\[3mm] A_{k+N,j+N} = \dfrac{\kappa^3}{3} & (k,j = 0,1,\cdots,N-1; k = j) \\[3mm] A_{k,j+2N} = \dfrac{1}{2}\dfrac{1}{j!} \cdot \ell_k^j & (k = 0,1,\cdots,N-1;\ j = 0,1,\cdots,M) \\[3mm] A_{k+N,j+2N} = \dfrac{1}{2}\dfrac{1}{(j-1)!} \cdot \ell_k^{(j-1)} & (k = 0,1,\cdots,N-1;\ j = 0,1,\cdots,M) \\[3mm] A_{k+2N,j} = \dfrac{1}{k!} \cdot \ell_j^k & (k = 0,1,\cdots,M;\ j = 0,1,\cdots,N-1) \\[3mm] A_{k+2N,j+N} = \dfrac{1}{(k-1)!} \cdot \ell_j^{(k-1)} & (k = 0,1,\cdots,M;\ j = 0,1,\cdots,N-1) \\[3mm] A_{k+2N,j+2N} = 0 & (k,j = 0,1,\cdots,M) \end{cases}$$

$$\tag{7.15}$$

向量 B 中的元素如下

$$\begin{cases} B_k = \dfrac{\sin(\kappa\ell_k)}{\ell_k} & (k = 0,1,\cdots,N-1) \\[3mm] B_{k+N} = \dfrac{\kappa \cos(\kappa\ell_k)}{\ell_k} - \dfrac{\sin(\ell_k\kappa)}{\ell_k} & (k = 0,1,\cdots,N-1) \\[3mm] B_{2N} = 1 \\[2mm] B_{k+2N} = 0 & (k = 1,\cdots,M) \end{cases} \tag{7.16}$$

因此优化的插值系数可以通过求解线性方程组 (7.13) 得到。需要指出的是在插值表达式 (7.1) 中并不是所有的项都需要，即部分插值系数可以为零，因此插值公式 (7.1) 可以写成如下形式

$$u(t) = \sum_{j=\phi}^{\psi} S_j u_j + \Delta t \sum_{j=n}^{m} Q_j \frac{\partial u_j}{\partial t} \tag{7.17}$$

其中 $0 \leqslant \phi \leqslant \psi \leqslant N-1$，$0 \leqslant n \leqslant m \leqslant N-1$。所以需要求解的线性方程个数也会随之减少。

本章所提出的多时间步长方法中所采用的时间插值格式只包含四个时间层的变量和在第三个时间层的时间偏导数，即在公式 (7.1) 中 $N = 4$，$Q_0 = Q_1 = Q_3 = 0$，对应于公式 (7.17) 中 $\phi = 0$，$\psi = 3$ 和 $n = m = 2$，即

$$u(t) = \sum_{j=0}^{3} S_j u_j + \Delta t Q_2 \frac{\partial u_2}{\partial t} \tag{7.18}$$

所以插值公式中只有五个插值系数需要确定。

图 7.4 给出了当 $t \in [t_{N-2}, t_{N-1}]$ 和 $\kappa = 1.0$ 时最大的插值误差随 $\omega \Delta t$ 变化的分布曲线，其中 $N = 4$，$M = 2$，$\phi = 0$，$\psi = N-1$ 和 $n = m = N-2$。图 7.4(b) 是图 7.4(a) 的局部放大。为便于比较，图中也给出了标准的 Hermite 插值所产生的误差。这里只考虑插值点位于最后一个间隔中的情况（因为在偏离一侧的情况下误差往往是最大的），选取的参数 $\kappa = 1$，即优化的角频率区间为 $[0,1]$。从图中可以看出，通过优化得到的插值总体误差在宽带角频率 $[0,1]$ 内有显著的降低。图 7.5 分别给出了优化参数 $\kappa = 0.5$ 和 $\kappa = 0.25$ 时的最大插值误差。

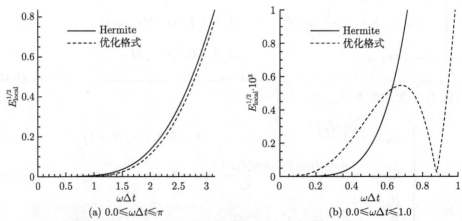

图 7.4　最大局部插值误差 E_{local} 随 $\omega \Delta t$ 的分布。$t \in [t_{N-2}, t_{N-1}]$，$N = 4$，$M = 2$，$\phi = 0$，$\psi = N-1$，$m = n = N-2$ 和 $\kappa = 1$

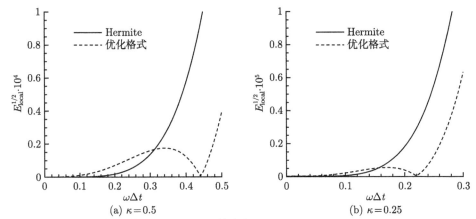

图 7.5　最大局部插值误差 E_{local} 随 $\omega\Delta t$ 的分布。$t \in [t_{N-2}, t_{N-1}]$，$N = 4$，$M = 2$，$\phi = 0$，
$\psi = N - 1$ 和 $m = n = N - 2$

在实际应用中，优化时间插值格式过程中需要选用合适的参数 κ 来选择角频率的优化区间。而 κ 值的选取与数值模拟中所采用的时间积分和空间离散格式有关。假设在数值模拟中能够捕捉到的波的最大角频率为 $(\omega\Delta t)_{\max}$，那么 $[0, (\omega\Delta t)_{\max}]$ 应该包含在优化区间 $[0, \kappa]$ 中。如果 $(\text{CFL})_{\max}$ 是时间推进格式基于精度和稳定性要求的 CFL (Courant-Friedrichs-Lewy) 数的最大值，$(\text{PPW})_{\min}$ 是空间离散格式基于空间分辨率需要的每个波长最少的网格点数。那么可以通过评估得到关系式：$(\omega\Delta t)_{\max} \approx 2\pi \dfrac{(\text{CFL})_{\max}}{(\text{PPW})_{\min}}$。

因此，为获得优化的时间插值格式，分为以下三个步骤：首先，依据采用的时间推进格式和空间离散格式估算最大的角频率 $(\omega\Delta t)_{\max}$；然后，通过参数 κ 选取角频率优化区间，以保证 $[0, (\omega\Delta t)_{\max}] \subset [0, \kappa]$；最后，通过在宽带角频率区间内最小化积分插值误差 E_{int} 计算得到优化的时间插值系数。

7.3　精　度　验　证

在本节中将通过多个算例验证前面所发展的基于优化的时间插值的多时间步长推进方法的精度和稳定性。空间离散采用 7 点 4 阶的频散关系保持 (DRP) 格式[6]，将优化了的 Adams-Bashforth 格式[6] 与上一节中优化的时间插值格式相结合实现多时间步长推进。对于重叠网格中采用的空间插值采用 Tam 和 Hu[92] 提出的优化的空间插值格式。同时为抑制高频的数值伪波，采用标准的 6 阶、8 阶、10 阶标准的空间滤波器。由于空间分辨率的需要，对于 7 点 DRP 格式，每个波长最少需要 6 到 7 个点，依据精度和稳定性要求，优化的 Adams-Bashforth 格式的

CFL 数通常不超过 $0.19^{[67]}$，因此估算的最大角频率 $(\omega\Delta t)_{\max}$ 约为 0.17—0.20。这里时间插值格式优化过程中的参数 κ 取为 0.25。

7.3.1　一维测试算例

本算例求解一维对流方程模拟波传播。

$$\frac{\partial u}{\partial t} + c\frac{\partial u}{\partial x} = 0, \qquad c = \begin{cases} 2, & |x| \leqslant 20 \\ 1, & |x| > 20 \end{cases} \tag{7.19}$$

在 $t = 0$ 时刻引入一个脉冲波，依据控制方程 (7.19)，该脉冲波将以速度 c 向下游传播。初始脉冲形式为 $u(x,0) = \exp\left[-\ln 2 \cdot \left(\dfrac{x+60}{6}\right)^2\right]$，$x \in (-100, 100)$。

如图 7.6 所示，整个计算域由三块网格组成，每块网格中采用均匀网格，并且满足 $\Delta x_1 : \Delta x_2 : \Delta x_3 = 1:1:1$。由方程 (7.19) 可知波的传播速度 c 在不同区域中不一样，其比值为 $c_1 : c_2 : c_3 = 1:2:1$。在计算过程中，整个计算域采用相同的 CFL 数，那么三块网格中的时间步长比值为 $\Delta t_1 : \Delta t_2 : \Delta t_3 = 2:1:2$。在计算域的两端采用周期边界条件。多步长时间推进过程中，在相邻的两块网格之间需要进行数据交换和时间插值。图 7.7 给出了三个不同时刻（$t=0$，$t=50$ 和 $t=100$）数值结果与参考解的对比，其中参考解是采用全场单时间步长 Δt_2 计算得到的。可以看出数值解和参考解符合得很好。波在通过两种不同介质的交界面处没有发现数值振荡现象，验证了多时间步长方法求解此类问题的稳定性。

本算例将采用前面提到的多时间步长方法来模拟一维非线性波的传播问题。主控方程选用 Burger 方程，它作为 Navier-Stokes 方程的简化模型，包含对流项和耗散项，其一维形式如下

$$\frac{\partial u}{\partial t} + u\frac{\partial u}{\partial x} - \mu\frac{\partial^2 u}{\partial x^2} = 0 \tag{7.20}$$

其中参数 μ 是黏性系数，这里取为 0.2。

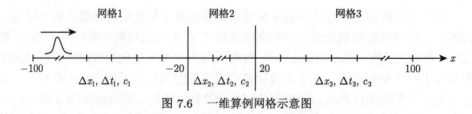

图 7.6　一维算例网格示意图

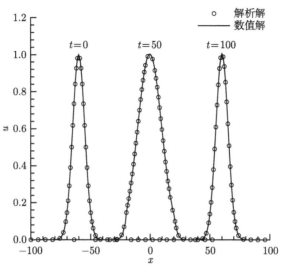

图 7.7 二个不同时刻的数值结果

在初始时刻 $t = 0$ 引入一个扰动波 $u(x, 0) = 1 - \tanh\left(\dfrac{x - 4}{2\mu}\right)$。计算域的选取与线性算例相似,由三部分组成,左右两块网格为粗网格,中间网格为细网格,如图 7.6 所示。网格大小的比值为 $\Delta x_1 : \Delta x_2 : \Delta x_3 = 2 : 1 : 2$。所采用的时间步长的比值为 $\Delta t_1 : \Delta t_2 : \Delta t_3 = 2 : 1 : 2$。图 7.8 给出了四个不同时刻($t = 0, 10, 30, 50$)的数值解与精确解的对比情况。可以看出数值解与精确解符合得很好,即使在网格变化的边界处,数值结果仍然能够很好地捕捉到扰动波的强间断现象。

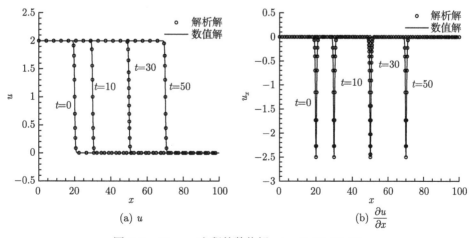

图 7.8 Burger 方程的数值解,$t = 0, 10, 30, 50$

7.3.2　二维测试算例

　　涡波的传播问题常常被用来验证一些数值格式的稳定性和精度。这里模拟无黏涡波在均匀流中的传播问题。采用波浪型的网格如图 7.9 所示，中间的 2 号网格最细，两侧的是粗网格记为 1 号网格，粗网格大小与细网格大小之比为 $\Delta_1 : \Delta_2 = 2 : 1$。数值模拟过程中每块网格采用相同的 CFL 数，因此在粗细网格中对应的时间步长之比为 $\Delta t_1 : \Delta t_2 = 2 : 1$。

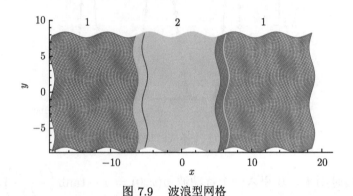

图 7.9　波浪型网格

　　采用下面的方程生成波浪型网格[29,30]

$$
\begin{aligned}
x_{i,j}(\tau) &= x_{\min} + \Delta x_0 \left[(i-1) + A_x \sin(2\pi\omega\tau) \sin\left(\frac{n_x \pi (j-1)\Delta y_0}{L_y} \right) \right] \\
y_{i,j}(\tau) &= y_{\min} + \Delta y_0 \left[(j-1) + A_y \sin(2\pi\omega\tau) \sin\left(\frac{n_y \pi (i-1)\Delta y_0}{L_x} \right) \right]
\end{aligned}
\tag{7.21}
$$

其中对应于粗网格有 $A_x = 2.0$，$A_y = 2.0$，$n_x = 4$，$n_y = 4$，$\omega = 0.25$，细网格有 $A_x = 4.0$，$A_y = 4.0$，$n_x = 4$，$n_y = 4$，$\omega = 0.25$。

　　背景均匀流马赫数 $(Ma_x, Ma_y) = (0.5, 0)$。计算域的上、下边界采用辐射边界条件[6]，左右边界采用周期性边界条件。主控方程为二维线化 Euler 方程，即

$$
\frac{\partial U}{\partial t} + \frac{\partial E}{\partial x} + \frac{\partial F}{\partial y} = 0
\tag{7.22}
$$

其中

$$
U = \begin{bmatrix} \rho' \\ u' \\ v' \\ p' \end{bmatrix}, \quad
E = \begin{bmatrix} M_x \rho' + u' \\ M_x u' + p' \\ M_x v' \\ M_x p' + u' \end{bmatrix}, \quad
F = \begin{bmatrix} M_y \rho' + v' \\ M_y u' \\ M_y v' + p' \\ M_y p' + v' \end{bmatrix}
$$

初始时刻加入均匀流场的无黏等熵涡,形式如下[29,93]

$$\begin{cases} u' = -\omega_s \dfrac{y - y_c}{R_c} \cdot \exp\left(\dfrac{-r_d^2}{2}\right) \\[2mm] v' = \omega_s \dfrac{x - x_c}{R_c} \cdot \exp\left(\dfrac{-r_d^2}{2}\right) \\[2mm] p' = -\exp(-r_d^2) \\[2mm] r_d^2 = \dfrac{(x - x_x)^2 + (y - y_c)^2}{R_c^2} \end{cases} \tag{7.23}$$

其中 $\omega_s = 0.02$,$x_c = -12.0$,$y_c = 0$,$R_c = 1$。

图 7.10 给出了三个不同时刻速度 v' 瞬态等值线图。当 $t = 0$ 时在 $(x, y) =$ $(-12, 0)$ 的粗网格中引入涡,随后涡将随着背景流场流过两块网格的重叠区域向下游传播。可以看出当 $t = 24$ 时涡传播到计算域的中心,速度 v' 等值线分布没有明显的变化,采用前面提到的多时间步长方法在数据传递过程中能够准确地捕捉波形。当涡从细网格移动到粗网格中时,在两块网格的交界面区域没有发现数值振荡现象。为进一步量化比较,图 7.11 给出了 $t = 24$ 和 $t = 48$ 时速度 v' 沿中心线分布图,数值解(实线)和准确解(圆圈)符合得很好。

为进一步验证多时间步长推进方法,通过求解二维线化 Euler 方程 (7.22) 来数值模拟压力波脉冲的传播问题。在初始时刻,一个压力波脉冲被加入到马赫数为 $(Ma_x, Ma_y) = (0.5, 0)$ 的均匀流场中,其形式如下

$$\begin{cases} \rho' = \exp\left[-\ln 2 \cdot \dfrac{(x + 50)^2 + y^2}{9}\right] \\[2mm] u' = 0.0 \\[2mm] v' = 0.0 \\[2mm] p' = \exp\left[-\ln 2 \cdot \dfrac{(x + 50)^2 + y^2}{9}\right] \end{cases} \tag{7.24}$$

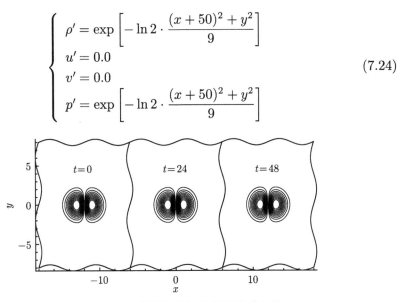

图 7.10　三个不同时刻的速度 v' 等值线分布图

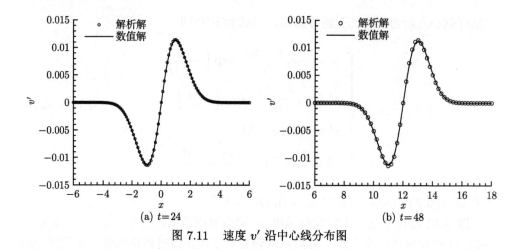

图 7.11　速度 v' 沿中心线分布图

　　计算所使用的重叠网格如图 7.12 所示，从整体上看，整个计算域被分成了四个区域，每个区域采用相同的均匀网格，在同一区域内 x 和 y 方向上的网格大小相同，即网格的长宽比为 1，但不同区域的网格大小不同。相邻区域网格大小比例不是一个固定值，从计算域的中心区域到外面区域网格大小比例为 $\Delta_1 : \Delta_2 : \Delta_3 : \Delta_4 = 1 : 2 : 5 : 16$。这四个区域对应的网格点数依次为 2401, 13524, 30084, 65100。在计算过程中，在不同的网格块中采用相同的 CFL 数，则各区域中采用的时间步长之比等于网格大小之比。在计算域内场的主控方程是二维线化 Euler 方程 (7.22)，上、下边界和左边界采用辐射边界条件[6]，右边界采用出流边界条件[6]。

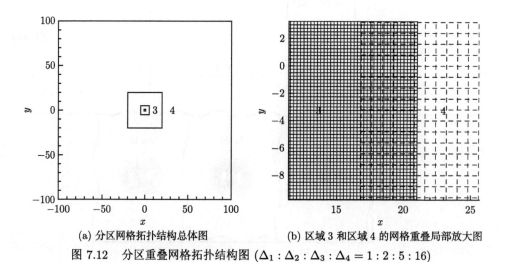

(a) 分区网格拓扑结构总体图　　　　(b) 区域 3 和区域 4 的网格重叠局部放大图

图 7.12　分区重叠网格拓扑结构图 ($\Delta_1 : \Delta_2 : \Delta_3 : \Delta_4 = 1 : 2 : 5 : 16$)

图 7.13 给出了四个不同时刻的瞬态压力等值线分布图，可以看出压力脉冲能够很顺利地在粗细网格之间传递，没有看到明显的数值振荡现象。为了便于量化对比，图 7.14 也给出了沿 x 轴（$y=0$）上的压力分布曲线，可以看出数值解和精确解[94] 符合得很好。为考查多时间步长方法的效率，我们也采用了单时间步长的 Adams-Bashforth 格式作为时间推进格式，所采用的 CPU 时间是采用多时间步长方法的 5.4 倍。

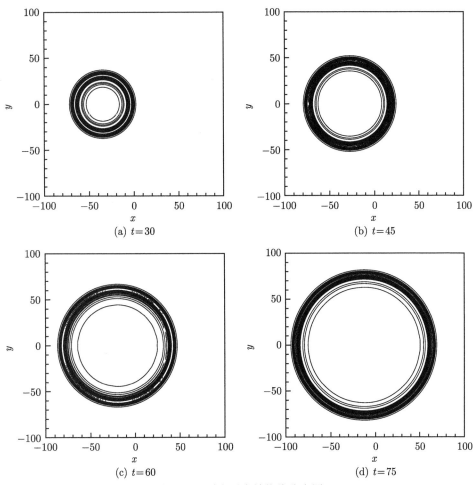

(a) $t=30$

(b) $t=45$

(c) $t=60$

(d) $t=75$

图 7.13　瞬态压力等值线分布图

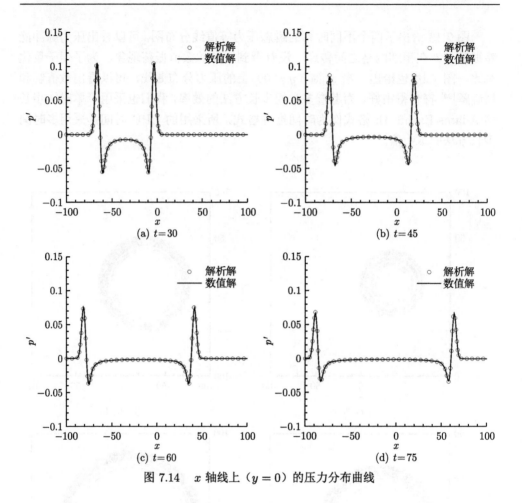

图 7.14 x 轴线上（$y = 0$）的压力分布曲线

第 8 章 谱差分方法

8.1 谱差分方法简介

经过多年的发展，低阶数值模拟方法（一般认为二阶精度及以下）的发展已经非常成熟，众多的研究者发展了各种特性的数值格式，极大地推动了计算流体力学（computational fluid dynamics, CFD）的发展。然而，低阶格式在一些复杂流动现象的数值模拟中存在问题，如湍流、流动发声等，因为其内在的耗散特性扭曲或者抹去了流场中的一些细节，使得数值模拟结果远远背离了真实的流动状况。

研究者在早期也曾试图发展高精度差分格式用于湍流的直接数值模拟和大涡模拟，Rai 和 Moin[3] 的研究表明，高阶格式适合于湍流数值模拟研究。但是，由于高阶中心差分格式内在的频散和耗散特性很容易产生高频格点寄生波而导致计算不稳定，其很难直接被应用于求解湍流这种非线性问题，大部分研究者都采用谱方法，只有少数研究者成功使用高阶迎风格式应用于可压和不可压湍流数值模拟[3,4]。计算气动声学高精度方法在过去的三十多年得到了快速发展，DRP 格式和 Lele 的紧致格式，由于其突出的性能，在声学计算和湍流模拟等领域获得了广泛的应用[23,69,95]。经过多年的发展，已经有越来越多的研究者开始采用计算气动声学方法研究复杂流动发声问题，如喷流噪声、空腔流激振荡发声等，取得了显著的进展。

尽管这种优化过的高阶差分格式在很多应用上取得了成功，但是其缺点也显而易见，它严重依赖网格的质量，并且稳定性大大低于低阶格式。这些缺陷严重限制了其在一些具有复杂几何形状的流动发声问题（如民用飞机的高升力装置、起落架、直升机的旋翼等）上的应用，极大地阻碍了计算气动声学方法的进一步推广。为了提高处理复杂几何结构的能力，目前采取的措施大概有两种：一是采用多块重叠网格（overset grid）[92,96] 技术，如图 8.1 所示，重叠网格间采用高精度插值方法传递信息；二是采用非结构网格（unstructured grid）方法。重叠网格技术的确大大提高了结构化网格处理复杂几何结构的能力，然而，重叠网格的生成及重叠信息的前期处理是一项非常复杂繁琐的工作，NASA AMES 的研究组[72] 经过近 30 年的发展，才逐渐形成一套完善的重叠网格处理工具 PEGASUS[71]。美国怀特帕特森空军基地实验室的 Rizzetta 等[73] 基于 PEGASUS 软件，发展了一套重叠网格的高阶有限差分求解器 FDL3DI。根据作者的经验[95]，由于高阶格式模板格点数多，为了保证格式精度，重叠网格的重叠区域和格点数也远大于低阶格式。这在增大计算量的同时，大大增加了重叠信息前处理的复杂度以及网格间信息传递的难度，并且大量插值计算也降低了求解器的效率。对于非结构网格，目前最常用的方法之一是有限体积法（finite volume method, FVM），然而，由于在非结构网格上构造高阶格式存在诸多困难，目前常用的有限体积法精度基本都在二阶。传统有限元方法（finite element method, FEM）在复杂几何结构问题上具有非常好的适用性和灵活性。与有限体积法不同的是，有限元法在单元内构造通量，而有限体积法需要相邻单元。但是由于高阶有限元方法需要求解大规模的稀疏矩阵，这也使得高阶有限元方法难以在工程问题中得到广泛应用。为了弥补这种缺陷，有不少研究者发展了各种基于非结构网格的高精度方法，如间断伽辽金（discontinuous Galerkin, DG）方法[97-99]、谱体积（spectral volume，SV）方法[100-102] 等。但是，由于这些方法算法繁复、计算量大、相对不成熟，目前在具有复杂几何结构的真实工程问题上的应用并不多。因此，快速高效且能有效处理复杂几何结构的高精度计算气动声学方法是目前基础与工程应用的迫切需求。

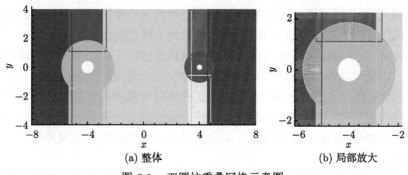

(a) 整体   (b) 局部放大

图 8.1 双圆柱重叠网格示意图

谱差分方法（spectral difference method, SDM）是一种新的基于非结构网格的高精度差分方法，最早由 Liu 等[74] 在 2006 年提出，Wang 等[75] 把它扩展应用到 Euler 方程，Sun 等[76] 进一步把它推广到基于六面体非结构网格的 Navier-Stokes 方程。在一维、二维四边形（quadrilateral）、三维六面体（hexahedral）的情况下，谱差分方法等同于 Kopriva[103] 提出的多域谱方法（multi-domain spectral method）。Van den Abeele 等[104] 的研究结果发现，通常情况下，谱差分法的精度和稳定性独立于求解单元中解点（solution point）的位置，即解点独立性。这表明可以大大简化谱差分数值格式的建立过程，避免了大量解点通量的重构（flux reconstruction），这能大幅度提高谱差分方法的数值求解速度。由于谱差分方法是基于非结构网格上的差分方法，它不需要单元内的积分计算，与有限体积、有限元、DG 和 SV 等方法相比速度更快，而且容易实现高精度，很多研究者对谱差分方法进行了应用研究。Zhou 和 Wang[105] 成功地把谱差分方法应用到计算气动声学问题中，求解了一系列 CAA 的标准问题。为了提高谱差分方法在声学模拟中的精度，Gao 等[106] 对谱差分方法在频域内进行了优化，并采用优化后的方法对一系列计算气动声学标准算例进行测试，测试结果表明，优化后的谱差分方法能够更加准确模拟声波的反射、传播等现象，提高谱差分方法的声学模拟能力。下面将对谱差分方法进行介绍。

8.2 一维谱差分方法介绍

考虑如下形式的一维守恒型方程：

$$\frac{\partial u}{\partial t} + \frac{\partial f}{\partial x} = 0 \tag{8.1}$$

把计算域划分为如图 8.2 所示的 M 个单元：

$$\Omega = \bigcup_{i=0}^{M-1} \Omega_i, \quad \bigcap_{i=0}^{M-1} \Omega_i = \varnothing, \quad \Omega_i = \{x | x_i < x < x_{i+1}\} \tag{8.2}$$

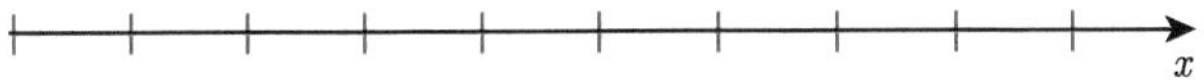

图 8.2 一维计算域及网格示意图

为了计算方便，把每个单元从物理域 (x_i, x_{i+1}) 映射到计算域 $(0,1)$：

$$\xi = \frac{x - x_i}{x_{i+1} - x_i} \tag{8.3}$$

对每一个单元，定义两套点，分别是解点（solution points）和通量点（flux points），如图 8.3 所示。根据 Van den Abeele 等[104] 的研究结果，通常情况下，谱差分法的精度和稳定性独立于求解单元中解点位置，即解点具有独立性。一般可以采用 Chebyshev-Gauss 点来定义解点：

$$x^s(j) = 0.5\left(1 - \cos\left(\frac{2j-1}{2N}\pi\right)\right), \quad j = 1, \cdots, N \tag{8.4}$$

其中 N 为解点数目。四阶谱差分（SD）格式的解点分布如图 8.3。而通量点的选择对精度和格式稳定性很重要。早期 Liu 等[74] 采用 C-G-L（Chebyshev-Gauss-Lobatto）点为通量点：

$$x^f(j) = 0.5\left(1 - \cos\left(\frac{j}{N}\pi\right)\right), \quad j = 0, \cdots, N \tag{8.5}$$

四阶 SD 格式的 C-G-L 通量点分布如图 8.3。但是根据 Van den Abeele 等[104] 和 Jameson 等[107] 的研究结果，这个通量点的格式具有弱不稳定性，即对于三阶以上格式不稳定。根据 Van den Abeele 等的建议，选取 L-G-Q (Legendre-Gauss-Quadrature) 点外加单元界面两个端点为通量点可以保证稳定性。

$$P_n(\xi) = \frac{2n-1}{n}(2\xi - 1)P_{n-1}(\xi) - \frac{n-1}{n}P_{n-2}(\xi) \tag{8.6}$$

L-G-Q 点是 Legendre 多项式方程 $P_n(\xi) = 0$ 的根。

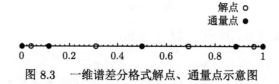

图 8.3 一维谱差分格式解点、通量点示意图

对每一个单元，这两套点可以得到两个插值公式。解点插值公式为

$$h_i(x) = \prod_{j=1, j\neq i}^{N} \frac{x - x_j^s}{x^s(i) - x^s(j)} \tag{8.7}$$

通量点插值公式为

$$l_i(x) = \prod_{j=0, j\neq i}^{N} \frac{x - x_j^f}{x_i^f - x_j^f} \tag{8.8}$$

已知单元内解点上的值 u_j $(j = 1, \cdots, N)$，可以通过 Lagrange 插值求出单元内任意点的值

$$u(x) = \sum_{i=1}^{N} u_i h_i(x) \tag{8.9}$$

已知单元内通量点上的通量值 f_j $(j = 0, \cdots, N)$，可以通过 Lagrange 插值求出单元内任意点的值

$$f(x) = \sum_{i=0}^{N} f_i l_i(x) \tag{8.10}$$

整个方程的解可以通过单元上的 $N-1$ 阶多项式表示

$$u^\delta = \bigoplus_{i=0}^{M-1} u_i^\delta \approx u \tag{8.11}$$

从图 8.4 中可以看到，因为每个单元的解多项式 (8.9) 只在单元内有效，因此单元间界面上的解值可能不连续。

图 8.4　一维 SD 方法解曲线示意图

整个方程的通量可以通过单元上的 N 阶多项式表示

$$f^\delta = \bigoplus_{i=0}^{M-1} f_i^\delta \approx f \tag{8.12}$$

同样，如图 8.5 所示，由于表示通量的多项式 (8.10) 只在本单元有效，因此单元间界面上的通量值也可能不连续。如图 8.6 所示，需要采用 Riemann 算子使得单元界面处的值连续：

$$\widehat{F} = \frac{1}{2}[(F_L + F_R) \cdot n - \lambda(Q_R - Q_L)] \tag{8.13}$$

其中 R 表示单元界面右边，L 表示单元界面左边，n 为单元界面外法线向量。谱差分计算步骤可以归纳为

（1）已知单元解点上守恒变量 u 的值：$u_i^s, i = 1, \cdots, N$；

（2）通过 Lagrange 插值公式 (8.9) 求出通量点上的 u 值：$u_i^f, i = 0, \cdots, N$；

（3）求出通量点上的通量 f 值：$f_i^f = f(u), i = 0, \cdots, N$；

（4）采用 Riemann 算子求出单元界面上的共同通量 $\widehat{f}$；

（5）根据 Lagrange 插值公式的导数 (8.14) 求出解点上的 $\dfrac{\partial f}{\partial x}$ 。

$$\left.\frac{\partial f}{\partial x}\right|_i = \sum_{j=0}^{N} f_j l'(x^s(i)) \tag{8.14}$$

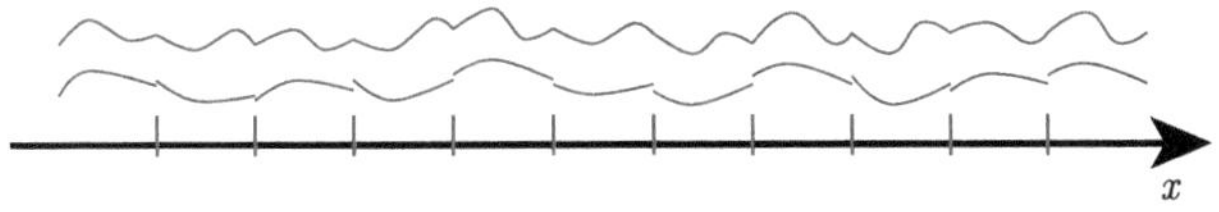

图 8.5　一维 SD 方法通量曲线示意图

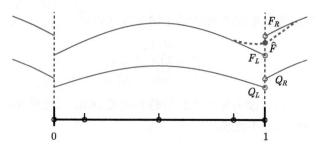

图 8.6   一维单元界面通量示意图

8.3   二维谱差分方法介绍

对于针对四边形的谱差分方法，考虑如下守恒形式的二维可压 Navier-Stokes 方程，

$$\frac{\partial Q}{\partial t} + \frac{\partial F}{\partial x} + \frac{\partial G}{\partial y} = 0 \tag{8.15}$$

其中 Q 是守恒变量，F 和 G 是包含无黏和有黏通量的总和。

为了达到高精度，所有物理域中的四边形单元通过变换转化为一个标准的正方形单元 $(0 \leqslant \xi \leqslant 1, 0 \leqslant \eta \leqslant 1)$，如图 8.7 所示。这个变换可以表示为

$$\begin{bmatrix} x \\ y \end{bmatrix} = \sum_{i=1}^{K} M_i(\xi, \eta) \begin{bmatrix} x_i \\ y_i \end{bmatrix} \tag{8.16}$$

其中 K 是定义物理单元所用到的总点数，(x_i, y_i) 是这些点的笛卡儿坐标，$M_i(\xi, \eta)$ 是单元形状函数。对于直边的四边形，$K = 4$，对于在曲边边界上的单元，8 个点能够定义一个二次四边形，12 个点能够定义一个三阶四边形。对于每一个单元，变换后的网格度量和 Jacobian 矩阵可以通过对公式 (8.16) 求导计算得到，Jacobian 矩阵可以表示为

$$J = \begin{bmatrix} x_\xi & x_\eta \\ y_\xi & y_\eta \end{bmatrix} \tag{8.17}$$

这样，物理域中的控制方程可以转换到计算域，转换后的方程形式为

$$\frac{\partial \widetilde{Q}}{\partial t} + \frac{\partial \widetilde{F}}{\partial x} + \frac{\partial \widetilde{G}}{\partial y} = 0 \tag{8.18}$$

其中 $\widetilde{Q} = |J| Q$，

$$\widetilde{F} = (F\xi_x + G\xi_y) |J| \tag{8.19}$$

$$\widetilde{G} = (F\eta_x + G\eta_y)\,|J| \tag{8.20}$$

对于一个标准单元，需要定义两套点，即解点（solution points）和通量点（flux points），如图 8.7 所示。可以看到，图中的通量点在 ξ 和 η 方向各自独立，因此，解点和通量点以交错网格的形式布置在单元内。为了方便，解点和通量点的形式与上面一维方法相同。在二维情况下，四边形单元内的解点的序号可以用 (i,j) 形式表示，为了不混淆，通量点的下标借鉴交错网格的表示方式，通量点插值公式采用如下形式，

$$l_{i+1/2}(x) = \prod_{j=0,j\neq i}^{N} \frac{x - x_{j+1/2}^{f}}{x_{i+1/2}^{f} - x_{j+1/2}^{f}} \tag{8.21}$$

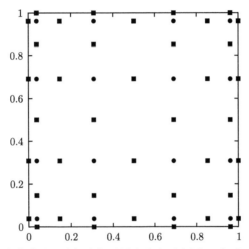

图 8.7 四阶谱差分方法解点与通量点分布示意图 (● 解点；■ 通量点)

标准单元中守恒变量的重构可以表示为

$$\tilde{Q}(\xi,\eta) = \sum_{j=1}^{N}\sum_{i=1}^{N} \tilde{Q}_{i,j} h_i(\xi)\, h_j(\eta) \tag{8.22}$$

类似地，通量多项式可以表示为

$$\tilde{F}(\xi,\eta) = \sum_{j=1}^{N}\sum_{i=0}^{N} \tilde{F}_{i+1/2,j} l_{i+1/2}(\xi)\, h_j(\eta) \tag{8.23}$$

$$\tilde{G}(\xi,\eta) = \sum_{j=0}^{N}\sum_{i=1}^{N} \tilde{G}_{i,j+1/2} h_i(\xi)\, l_{j+1/2}(\eta) \tag{8.24}$$

重构的通量多项式是单元内分段连续的，在单元边界处不连续。对于无黏通量，采用 Riemann 算子来计算边界处的通量，以保证守恒与稳定性。

总的来说，计算无黏通量导数的步骤如下：

（1）给出解点的守恒变量值，根据公式 (8.22) 计算得到通量点的守恒变量值；

（2）根据第（1）步中的守恒变量计算内场通量点上的无黏通量；

（3）单元边界处的无黏通量根据 Rusanov/Roe 算子计算；

（4）解点上的通量的导数可以根据 Lagrange 插值公式的导数采用如下公式计算，

$$\left(\frac{\partial \tilde{F}}{\partial \xi}\right)_{i,j} = \sum_{r=0}^{N} \tilde{F}_{r+1/2,j} l'_{r+1/2}(\xi_i) \tag{8.25}$$

$$\left(\frac{\partial \tilde{G}}{\partial \eta}\right)_{i,j} = \sum_{r=0}^{N} \tilde{G}_{i,r+1/2} l'_{r+1/2}(\eta_j) \tag{8.26}$$

计算有黏通量的步骤如下：

（1）根据公式 (8.22)，从解点的守恒变量重构通量点的守恒变量 Q^f；

（2）平均单元边界上的 Q^f，$\overline{Q}^f = \frac{1}{2}(Q_L^f + Q_R^f)$，单元内的值不变；对边界上的通量点应用边界条件；

（3）根据公式 (8.25)，由上一步得到的 $\overline{Q}^f$ 求 ∇Q，其中 $\nabla = \left\{ \begin{array}{c} Q_x \\ Q_y \end{array} \right\}$，$Q_x = \frac{\partial Q}{\partial \xi}\xi_x + \frac{\partial Q}{\partial \eta}\eta_x$，$Q_y$ 类似；

（4）根据公式 (8.22) 重构通量点上的 ∇Q，对单元界面上的值进行平均，$\overline{\nabla Q}^f = \frac{1}{2}(\nabla Q_L^f + \nabla Q_R^f)$，同时对边界上的通量点应用边界条件。

8.4　谱差分格式优化

在谱差分方法应用中，一个重要的步骤就是通过解点的变量重构通量点的变量。这种重构通常采用的是标准的 Lagrange 插值方法。对于最常使用的 Chebyshev-Gauss 解点和 C-G-L 通量点，通量点模板中的两个端点位于解点模板之外，因此需要用到外插值方法。Tam 和 Kurbatskii[86] 的研究表明，外插常常会引起数值不稳定，而这种数值不稳定是由高波数范围的插值误差过大引起的。为了消除外插值方法的不稳定性，Tam 和 Kurbatskii[86] 提出了一种适用于均匀分布插值点的优化的外插值和内插值方法，通过对标准算例的测试表明，这种优化极大地改善了模拟结果。另一方面，谱差分方法中重构得到的通量，仅仅是单元内连续的，在单元交界处不连续。对于无黏通量，需要采用 Riemann 算子来求解单元界面上的共同通量，以保证守恒性和稳定性。通常采用的 Riemann 算子是 Rusanov 算子[78]：

$$\widehat{F} = \frac{1}{2}[(F_L + F_R) \cdot \boldsymbol{n} - \lambda(Q_R - Q_L)] \tag{8.27}$$

其中 Q 和 F 分别是守恒变量和通量，下标 L 和 R 分别表示单元边界的左边和右边，$\boldsymbol{n}$ 表示单元边界的法向矢量。$\lambda = |V_n| + c$ 是最大特征速度，V_n 是边界处的法向速度，c 是声速。从上面的公式可以知道，当单元界面处不存在真实的间断时，Q_L 和 Q_R 间的差异越大，引入格式的耗散就越大。因此，一个精确并且稳定的外插方法是高精度谱差分方法模拟声学问题必需的。

对于采用 L-G-Q 通量点的 4 阶 SD 格式，其频散关系曲线见图 8.8(a)，从图中可以看到，这个 4 阶精度的 SD 格式似乎可以分辨到波数 $\frac{\pi}{2}$。但是从频散和耗散误差的放大图 8.8(b) 可以看到，如果以格式的频散或者耗散误差小于 0.1% 为标准，对于波数大于 $\frac{\pi}{5}$ 的波来说，频散误差比较大。这个 0.1% 是一个主观的标准，但是它客观地表明，一个波传播超过 100 个单元的距离，其对应的误差小于 10%。因此通过上面的分析可以看到，该格式的分辨率约为 10 PPW，这对于一个 4 阶精度的 SD 格式来说分辨率比较低。因此这一部分将针对谱差分方法进行优化，提高其精度和稳定性。

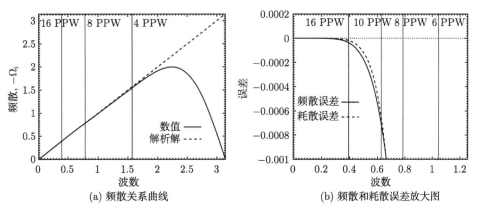

图 8.8　4 阶精度 SD 格式频散关系曲线（采用 L-G-Q 通量点）

Fourier 变换及其性质公式如下：

$$\widetilde{f}(\alpha) = \frac{1}{2\pi} \int_{-\infty}^{\infty} f(x)e^{-\mathrm{i}\alpha x} \,\mathrm{d}x \tag{8.28}$$

$$f(x) = \int_{-\infty}^{\infty} \widetilde{f}(\alpha) e^{i\alpha x}\,\mathrm{d}\alpha \tag{8.29}$$

$$\widetilde{\frac{\partial f(x)}{\partial x}} = i\alpha\widetilde{f}(\alpha) \tag{8.30}$$

$$\mathcal{F}\big(f(x+\lambda)\big) = e^{i\alpha\lambda}\widetilde{f}(\alpha) \tag{8.31}$$

在谱差分方法中, 需要把解点的值插值到通量点, 值插值公式可以表示为

$$f(x_i + x^f(l)\Delta_c) \simeq \sum_{j=1}^{N} S_j f(x_i + x^s(j)\Delta_c), \quad l = 0, \cdots, N \tag{8.32}$$

其中 x_i 表示第 i 个单元的起始坐标, Δ_c 是该单元的尺度, $x^s(j)$ $(j = 1, \cdots, N)$ 和 $x^f(l)$ $(l = 0, \cdots, N)$ 分别是单元内的解点和通量点, $S_j(j = 1, 2, \cdots, N)$ 是模板内插值系数。

对该插值公式进行 Fourier 变换, 把它从物理空间变换到波数空间, 可以得到

$$\widetilde{f}(\alpha) \simeq \left(\sum_{j=1}^{N} S_j e^{i\alpha(x^s(j)-x^f(l))\Delta_c}\right)\widetilde{f}(\alpha) \tag{8.33}$$

重新整理得到

$$\left(1 - \sum_{j=1}^{N} S_j e^{i\alpha(x^s(j)-x^f(l))\Delta_c}\right)\widetilde{f}(\alpha) \simeq 0 \tag{8.34}$$

定义有效波数

$$\overline{\alpha}(\alpha) = \sum_{j=1}^{N} S_j e^{i\alpha(x^s(j)-x^f(l))\Delta_c} \tag{8.35}$$

定义局部插值误差

$$E_{\mathrm{local}} = \sigma\left[\mathrm{Re}\big(1 - \overline{\alpha}(\alpha)\big)\right]^2 + (1-\sigma)\left[\mathrm{Im}\big(1 - \overline{\alpha}(\alpha)\big)\right]^2 \tag{8.36}$$

其中 Re 和 Im 分别表示复数变量的实部和虚部, σ 是实部和虚部间的权重。

定义插值模板内插值点平均距离为

$$\overline{\Delta x} = \frac{x^s(N) - x^s(1)}{N - 1}\Delta_c \tag{8.37}$$

从 $\alpha\overline{\Delta x} = -\eta$ 到 η 的波数区间的积分误差为

$$E = \int_{-\eta}^{\eta} [\sigma\mathrm{Re}\big(1 - \overline{\alpha}(\alpha)\big)^2 + (1-\sigma)\mathrm{Im}\big(1 - \overline{\alpha}(\alpha)\big)^2]\mathrm{d}(\alpha\overline{\Delta x}) \tag{8.38}$$

因为公式 (8.36) 是 $\alpha\overline{\Delta x}$ 的偶函数，公式 (8.38) 可以变换为

$$E = \int_0^\eta \left[\sigma \left(1 - \sum_{j=1}^N S_j \cos\left(\alpha\overline{\Delta x} \frac{(N-1)\Delta x_j}{x^s(N) - x^s(1)} \right) \right)^2 \right.$$

$$\left. + (1-\sigma) \left(\sum_{j=1}^N S_j \sin\left(\alpha\overline{\Delta x} \frac{(N-1)\Delta x_j}{x^s(N) - x^s(1)} \right) \right)^2 \right] \mathrm{d}(\alpha\overline{\Delta x}) \tag{8.39}$$

其中 $\Delta x_j, j = 1, \cdots, N$ 是从解点 $(x^s(j))$ 到通量点 $(x^f(l))$ 的距离，可以采用下式计算：

$$\Delta x_j = x^s(j) - x^f(l), \qquad j = 1, \cdots, N \tag{8.40}$$

为使积分误差 E 最小，需要满足

$$\frac{\partial E}{\partial S_j} = 0, \qquad j = 1, \cdots, N \tag{8.41}$$

一般来说，不会让所有的系数 S_j 作为未知数，而是结合格式的 Taylor 级数展开进行求解。在这里令 S_1, S_2 作为自由系数，其他的系数 $S_j, j = 3, \cdots, N$ 可以根据 Taylor 级数展开得到它们与 S_1, S_2 的关系。对于 4 阶 SD 格式 ($N = 4$)，优化插值系数的方程如下

$$\frac{\partial E}{\partial S_j} = 0, \qquad j = 1, 2 \tag{8.42}$$

$$S_3 = -\frac{S_2\left(\Delta x_4 - \Delta x_2\right) + S_1\left(\Delta x_4 - \Delta x_1\right) - \Delta x_4}{\Delta x_4 - \Delta x_3} \tag{8.43}$$

$$S_4 = \frac{S_2\left(\Delta x_3 - \Delta x_2\right) + S_1\left(\Delta x_3 - \Delta x_1\right) - \Delta x_3}{\Delta x_4 - \Delta x_3} \tag{8.44}$$

公式 (8.42)—(8.44) 可以采用符号运算软件直接求解。通量点 ($l = 0, 1, 2$) 的插值格式系数 S_j 见表 8.1—表 8.4. 由于对称关系，通量点 ($l = 3, 4$) 的插值系数 S_j 没有再列出。需要指出的是，对于 L-Q-G 通量点 $l = 1$，其积分波数区间不是从 0 开始，而是从 0.2 开始。

表 8.1　外插系数 ($l = 0, \eta = 0.6, \sigma = 0.5$)

j	1	2	3	4
优化系数	1.248307826177	-0.360641394775	0.163541682477	-0.051208113879

表 8.2　插值系数 ($l = 1, \eta = 1.05, \sigma = 0.75$)，C-G-L

j	1	2	3	4
优化系数	0.462852084995	0.680423872074	-0.209294660023	0.066018702954

表 8.3　　插值系数 $(l=1, \eta=0.2\sim1.0, \sigma=0.85)$, L-G-Q

j	1	2	3	4
优化系数	0.610016983377	0.507819356095	-0.170337836129	0.052501496658

表 8.4　　插值系数 $(l=2, \eta=1.1, \sigma=0.5)$

j	1	2	3	4
优化系数	-0.121924974099	0.621924974099	0.621924974099	-0.121924974099

通量点模板的最外端点的插值格式频散误差如图 8.9(a)。从图中可以清楚地

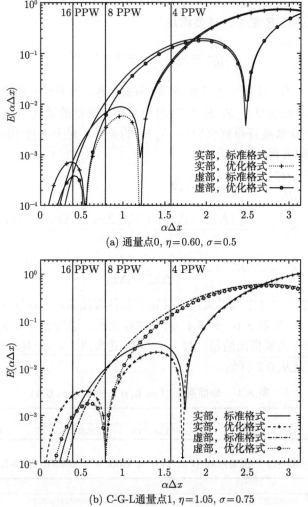

(a) 通量点0, $\eta=0.60$, $\sigma=0.5$

(b) C-G-L通量点1, $\eta=1.05$, $\sigma=0.75$

图 8.9　　插值格式频散误差 (通量点 $l=0,1$)

看到，在 6 PPW 到 16 PPW 区间，优化格式的局部误差的实部和虚部都比原格式小。另外两个通量点 $(l = 1, 2)$ 的频散误差如图 8.9(b)、图 8.10 所示，在 4 PPW 到 10 PPW 区间，通过优化插值格式频散关系减小了局部误差。

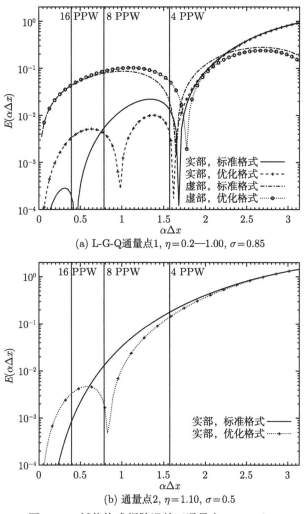

(a) L-G-Q通量点1, $\eta = 0.2$—1.00, $\sigma = 0.85$

(b) 通量点2, $\eta = 1.10$, $\sigma = 0.5$

图 8.10　插值格式频散误差（通量点 $l = 1, 2$）

　　下面采用一维和二维格式的波传播分析对优化的 4 阶 SD 格式进行稳定性分析。Hu 等[108] 曾采用这个方法来分析间断伽辽金 (DG) 方法的波传播特性，Van den Abeele 等[109] 等曾采用这个方法分析谱差分方法和谱体积 (spectral volume, SV) 方法。更多的具体细节可以参考这两位学者的论文。如下一维波传播方程被用作波传播模型，

$$\frac{\partial q}{\partial t} + \frac{\partial aq}{\partial x} = 0, \quad -\infty < x < \infty \tag{8.45}$$

$$q(x,0) = e^{ikx} \tag{8.46}$$

其中 $a = 1$ 是波传播速度，i 是虚数单位。方程 (8.45) 的解析频散关系是 $\omega = ak$。波传播分析在单元大小为 Δx 的均匀网格上进行，如图 8.11 所示。如果在单元界面上采用迎风 Riemann 算子，方程 (8.45) 在单元 i 上的半离散形式为

$$\frac{\partial q_j^i}{\partial t} + \sum_{r=1}^{N} c_{j,r}'^{f} \sum_{l=1}^{N} c_{r,l}^{s} q_l^i + \sum_{r=0}^{0} c_{j,r}'^{f} \sum_{l=1}^{N} c_{r,l}^{s} q_l^{i-1} = 0, \qquad j = 1, \cdots, N \tag{8.47}$$

解点 ✖

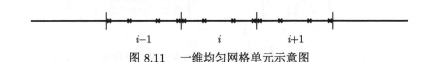

图 8.11　一维均匀网格单元示意图

其中 $c_{r,l}^{s}$ $(r = 0, \cdots, N; l = 1, \cdots, N)$ 是从解点到通量点的插值系数，$c_{j,r}'^{f}$ $(r = 0, \cdots, N; j = 1, \cdots, N)$ 是从通量点到解点的插值公式的偏导数。公式 (8.47) 可以写成如下向量形式，

$$\frac{\partial Q^i}{\partial t} + C_0'^{f} C_0^{s} Q^i + C_{-1}'^{f} C_{-1}^{s} Q^{i-1} = 0 \tag{8.48}$$

其中下标 0 表示 i 单元，-1 表示 $i-1$ 单元，C^s 和 C'^f 是系数矩阵。列向量 Q^i 包含单元 i 的解变量。假设该方程的解是如下空间 Fourier 波，

$$Q^i = \widehat{Q} e^{\overline{\Omega}t} e^{iiK} \tag{8.49}$$

其中 $K = k\Delta x$ 是无量纲波数。把上面的解代入方程 (8.48) 可以得到

$$\overline{\Omega} Q^i + (C_0'^{f} C_0^{s} + C_{-1}'^{f} C_{-1}^{s} \exp(-iK)) Q^i = 0 \tag{8.50}$$

令 $M = -(C_0'^{f} C_0^{s} + C_{-1}'^{f} C_{-1}^{s} \exp(-iK))$，可以得到如下形式的方程，

$$(M - E_N \overline{\Omega}) Q^i = 0 \tag{8.51}$$

其中 E_N 是 N 维的单位矩阵，$\overline{\Omega}$ 是复数矩阵 M 的特征值。公式 (8.51) 定义 $\overline{\Omega}$ 与 K 之间的频散关系。这个关系可以与解析解 $\Omega = aK$ 进行比较。

复数变量 $\overline{\Omega}$ 的实部是 SD 格式耗散特性的度量，虚部 $\overline{\Omega}_i$ 表示频散特性。因为 $\overline{\Omega}_r$ 为正值代表了一个指数增长的模态，所以 $\overline{\Omega}_r$ 的取值应该为非正以保证格式的稳定性。对于四阶 SD 格式来说，方程 (8.51) 的解有四个模态，为了简洁，这里仅给出有物理意义的模态，其他非物理的模态不再给出。采用 C-G-L 通量点的四阶原始 SD 格式（图中标记为"原格式"）和优化的 SD 格式（图中标记为"优化格式"）的频散关系如图 8.12 和图 8.13 所示。从图 8.12(a) 和图 8.13(a) 可以看到，优化格式和原格式的频散关系只有很微小的区别。频散关系误差的放大图

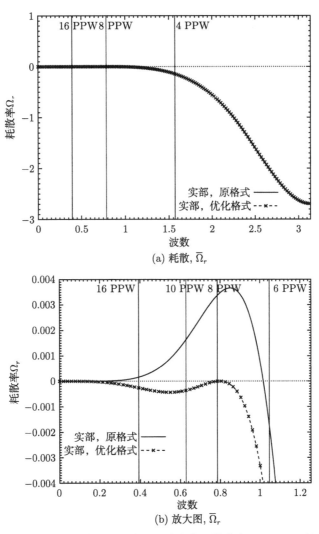

(a) 耗散, $\overline{\Omega}_r$

(b) 放大图, $\overline{\Omega}_r$

图 8.12　采用迎风算子的四阶 SD 格式的耗散曲线 (C-G-L 通量点)

见图 8.12(b) 和图 8.13(b)，可以看到，优化格式的频散关系在波数区间 (0.6, 1.0) 有了很明显的改善。根据 Van den Abeele 等[109] 和 Jameson[107] 的研究可以知道，采用 C-G-L 通量点的原始 SD 格式有弱不稳定性。从图 8.12(b) 中可以看到原始 SD 格式的耗散在波数区间 (0.3, 1.0) 确实为正，而优化后的格式在整个波数区间耗散率为负，消除了稳定性问题。优化确实降低了 SD 格式的频散和耗散误差，优化后的格式具有更大的波数分辨范围。采用 L-G-Q 通量点的 SD 格式的优化结果与此类似，见图 8.14 和图 8.15，但是很遗憾的是优化后的格式在波数区间 (0.3, 0.6) 出现了不稳定问题。如果将单元内的所有通量点格式作为一个整体看待，就会发现出现这种情况并不意外。根据 Carpenter 等[25] 的研究，高阶差分方法中内场和边界格式的不匹配会导致计算不稳定。谱差分格式与此类似，一个单元内的各个点的格式的频散关系的不匹配会导致格式不稳定。因此需要采取措施让单元内各个通量点格式的频散关系匹配来消除不稳定现象。因为采用的是四边形单元，一个简单且有效的方法是采用滤波抑制不稳定性。为了抑制优化格式的不稳定性，施加一个如下形式的二阶滤波到通量点的守恒变量上，

$$\widetilde{q}_i = q_i - \sigma \sum_{l=0}^{N} cf_{i,l} q_l \tag{8.52}$$

其中 $\widetilde{q}_i$ 是滤波之后的变量，q_i 是滤波之前的变量，$cf_{i,l}$ 是滤波格式系数，σ 是滤波强度。这里采用标准滤波格式，为了简洁，此处不再列出其推导过程和系数。

通过把滤波格式施加到半离散形式方程 (8.48) 的守恒变量上，可以得到

$$\frac{\partial Q^i}{\partial t} + C_0'^f \mathrm{CF}_0^f C_0^s Q^i + C_{-1}'^f \mathrm{CF}_{-1}^f C_{-1}^s Q^{i-1} = 0 \tag{8.53}$$

其中 CF^f 是滤波系数矩阵。把解 Q(公式 (8.49)) 代入，修改的频散关系可以写为

$$(\overline{\Omega} + C_0'^f \mathrm{CF}_0^f C_0^s + C_{-1}'^f \mathrm{CF}_{-1}^f C_{-1}^s \exp(-iK))Q^i = 0 \tag{8.54}$$

如果我们将 $\mathrm{Cn}^s = \mathrm{CF}^f C^s$ 作为一个整体，可以得到一个新的优化格式，因此可以很容易理解滤波的作用就是平衡各个插值公式之间的频散关系。对于采用 C-G-L 通量点的格式，只在 $l = 1, 2, 3$ 这三个通量点上施加空间滤波，两个端点 ($l = 0, 4$) 不添加。滤波强度的选择也是一个优化过程，一方面，滤波需要抑制不稳定波使得格式稳定；另一方面，滤波需要让格式在可分辨的波数范围尽量地低频散低耗散。根据经验，$l = 1, 2, 3$ 这三个通量点的滤波强度分别取为 $-0.221, 0.1597, -0.221$。后面的分析可以看到施加了滤波之后的优化格式去掉了不稳定性。对于采用 L-G-Q 通量点的 SD 格式，需要在所有通量点施加空间滤波，其滤波强度如表 8.5 所示，同样通过分析可以知道，施加滤波之后的 SD 格式是稳定的。

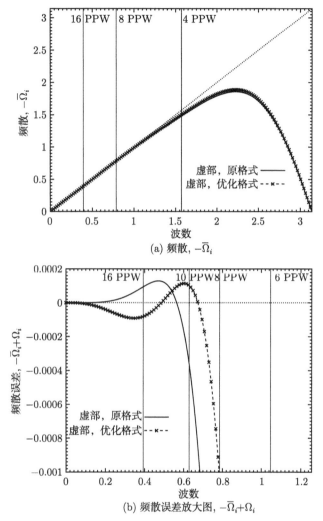

(a) 频散, $-\overline{\Omega}_i$

(b) 频散误差放大图, $-\overline{\Omega}_i + \Omega_i$

图 8.13 采用迎风算子的四阶 SD 格式的频散曲线 (C-G-L 通量点)

表 8.5 每个通量点的滤波强度

l	0	1	2	3	4
C-G-L	0	-0.221	0.1597	-0.221	0
L-G-Q	0.38	0.244	-0.157	0.244	0.38

采用 C-G-L 通量点的优化且滤波之后的 SD 格式的频散关系分别如图 8.12 和图 8.13 所示，而采用 L-G-Q 通量点的优化且滤波之后的 SD 格式的频散关系见图 8.14 和图 8.15，图中还给出了与未滤波的优化格式及原格式的频散关系对比结果。需要指出的是，图中的波数、耗散率以及频散都除以了格式阶数 N。很

明显可以看出，优化且滤波后的格式的耗散率 $(\overline{\Omega}_r)$ 都小于等于 0，表明这两种通量点的格式都消除了不稳定性。与原格式相比，新的优化格式具有更好的频散耗散特性，在波数小于 $\frac{\pi}{4}$ 时频散和耗散更低，而原格式的最大可分辨波数是 $\frac{\pi}{5}$，优化扩大了格式的波数分辨范围。

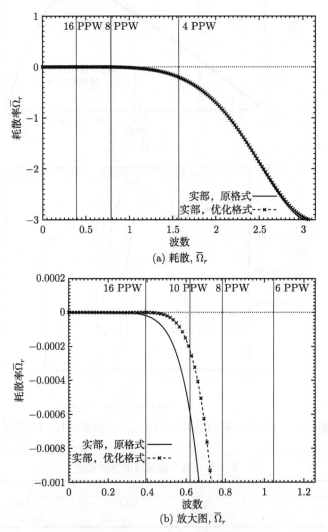

图 8.14　采用迎风算子的四阶 SD 格式的耗散曲线 (L-G-Q 通量点)

二维格式的波传播分析采用如下线性方程，

$$\frac{\partial q}{\partial t} + \frac{\partial (qa\cos\phi)}{\partial x} + \frac{\partial (qa\sin\phi)}{\partial y} = 0 \tag{8.55}$$

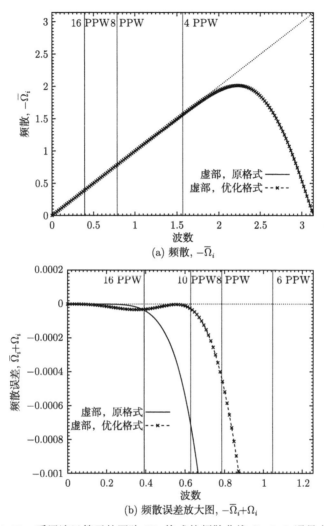

(a) 频散，$-\overline{\Omega}_i$

(b) 频散误差放大图，$-\overline{\Omega}_i+\Omega_i$

图 8.15 采用迎风算子的四阶 SD 格式的频散曲线 (L-G-Q 通量点)

其中 ϕ 是波传播的方向，$a=1$ 是波速。如图 8.16 所示的 $\Delta x = \Delta y$ 的均匀网格，单元 (i,j) 上的二维线性波传播方程的半离散形式为

$$\frac{\partial q_{l,m}^{i,j}}{\partial t} + Fx_{l,m} + Fy_{l,m} = 0, \qquad l=1,\cdots,N;\ m=1,\cdots,N \qquad (8.56)$$

其中

$$Fx_{l,m}$$

$$= \begin{cases} a\cos\phi\left(\displaystyle\sum_{r=1}^{N} c_{l,r}'^{f} \sum_{l1=1}^{N} \mathrm{cn}_{r,l1}^{s} q_{l1,m}^{i,j} + \sum_{r=0}^{0} c_{l,r}'^{f} \sum_{l1=1}^{N} \mathrm{cn}_{r,l1}^{s} q_{l1,m}^{i-1,j}\right), & \cos\phi \geqslant 0 \\[4mm] a\cos\phi\left(\displaystyle\sum_{r=0}^{N-1} c_{l,r}'^{f} \sum_{l1=1}^{N} \mathrm{cn}_{r,l1}^{s} q_{l1,m}^{i,j} + \sum_{r=N}^{N} c_{l,r}'^{f} \sum_{l1=1}^{N} \mathrm{cn}_{r,l1}^{s} q_{l1,m}^{i+1,j}\right), & \cos\phi < 0 \end{cases}$$

$$Fy_{l,m}$$

$$= \begin{cases} a\sin\phi\left(\displaystyle\sum_{r=1}^{N} c_{m,r}'^{f} \sum_{m1=1}^{N} \mathrm{cn}_{r,m1}^{s} q_{l,m1}^{i,j} + \sum_{r=0}^{0} c_{m,r}'^{f} \sum_{m1=1}^{N} \mathrm{cn}_{r,m1}^{s} q_{l,m1}^{i,j-1}\right), & \sin\phi \geqslant 0 \\[4mm] a\sin\phi\left(\displaystyle\sum_{r=0}^{N-1} c_{m,r}'^{f} \sum_{m1=1}^{N} \mathrm{cn}_{r,m1}^{s} q_{l,m1}^{i,j} + \sum_{r=N}^{N} c_{m,r}'^{f} \sum_{m1=1}^{N} \mathrm{cn}_{r,m1}^{s} q_{l,m1}^{i,j+1}\right), & \sin\phi < 0 \end{cases}$$

$\mathrm{cn}_{r,m}^{s}$ 是滤波后的插值格式系数。这个半离散形式的方程可以写为如下向量形式，

$$\frac{\partial Q^{i,j}}{\partial t} + (Mx_0 + Mx_{-1} + Mx_{+1} + My_0 + My_{-1} + My_{+1})Q^{i,j} = 0 \qquad (8.57)$$

其中下标 $0, -1, +1$ 分别表示单元 (i,j) 以及其相邻单元。假设半离散形式的二维波传播方程的解具有如下形式，

$$Q^{i,j} = \widehat{Q}e^{\overline{\Omega}t}e^{\mathrm{i}K(i\cos\theta + j\sin\theta)} \qquad (8.58)$$

这个解表示一个无量纲波数为 $K = k\Delta x = k\Delta y$、传播角度为 θ 的平面波。将这个解代入公式 (8.57)，可以得到如下方程，

$$(\overline{\Omega} + (Mx_0 + Mx_{-1}e^{-\mathrm{i}K\cos\theta} + Mx_{+1}e^{\mathrm{i}K\cos\theta})$$
$$+ (My_0 + My_{-1}e^{-\mathrm{i}K\sin\theta} + My_{+1}e^{\mathrm{i}K\sin\theta}))\widehat{Q}^{i,j} = 0 \qquad (8.59)$$

数值频散关系如下

$$\det\left(\overline{\Omega} + (Mx_0 + Mx_{-1}e^{-\mathrm{i}K\cos\theta} + Mx_{+1}e^{\mathrm{i}K\cos\theta})\right.$$
$$\left. + (My_0 + My_{-1}e^{-\mathrm{i}K\sin\theta} + My_{+1}e^{\mathrm{i}K\sin\theta})\right) = 0 \qquad (8.60)$$

$\overline{\Omega}$ 是波数 K 和角度 θ 的函数，可以与解析频散关系 $\Omega = K\cos(\phi-\theta)$ 进行对比。采用 C-G-L 通量点的四阶 SD 格式的数值频散关系如图 8.17，其中 K/N 分别取值为 $\frac{\pi}{8}, \frac{\pi}{5}, \frac{\pi}{4}$。采用 L-G-Q 通量点的四阶 SD 格式的数值频散关系如图 8.18。这个二维波传播分析结果表明，分别采用 C-G-L 和 L-G-Q 通量点的优化后的 SD

格式对于所有的波传播方向都是稳定的。优化格式的数值耗散和相速度在不同的传播角度 θ 不一样,尤其是在高波数部分,这说明格式在波传播上是各向异性的。图 8.19 中比较了波数 $K/N = \dfrac{\pi}{4}$ 时原格式和优化格式的耗散和相速度,可以看到,新格式在大部分传播方向都比原格式具有更低的频散和耗散,而且在可分辨波数范围各向异性的程度也小,这对于计算气动声学模拟来说非常重要。

需要说明的是,这里介绍的优化方法一样也能应用到阶数大于 4 的 SD 格式,为了简略,这里只针对四阶 SD 格式进行了优化,事实上,作者也针对采用 C-G-L 通量点的六阶 SD 格式进行了优化,稳定性分析结果表明优化格式相比原格式有更低的频散和耗散,并且消除了格式的弱不稳定性,这些结果不在这里列出。

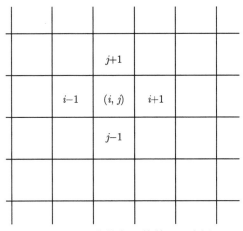

图 8.16　二维均匀网格单元示意图

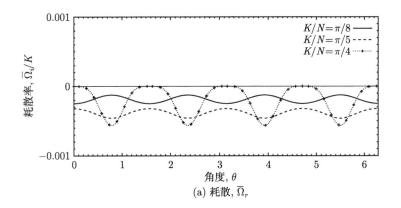

(a) 耗散,$\overline{\Omega}_r$

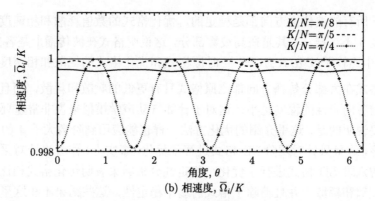

(b) 相速度, $\overline{\Omega}_i/K$

图 8.17   采用迎风算子的四阶 SD 格式的耗散和相速度 (C-G-L 通量点)

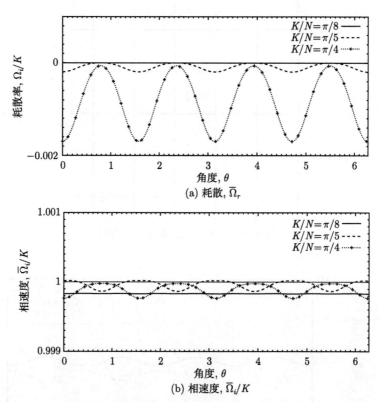

图 8.18   采用迎风算子的四阶 SD 格式的耗散和相速度 (L-G-Q 通量点)

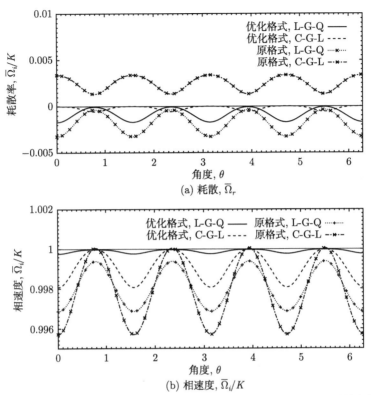

(a) 耗散, $\overline{\Omega}_r$

(b) 相速度, $\overline{\Omega}_i/K$

图 8.19 采用迎风算子的四阶 SD 原格式和优化格式在波数 $K/N = \pi/4$ 时的耗散和相速度对比

8.5 算 例 验 证

这里采用了 4 个 CAA 标准问题对优化的四阶 SD 格式进行精度验证。这四个算例的主控方程都是全 Euler 方程。

8.5.1 均匀流动中的高斯波传播

第一个问题是均匀流动中的高斯波传播，这是第一届 CAA 研讨会[94] 的标准问题。自由空间中均匀背景流动的马赫数为 0.5，$t = 0$ 时刻在流动中的初始扰动值为

$$p' = 10^{-3} \exp\left[-\ln 2 \left(\frac{x^2 + y^2}{9}\right)\right]$$

$$\rho' = 10^{-3} \exp\left[-\ln 2 \left(\frac{x^2 + y^2}{9}\right)\right] + 10^{-4} \exp\left[-\ln 2 \left(\frac{(x - 67)^2 + y^2}{25}\right)\right]$$

$$u' = 4 \times 10^{-5} y \exp\left[-\ln 2 \left(\frac{(x-67)^2 + y^2}{25} \right) \right]$$

$$v' = -4 \times 10^{-5}(x-67) \exp\left[-\ln 2 \left(\frac{(x-67)^2 + y^2}{25} \right) \right]$$

在计算域的四周采用基于非线性 Euler 方程的 PML 边界条件，PML 区域的宽度方向有 6 个单元。计算采用尺度为 $\Delta = 4$ 的均匀网格。采用 C-G-L 通量点的 SD 格式求解得到的 $t = 30, 50, 100$ 时刻、沿 $y = 0$ 直线的压力分布计算结果如图 8.20。与解析解相比，未优化的 SD 格式的结果存在明显的偏差，但是采用优化的 SD 格式得到的所有结果都与解析解符合得很好。采用 L-G-Q 通量点的 SD 格式的结果对比也可以得到相似的结论，在此不再赘述。

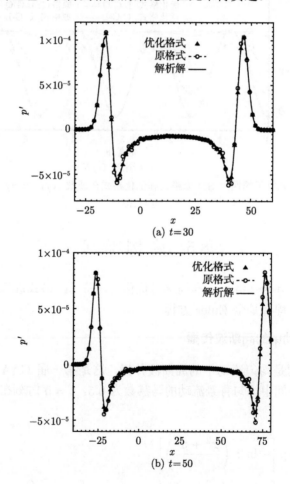

(a) $t=30$

(b) $t=50$

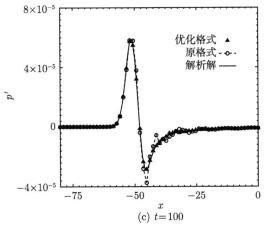

(c) $t=100$

图 8.20 沿 $y=0$ 直线压力扰动分布数值结果

8.5.2 声波的壁面反射

壁面声波反射问题也是第一届 CAA 研讨会的一个标准问题,这里采用这个问题验证所发展的格式的精度。在 $y=0$ 的位置有一个固壁,其上方的均匀背景流动马赫数为 0.5。在 $t=0$ 的时刻,初始扰动值为

$$p' = \rho' = 10^{-3} \exp\left[-\ln 2\left(\frac{x^2 + (y-25)^2}{25}\right)\right], \quad u' = v' = 0$$

计算域大小为 $-100 \leqslant x \leqslant 100, 0 \leqslant y \leqslant 200$。在计算域的上游和远场采用线化的辐射边界条件[6,12],在下游采用出流边界条件,壁面采用滑移边界条件。数值模拟采用尺度 $\Delta = 8$ 的均匀网格。采用 C-G-L 通量点的 SD 格式计算得到的 $t=30, 50, 100$ 三个时刻、沿 $x=0$ 直线的压力扰动分布如图 8.21。优化格式与原格式的结果进行了对比,可以看到,优化格式的结果与解析解对比符合得更好。采用 L-G-Q 通量点的 SD 格式结果的对比结论与此相似,在此不再赘述。

8.5.3 单圆柱声散射

这里采用第二届 CAA 研讨会[110] 的第一类第二个标准问题对格式精度进行验证。这个问题模拟螺旋桨产生的声场被飞机机身散射的过程。这里机身被简化为一个圆柱。在背景流动速度为 0 的开放空间中,在初始时刻给定如下形式的高斯分布脉冲波:

$$p' = 10^{-3} \exp\left[-\ln 2\left(\frac{(x-4)^2 + y^2}{0.2^2}\right)\right]$$

计算域大小为 $-10 \leqslant x \leqslant 10, 0 \leqslant y \leqslant 10$。计算域远场采用 PML 边界条件,在 PML 区域的宽度方向布置 6 个网格单元。圆柱表面采用滑移边界条件,在 $y=0$

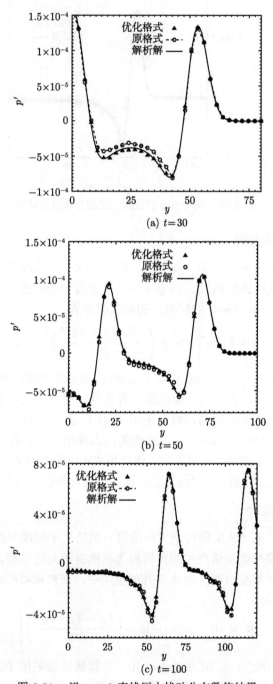

(a) $t = 30$

(b) $t = 50$

(c) $t = 100$

图 8.21 沿 $x = 0$ 直线压力扰动分布数值结果

边界采用对称边界条件。计算采用的网格如图 8.22 所示,在圆柱周围采用较密的四边形单元,在外围区域采用尺度为 $\Delta = 1/3$ 的较稀的均匀网格。数值模拟总共采用 1984 个四边形单元。为了简洁,这里只给出了采用 C-G-L 通量点的 SD 格式计算的结果。

如图 8.22 所示,在 $R/D = 5$ 的圆弧上 $\theta = 90°, 135°$ 的位置布置三个测点。三个测点的压力扰动随时间的变化结果如图 8.23 所示。优化格式以及原格式的计算结果与解析解进行了对比。可以看到,优化格式的结果与解析解对比符合得更好。

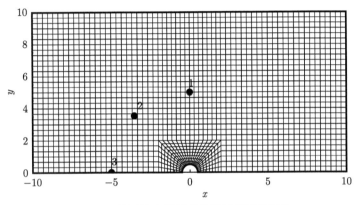

图 8.22 单圆柱声散射数值模拟采用的网格

8.5.4 双圆柱声散射

双圆柱声散射问题是第四届 CAA 研讨会[79] 的第二类第一个标准问题。在计算域中存在两个直径不相等的圆柱 ($D_1 = 1.0$, $D_2 = 0.5$),在两个圆柱中心连线的中间位置有一个声源。以声源为坐标原点,则这两个圆柱的中心坐标分别为 $L_1 = (-4, 0)$, $L_2 = (4, 0)$。声源形式如下

$$S = 10^{-3} \exp\left[-\ln 2 \left(\frac{x^2 + y^2}{0.2^2} \right) \right] \sin(8\pi t) \tag{8.61}$$

计算域大小为 $-10 \leqslant x \leqslant 10, 0 \leqslant y \leqslant 4$。远场采用 PML 边界条件,PML 区域内宽度方向布置 6 个单元。圆柱表面采用滑移边界条件,在 $y = 0$ 边界采用对称边界条件。数值模拟中采用的非结构网格如图 8.24 所示,两个圆柱周围是不规则的四边形单元,在外围是尺度为 $\Delta = 0.1$ 的均匀网格,单元总数为 8960。

图 8.25 是瞬时压力场云图。沿中心线及圆柱表面的压力脉动均方根 (RMS) 分布分别见图 8.26 和图 8.27。采用原格式和优化格式的数值模拟结果与解析解进行了对比,可以看到,优化格式的结果相比原格式与解析解符合得更好。优化确实

拓宽了四阶 SD 格式的分辨率。对比两个优化格式的结果，可以发现采用 L-G-Q 通量点的结果优于 C-G-L 通量点的格式结果。

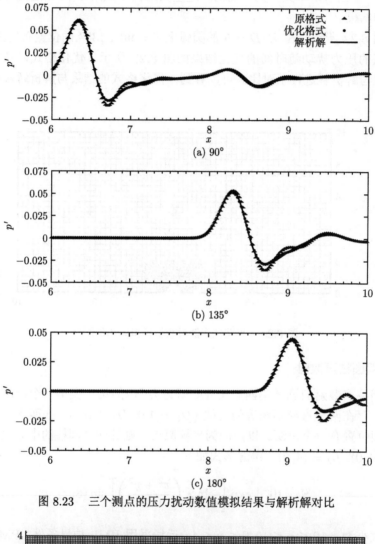

图 8.23　三个测点的压力扰动数值模拟结果与解析解对比

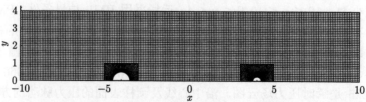

图 8.24　双圆柱声散射数值模拟采用的网格

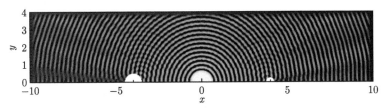

图 8.25 双圆柱声散射瞬时压力场云图

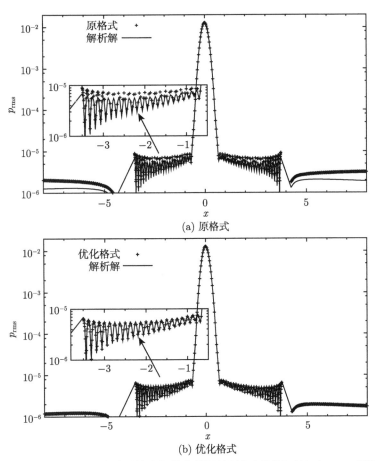

图 8.26 沿中心线的压力脉动均方根数值模拟结果与解析解对比 (C-G-L 通量点)

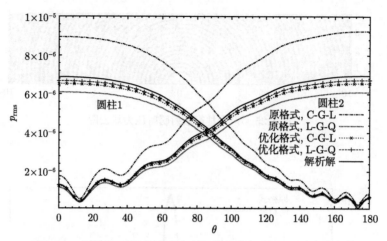

图 8.27　圆柱表面压力脉动均方根数值模拟结果与解析解对比

第 9 章 针对旋转流动和噪声的
滑移界面通量重构方法

9.1 问题及现状简介

叶轮机是一个很重要的噪声源,譬如风扇,主要包括单频和宽频噪声分量。为了得到很好的气动性能,叶轮机叶片的几何一般都非常复杂,尤其是高速风扇。高速旋转的叶片周围的流动非常复杂,包含各种尺度的涡结构、声波以及它们与叶片的相互作用。由于几何结构和流动的复杂性及高速旋转带来的测量和数值模拟上的困难,叶轮机流动噪声的研究非常有挑战性。相比实验,数值模拟的优势之一就是能够提供更精细和丰富的流场和声场信息,因此,近年来越来越多的研究者开始采用数值方法研究旋转流动噪声。尽管数值模拟在过去几十年取得了很大的进展,但是在旋转流动噪声模拟上仍存在很多困难。不少研究者采用不同的数值方法研究了旋转流动噪声问题,尤其是风扇噪声[111-114]。由于要处理复杂几何形状,他们主要使用低阶数值方法。目前主流的 CFD 求解器,大都是 2 阶精度,它们在模拟包含多尺度涡和声波的问题上存在一定的困难,主要原因是低阶格式内在的耗散特性使得它不能准确模拟涡和声波,尤其是高波数部分,极大地影响了数值模拟结果的精度。在过去的二十多年,高精度方法得到了很大的发展,研究者提出了多种高阶方法,并应用到复杂流动数值模拟,例如高阶有限差分格式[5,6]、间断伽辽金(discontinuous Galerkin, DG)方法[98,115]、谱差分(spectral difference, SD)方法[74,76]、通量重构(flux reconstruction, FR)方法[77] 等。然而采用高阶方法模拟旋转流动噪声的研究并不多,究其原因,是因为旋转流动噪声的数值模拟,尤其是大涵道比风扇噪声问题,需要在具有处理复杂几何结构能力的高精度格式、高效精确的转/静网格交界面处理方法、准确的湍流模拟方法、精确的无反射边界条件等方面取得突破。精确高效的滑移网格界面方法作为关键技术之一,最近开始得到很多研究者的关注。Ferrer 和 Willden[116] 针对他们的准三维非定常 DG求解器发展了一种滑移网格界面处理方法,这种方法对展向均匀的情况有效,但是难以推广到全三维。Johnstone 等[117] 针对他们的高阶紧致格式 DNS 求解器发展了一种滑移特征变量界面条件,转/静网格间数据通信采用高阶插值方法,由于界面上只有一层网格重叠,因此这个方法效率很高。最近 Dürrwächter 等[118]针对他们的高阶 DG 格式求解器发展了一个滑移网格界面方法,并把它应用到

1.5 级 Aachen 涡轮的数值模拟上，得到了很好的结果。然而，他们的方法只能局限在准三维问题。Duan 等[119] 针对他们的高阶 FR/CPR（Correction Procedure via Reconstruction）格式 Navier-Stokes 方程求解器发展了一个滑移网格方法，他们在滑移界面上引入一层辅助的笛卡儿直角坐标网格，采用高阶插值方法来实现转/静网格间的数据通信。一般来讲，插值方法很容易应用到转/静滑移网格界面，如果转/静界面上只有一层网格重叠，插值方法的效率很容易保证，而且可以通过增加插值模板点数和优化插值系数来提高精度。然而，由于插值点会随着时间移动，在某些情况下，当插值点位于单元的顶点附近时，极有可能会位于插值模板之外。根据 Tam 和 Kurbatskii[86] 的研究，这种外插会带来稳定性问题。插值的另外一个问题就是守恒性无法保证。

Kopriva 等[120] 在使用间断谱元方法计算电磁散射的研究中，针对二维非一一对应的四边形单元提出了虚拟层通量重构方法。基于 Kopriva 等[120] 提出的这种虚拟层方法，Zhang 和 Liang[121] 发展了一种适用于二维均匀网格的滑移网格界面方法，并应用到谱差分中。在他们的方法中，流动变量和通量在滑移界面单元和动态虚拟层单元之间来回投影，从而实现转/静网格间的信息交换。Zhang 等[122] 把这个方法推广到非均匀网格，并应用到通量重构方法中。尽管他们的这种滑移网格界面方法对二维问题高效且精确，但是难以推广到三维非均匀网格情况。

Laughton 等[123] 针对高阶间断 DG 方法求解器中的非一对一网格间的信息传递，对比了插值和虚拟层方法。根据他们的研究结果，尽管虚拟层方法在三维复杂网格上的应用存在困难，但是它在数值特性上有很大的优势，它保持了 DG 方法的守恒性，与插值方法相比精度更高，尤其是针对湍流问题。因此针对任意非结构网格上的全三维旋转流动数值模拟发展精确可用的虚拟层方法是极有价值的。

9.2　数 值 方 法

9.2.1　控制方程

考虑如下守恒形式的三维可压 Navier-Stokes 方程，

$$\frac{\partial Q}{\partial t} + \frac{\partial F}{\partial x} + \frac{\partial G}{\partial y} + \frac{\partial H}{\partial z} = 0 \tag{9.1}$$

其中 Q 是守恒变量列向量，F, G 和 H 分别是 x, y, z 三个方向的通量向量，包含无黏和有黏两个部分。假设物理域分为 Ne 个互不重叠的单元。为了处理运动网格问题，这里采用任意拉格朗日-欧拉（arbitrary-Lagrangian-Eulerian，ALE）方法。所有物理域 (x, y, z, t) 的单元都要将坐标变换到标准立方体 $(0 \leqslant \xi \leqslant 1, 0 \leqslant \eta \leqslant 1, 0 \leqslant \zeta \leqslant 1, \tau)$ 坐标变换公式如下

$$\begin{bmatrix} x(\xi,\eta,\zeta,\tau) \\ y(\xi,\eta,\zeta,\tau) \\ z(\xi,\eta,\zeta,\tau) \end{bmatrix} = \sum_{i=1}^{K} \phi_i(\xi,\eta,\zeta) \begin{bmatrix} x_i(t) \\ y_i(t) \\ z_i(t) \end{bmatrix} \qquad (9.2)$$

$$t = \tau$$

其中 K 定义物理域单元的顶点数目, (x_i, y_i, z_i) 是单元顶点坐标, $\phi_i(\xi,\eta,\zeta)$ 是形状函数。对于线性三角形和四边形单元, K 分别等于 3 和 4, 而对于线性六面体单元, K 等于 8。每个单元的坐标变换的度量可以根据坐标变换公式计算得到。Jacobian 矩阵可以表示为

$$J = \begin{bmatrix} x_\xi & x_\eta & x_\zeta & x_t \\ y_\xi & y_\eta & y_\zeta & y_t \\ z_\xi & z_\eta & z_\zeta & z_t \\ 0 & 0 & 0 & 1 \end{bmatrix}, \quad \frac{1}{J} = \begin{bmatrix} \xi_x & \xi_y & \xi_z & \xi_t \\ \eta_x & \eta_y & \eta_z & \eta_t \\ \zeta_x & \zeta_y & \zeta_z & \zeta_t \\ 0 & 0 & 0 & 1 \end{bmatrix} \qquad (9.3)$$

其中 ξ_t, η_t, ζ_t 是网格运动速度。

物理域的主控方程通过坐标变换为如下形式,

$$\frac{\partial \widetilde{Q}}{\partial \tau} + \frac{\partial \widetilde{F}}{\partial \xi} + \frac{\partial \widetilde{G}}{\partial \eta} + \frac{\partial \widetilde{H}}{\partial \zeta} = 0 \qquad (9.4)$$

其中 $\widetilde{Q} = |J| Q$,

$$\widetilde{F} = (F\xi_x + G\xi_y + H\xi_z + Q\xi_t) \, |J|$$
$$\widetilde{G} = (F\eta_x + G\eta_y + H\eta_z + Q\eta_t) \, |J| \qquad (9.5)$$
$$\widetilde{H} = (F\zeta_x + G\zeta_y + H\zeta_z + Q\zeta_t) \, |J|$$

$\widetilde{F}$, $\widetilde{G}$, $\widetilde{H}$ 的具体形式将不在这里赘述。

9.2.2 滑移网格界面方法

在旋转流动的计算中, 计算域网格通常划分为旋转和静止两部分, 在转/静网格之间有一个滑移界面, 通常这个界面两侧的转/静网格单元并不是一一对应的, 并且随着转子的运动, 网格单元之间的连接关系也会实时变化。因此滑移网格界面方法的关键有两点: 一是能够高效准确地确定界面上转/静网格单元的连接关系, 因为每一个时间推进步这种关系都需要重新确定, 因此一定要效率高, 不影响整个计算的效率; 二是转/静网格单元间的流场信息交换的快速精确计算方法, 通常需要考虑的是流场信息交换时的精度、流量守恒、动量守恒等。

发展针对高阶谱差分方法的滑移界面虚拟层高精度插值技术，其基本思想是在两个不同坐标系的滑移界面上，虚拟一个过渡层，把两个不同坐标系上的信息采用高精度方法投影到过渡层网格上，然后采用 Riemann 算子计算共同通量，以保证通量守恒；过渡层上得到的共同通量再分别投影回两个不同坐标系网格。这样在保证了计算高精度的同时，实现了不同坐标系之间通量的守恒，也保证了计算的稳定性。

转/静网格间的通信通过虚拟层方法实现，主要包括以下三步：

（1）采用多边形切分算法确定有重叠的两个转/静界面网格单元之间重叠部分，建立虚拟层单元；

（2）计算虚拟层单元在转/静界面网格单元的标准单元中的映射坐标；

（3）把守恒量、通量在转/静界面网格单元和虚拟层单元之间来回投影。

下面将对每一个步骤进行详细解释。需要指出的是，虽然计算中只使用了六面体单元，但是这个滑移网格界面方法可以推广到任意单元类型，例如四面体、棱柱等。滑移网格界面通量匹配方法的第一步是确定每个转/静界面网格单元的虚拟层连接单元，例如图 9.1(a) 中所示的 E_L 和 E_R 单元。由于转/静子的相对位置时刻变化，虚拟层连接单元每个时间步都会发生变化，因此确定虚拟层连接单元的方法需要高效准确。为了提高网格连接关系的计算效率，把界面上的转/静网格单元都转换到柱坐标系下。在柱坐标系下，界面单元的坐标中只有周向角发生变化，因此只需要考虑一个变量，提高了计算定位效率。本书采用 Sutherland-Hodgman 算法[124] 确定转/静界面网格单元的重叠部分，这个方法对于凸多边形的剪切高效且准确。由于两个四边形的重叠部分多边形形状是不确定的，可能是四边形、五边形或者其他多边形。考虑到任意多边形可以分成多个三角形，为了方便后续的投影计算，所有虚拟层单元都采用三角形。因此，图 9.1 中剪切出的多边形 E_L 和 E_R，可以分为两个三角形单元，标记为 M_i 和 M_j。

需要特别指出的是，图 9.2 中的旋转和静止网格相交的例子，很难准确地确定其相交的虚拟层单元，因为原本应该是弯曲的光滑的边界被近似为直边，所以可能会发生单元遗漏现象。然而考虑到这个方法本来就是针对旋转流动噪声问题，因此在柱坐标系下处理这个问题将不会发生单元遗漏的现象。因为守恒量和通量是在标准立方体单元内进行计算，所以必须计算虚拟层单元在标准四边形内的相对坐标。首先，计算虚拟层单元 M_i 在标准四边形内的转换坐标，如图 9.1(b) 所示。可以采用 Newton-Raphson 或者其他的迭代方法求解方程 (9.2) 来计算虚拟层顶点的映射坐标。因为标准三角形的第 i 个解点的参考坐标 $(\widehat{\xi_i}, \widehat{\eta_i})$ 是已知的，如图 9.1(c) 右边小图所示，它在标准四边形 $\widetilde{E}_L$ 或者 $\widetilde{E}_R$ 里面的变换坐标 (ξ_i, η_i) 可以根据形状函数直接计算，如图 9.1(c) 的中间小图所示。因此它的物理坐标 (x_i, y_i) 也可以直接采用四边形的形状函数计算得到。确定了每个转/静界面网格单元的所有虚拟层连接单元之后，可以采用下面的步骤计算转/静界面网格单元滑移面上的通量。

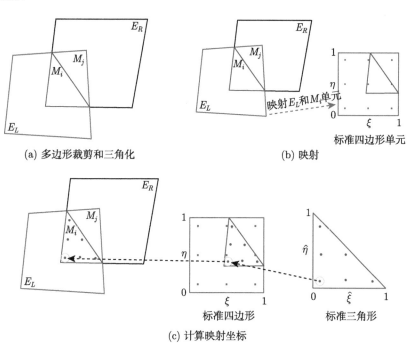

(a) 多边形裁剪和三角化   (b) 映射

(c) 计算映射坐标

图 9.1   多边形裁剪、三角化和中间层单元映射

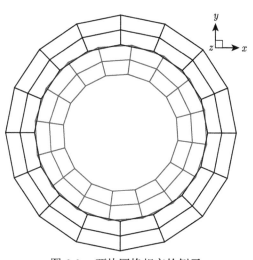

图 9.2   两块网格相交的例子

（1）把转/静界面上网格单元的解通过算法 $P^{S \to M}$ 投影到虚拟层单元上，其

中 **S** 和 **M** 分别代表滑移界面上的单元和与其相连的虚拟层单元；这样虚拟层单元上的每一个解点都有两个值，它们分别从转/静界面网格单元投影而来。

（2）在虚拟层单元上，把转/静界面网格单元投影过来的解采用黎曼算子计算虚拟层单元共同通量。

（3）把虚拟层单元的共同通量采用算法 $P^{\mathbf{M}\to\mathbf{S}}$ 投影回与其相连的转/静界面网格单元。

上面提到的这些投影算法将在下面进行详细推导。

对于转/静滑移界面上的网格单元面，可以将其简化为一个二维的四边形单元，这样这个面上的守恒变量可以采用下面的 Lagrange 插值多项式表示

$$Q(\xi,\eta) = \sum_{i=1}^{N_s} Q_i h_i(\xi,\eta) \tag{9.6}$$

其中 Q_i 是这个面上第 i 个通量点的守恒变量，N_s（对于四边形，等于 p_s^2，如果 SD 格式精度为 p_s 阶）是这个面上的通量点数目，ξ,η 是标准单元的参考坐标。因为计算采用的是六面体单元，因此转/静界面上的所有面元都是四边形。这样二维 Lagrange 插值公式 $h_i(\xi,\eta)$ 可以写为两个一维插值多项式的乘积 $h_i(\xi,\eta) = l_p(\xi)l_q(\eta)$。

对于三角形的虚拟层单元，其守恒变量可以写为

$$Q^m(\widehat{\xi},\widehat{\eta}) = \sum_{i=1}^{N_m} Q_i^m \widehat{h}_i(\widehat{\xi},\widehat{\eta}) \tag{9.7}$$

其中 Q_i^m 是三角形单元的第 i 个解点上的守恒变量，$N_m = p_m \times (p_m + 1)/2$ 是三角形单元的解点数目，p_m 是多项式阶数，$\widehat{\xi},\widehat{\eta}$ 是标准三角形单元的参考坐标。$\widehat{h}_i(\widehat{\xi},\widehat{\eta})$ 是 p_m 阶插值多项式，在第 i 个解点取值为 1，其他点为 0。这个插值多项式可以写为如下形式：

$$\widehat{h}_i(\widehat{\xi},\widehat{\eta}) = \sum_{i=1}^{N_m} \sigma_i L_i(\widehat{\xi},\widehat{\eta})$$

其中 σ_i 是展开系数，$L_i(\widehat{\xi},\widehat{\eta})$ 是三角单元的多项式基函数，可以写为如下形式，

$$L_i(\widehat{\xi},\widehat{\eta}) = \sqrt{2}J_v(a)J_w^{(2v+1,0)}(b)(1-b)^v, \quad (v,w) \geqslant 0, \quad v+w \leqslant i$$

其中 $J_v^{(\alpha,\beta)}$ 是 v 阶 Jacobian 多项式，$a = 2\dfrac{1+\widehat{\xi}}{1-\widehat{\eta}} - 1$，$b = \widehat{\eta}$。如果虚拟层单元不局限在三角形，插值多项式需要根据单元类型选择相应的多项式基函数。

为了把守恒变量从滑移界面单元投影到虚拟层单元 (m)，采用 Kopriva 等[120] 提出的最小二乘投影方法。根据 Kopriva 等[120] 的研究，最小二乘投影保证任何近似误差都与所投影空间的多项式基正交。根据这个原则，对每一个虚拟层单元都有

$$\iint_m \left(Q(\xi,\eta) - Q^m(\widehat{\xi},\widehat{\eta}) \right) \widehat{h}_k(\widehat{\xi},\widehat{\eta}) \mathrm{d}\widehat{\xi}\mathrm{d}\widehat{\eta} = 0, \quad k = 1,\cdots,N_m$$

把公式 (9.6) 和 (9.7) 代入上面的公式，得到

$$\iint_m \left(\sum_{i=1}^{N_s} Q_i h_i(\xi,\eta) - \sum_{j=1}^{N_m} Q_j^m \widehat{h}_j(\widehat{\xi},\widehat{\eta}) \right) \widehat{h}_k(\widehat{\xi},\widehat{\eta}) \mathrm{d}\widehat{\xi}\mathrm{d}\widehat{\eta} = 0, \quad k = 1,\cdots,N_m$$

这个公式可以简化为

$$\iint_m \sum_{i=1}^{N_s} Q_i h_i(\zeta,\eta) \widehat{h}_k(\widehat{\xi},\widehat{\eta}) \mathrm{d}\widehat{\xi}\mathrm{d}\widehat{\eta}$$

$$= \iint_m \sum_{j=1}^{N_m} Q_j^m \widehat{h}_j(\widehat{\xi},\widehat{\eta}) \widehat{h}_k(\widehat{\xi},\widehat{\eta}) \mathrm{d}\widehat{\xi}\mathrm{d}\widehat{\eta}, \quad k = 1,\cdots,N_m$$

因为守恒变量 Q_i 和 Q_j^m 可以提到积分外，这样上面的积分公式可以简化为只包含 Lagrange 插值公式：

$$\sum_{i=1}^{N_s} Q_i \iint_m h_i(\xi,\eta) \widehat{h}_k(\widehat{\xi},\widehat{\eta}) \mathrm{d}\widehat{\xi}\mathrm{d}\widehat{\eta}$$

$$= \sum_{j=1}^{N_m} Q_j^m \iint_m \widehat{h}_j(\widehat{\xi},\widehat{\eta}) \widehat{h}_k(\widehat{\xi},\widehat{\eta}) \mathrm{d}\widehat{\xi}\mathrm{d}\widehat{\eta}, \quad k = 1,\cdots,N_m$$

上面的公式可以写为矩阵向量乘积形式：

$$SQ = MQ^m \tag{9.8}$$

$$Q^m = M^{-1}SQ \tag{9.9}$$

其中

$$S_{k,i} = \iint_m h_i(\xi,\eta) \widehat{h}_k(\widehat{\xi},\widehat{\eta}) \mathrm{d}\widehat{\xi}\mathrm{d}\widehat{\eta} \tag{9.10}$$

$$M_{k,j} = \iint_m \widehat{h}_j(\widehat{\xi},\widehat{\eta}) \widehat{h}_k(\widehat{\xi},\widehat{\eta}) \mathrm{d}\widehat{\xi}\mathrm{d}\widehat{\eta} \tag{9.11}$$

矩阵元素 $M_{k,j}$ 是在标准虚拟层单元上的积分，因此其值不随时间变化，可以在时间推进前求得。然而，由于虚拟层单元与转/静滑移面上的单元之间的相对位置是随时间变化的，而且 (ξ, η) 和 $(\widehat{\xi}, \widehat{\eta})$ 之间的关系没有解析表达式，因此 $S_{k,i}$ 不能给出解析结果。但是可以采用下面的 Legendre-Gauss 公式数值积分求得

$$S_{k,i} = \iint_m h_i(\xi, \eta)\widehat{h}_k(\widehat{\xi}, \widehat{\eta})\mathrm{d}\widehat{\xi}\mathrm{d}\widehat{\eta} = \sum_{l=0}^{N_q} h_i(\xi_l(t), \eta_l(t))\widehat{h}_k(\widehat{\xi}_l, \widehat{\eta}_l)w_l \tag{9.12}$$

其中 w_l 是权重，N_q 是数值积分的点数，$(\widehat{\xi}_l, \widehat{\eta}_l)$ 标准三角形内的高斯积分点坐标，$(\xi_l(t), \eta_l(t))$ 是 $(\widehat{\xi}_l, \widehat{\eta}_l)$ 在标准四边形单元内的变换坐标，因为虚拟层单元随着时间变化，所以这些都与时间相关。这样矩阵 S 必须每一个时间推进步都进行计算。

通过上面的公式 (9.9)，转/静界面上的单元的守恒变量就可以投影到虚拟层单元，然后虚拟层单元上的共同通量就可以采用 Riemann 算子求得。假设旋转界面上的某个单元，与其相连的虚拟层单元有 M_T 个，则这 M_T 个虚拟层单元上的共同通量需要采用下面的 L2 投影算法投影回滑移界面单元，投影算法的原则也是保证通量的误差与投影空间的基正交，

$$\iint_s \left(F(\xi, \eta) - \sum_{m=1}^{M_T} F^m(\widehat{\xi}, \widehat{\eta}) \right) h_k(\xi, \eta)\mathrm{d}\xi\mathrm{d}\eta = 0, \quad k = 1, \cdots, N_s \tag{9.13}$$

其中 F 是转/静界面单元的通量，F^m 是虚拟层单元 m 的通量。通量 F 和 F^m 可以分别用插值公式 (9.6) 和 (9.7) 表示，代入上面的 L2 投影算法公式，得到

$$\iint_s \left(\sum_{i=1}^{N_s} F_i h_i(\xi, \eta) - \sum_{m=1}^{M_T} \sum_{j=1}^{N_m} F_j^m \widehat{h}_j(\widehat{\xi}, \widehat{\eta}) \right) h_k(\xi, \eta)\mathrm{d}\xi\mathrm{d}\eta = 0, \quad k = 1, \cdots, N_s$$
$$\tag{9.14}$$

因为 $\widehat{h}_j(\widehat{\xi}, \widehat{\eta})$ 只在虚拟层单元 m 上有值，通过把常数提出积分，上面公式可以写为

$$\sum_{i=1}^{N_s} F_i \iint_s h_i(\xi, \eta) h_k(\xi, \eta)\mathrm{d}\xi\mathrm{d}\eta$$

$$= \sum_{m=1}^{M_T} \sum_{j=1}^{N_m} F_j^m \iint_s \widehat{h}_j(\widehat{\xi}, \widehat{\eta}) h_k(\xi, \eta)\mathrm{d}\xi\mathrm{d}\eta$$

$$= \sum_{m=1}^{M_T} \sum_{j=1}^{N_m} F_j^m \iint_m \widehat{h}_j(\widehat{\xi}, \widehat{\eta}) h_k(\xi, \eta)\mathrm{d}\xi\mathrm{d}\eta, \quad k = 1, \cdots, N_s \tag{9.15}$$

上面的公式同样可以写为矩阵形式，

$$\widehat{S}F = \sum_{m=1}^{M_T} \widehat{M}^m F^m \tag{9.16}$$

$$F = \widehat{S}^{-1} \sum_{m=1}^{M_T} \widehat{M}^m F^m \tag{9.17}$$

其中

$$\widehat{S}_{ik} = \iint_s h_i(\xi,\eta) h_k(\xi,\eta) \mathrm{d}\xi \mathrm{d}\eta, \quad \widehat{M}_{jk}^m = \iint_m \widehat{h}_j(\widehat{\xi},\widehat{\eta}) h_k(\xi,\eta) \mathrm{d}\xi \mathrm{d}\eta$$

矩阵 $\widehat{S}$ 只与标准四边形单元相关，因此可以提前计算存储，

$$\widehat{S} = \int_{\eta=0}^1 \int_{\xi=0}^1 h_i(\xi,\eta) h_k(\xi,\eta) \mathrm{d}\xi \mathrm{d}\eta \tag{9.18}$$

因为 $\widehat{M}_{jk}^m$ 与参考坐标 (ξ,η) 和 $(\widehat{\xi},\widehat{\eta})$ 相关，需要先把坐标 (ξ,η) 变换到标准三角形单元，然后进行积分，

$$\widehat{M}_{jk}^m = \iint_m \widehat{h}_j(\widehat{\xi},\widehat{\eta}) h_k(\widehat{\xi},\widehat{\eta}) \left| \frac{\partial(\xi,\eta)}{\partial(\widehat{\xi},\widehat{\eta})} \right| \mathrm{d}\widehat{\xi} \mathrm{d}\widehat{\eta}$$

$$= \iint_m \widehat{h}_j(\widehat{\xi},\widehat{\eta}) h_k(\widehat{\xi},\widehat{\eta}) |J^m| \mathrm{d}\widehat{\xi} \mathrm{d}\widehat{\eta} \tag{9.19}$$

其中 J^m 是如下变换的 Jacobian 矩阵，

$$\begin{bmatrix} \xi(\widehat{\xi},\widehat{\eta}) \\ \eta(\widehat{\xi},\widehat{\eta}) \end{bmatrix} = \sum_{i=1}^K \phi_i^m(\widehat{\xi},\widehat{\eta}) \begin{bmatrix} \xi_i^m(t) \\ \eta_i^m(t) \end{bmatrix} \tag{9.20}$$

其中 $\phi_i^m(\widehat{\xi},\widehat{\eta})$ 是三角形单元的形状函数，$(\xi_i^m(t),\eta_i^m(t))$ 是其顶点在标准四边形单元中的映射坐标，且随时间变化。因为矩阵 $\widehat{M}^m$ 与 $J^m(t)$ 相关，其值只能通过下面的 Legendre-Gauss 数值积分进行计算，并且每个时间步都需要更新：

$$\widehat{M}_{j,k}^m = \sum_{l=0}^{N_q} \widehat{h}_j(\widehat{\xi}_l,\widehat{\eta}_l) h_k(\widehat{\xi}_l,\widehat{\eta}_l) |J_l^m(t)| w_l \tag{9.21}$$

其中 N_q 是数值积分点数，w_l 是积分权重，$(\widehat{\xi}_l,\widehat{\eta}_l)$ 是标准三角形单元的高斯积分点坐标。

总的来说，滑移界面的通量计算可以简化为如下步骤：

（1）如图 9.1(a) 所示，采用多边形切割算法计算转/静单元界面的虚拟连接单元，由于切割出的是任意多边形，为方便计算，需要把切割出的多边形分成多个三角形；

（2）计算三角形虚拟单元的顶点在标准四边形内的坐标，如图 9.1(b) 所示；

（3）计算三角形单元的解点在其连接的转/静界面上的单元的标准四边形内的坐标 (ξ_i, η_i)，如图 9.1(c) 所示；

（4）计算虚拟层单元的每个解点的物理坐标 (x_i, y_i)，如图 9.1(c) 所示；

（5）采用公式 (9.9) 把转/静界面单元的守恒通量投影到三角虚拟单元；

（6）采用 Riemann 算子计算三角虚拟单元上的共同通量；

（7）采用公式 (9.17) 把三角虚拟单元的通量投影回转/静界面的单元。

9.3　精 度 讨 论

虚拟层方法的精度取决于投影算法 $P^{\mathrm{S}\to\mathrm{M}}$ 和 $P^{\mathrm{M}\to\mathrm{S}}$。根据公式 (9.17) 可以知道，虚拟层方法的精度可能与采用的多项式的阶数、单元 E_L 或 E_R 相连的虚拟层单元数目 (M_T) 有关。为了厘清投影算法的精度，我们采用投影算法计算了一个解析函数在滑移面单元与虚拟层单元之间来回投影的结果，并计算了其误差。采用的二维函数为 $f(x, y) = \cos(5(x - 0.5)) + \sin(5(y - 0.5))$，其形状如图 9.3 所示。这里采用一个不规则的四边形，如图 9.4 的左下方所示。

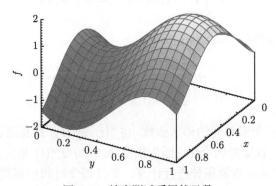

图 9.3　精度测试采用的函数

为了测试虚拟层单元的多项式阶数对精度的影响，在计算中把其阶数 p_m 从 2 变化到 5。对 p_s 阶谱差分格式，投影算法 $P^{\mathrm{S}\to\mathrm{M}}$ 和 $P^{\mathrm{M}\to\mathrm{S}}$ 的计算结果的 L2 误差如图 9.5(a) 所示，从结果可以看出，最好的选择是 $p_s = p_m$，即虚拟层多项式的阶数与谱差分阶数一致。为了测试与滑移面单元相连的虚拟层单元数目的影响，

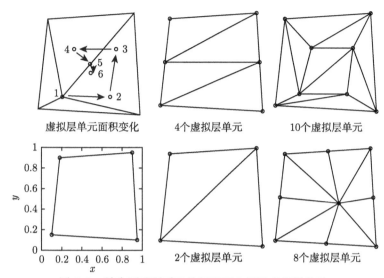

虚拟层单元面积变化　　4个虚拟层单元　　10个虚拟层单元

2个虚拟层单元　　8个虚拟层单元

图 9.4　精度测试所采用的滑移面单元及虚拟层单元

假设与单元相连的虚拟层单元数目分别为 2，4，8，10，如图 9.4 的右边两列所示。投影算法 $P^{M \to S}$ 的 L2 误差见图 9.5(b)，可以看到误差基本不受虚拟层单元数目变化的影响。

　　为了测试虚拟层单元不均匀性的影响，如图 9.4 左上所示，通过把 4 个虚拟层单元的公共顶点从位置 1 移动到位置 6 来改变虚拟层单元的面积。单元的不均匀性通过这 4 个虚拟层单元中的最小和最大面积之比 $(A_{\min}/A_{\max})$ 来表示。L2 误差随面积比的变化如图 9.5(c) 所示，可以看到非均匀分布的虚拟层单元对投影算法只有很小的影响。

　　把虚拟层单元上计算得到的共同通量根据公式 (9.15) 投影到滑移单元时，投影算法 $P^{M \to S}$ 需要把所有的虚拟层单元的贡献考虑进来。然而，在实际计算过程中，在多边形裁剪的过程中有可能会出现虚拟层单元遗漏的情况，尤其是网格质量很差时，由于计算机精度的限制，裁剪算法不能正确区分两条相交的线段。根据作者的经验，在下面的测试算例中基本不会出现遗漏的现象，但是在真实工程算例中，尤其是网格质量很差时，有可能会出现这种情况。因此，需要考虑投影算法 $P^{M \to S}$ 中如果遗漏某些单元的贡献对计算精度和稳定性带来的影响。

　　与推导公式 (9.17) 的过程相同，假设与滑移面上的某个单元相连的虚拟层单元数目为 M_T，但是某个单元（序号 j）在多边形剪切和三角化时被遗漏了，因此，公式 (9.15) 中的投影算法 $P^{M \to S}$ 需要修改以剔除被遗漏的虚拟单元 j 的贡献。首先，公式 (9.15) 的左边是在整个单元上的积分，需要修改，去除遗漏单元部分的贡献，因此公式变为

$$\sum_{i=1}^{N_s} F_i \iint_s h_i(\xi,\eta) h_k(\xi,\eta) \mathrm{d}\xi\mathrm{d}\eta$$

$$= \sum_{i=1}^{N_s} F_i \sum_{m=1}^{M_T} \iint_m h_i(\xi,\eta) h_k(\xi,\eta) \mathrm{d}\xi\mathrm{d}\eta$$

$$= \sum_{m=1}^{M_T} \sum_{j=1}^{N_m} F_j^m \iint_m \widehat{h}_j(\widehat{\xi},\widehat{\eta}) h_k(\xi,\eta) \mathrm{d}\xi\mathrm{d}\eta, \quad k=1,\cdots,N_s \qquad (9.22)$$

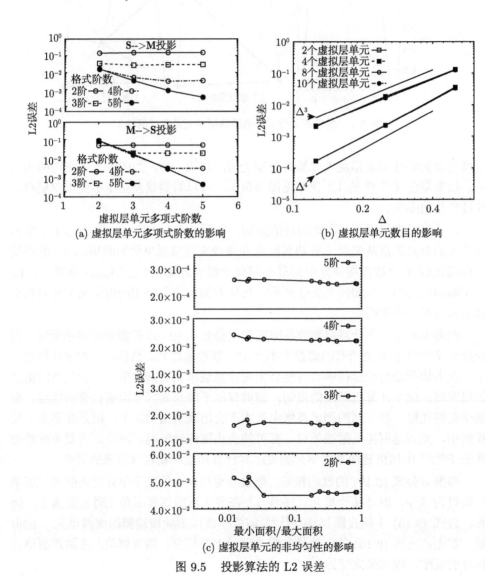

(a) 虚拟层单元多项式阶数的影响　　　　(b) 虚拟层单元数目的影响

(c) 虚拟层单元的非均匀性的影响

图 9.5　投影算法的 L2 误差

假设虚拟单元 j 被遗漏，为了保证投影算法的守恒性，公式 (9.22) 两边虚拟单元 j 的贡献都要被去掉，这样上面的公式近似为

$$\sum_{i=1}^{N_s} F_i \sum_{m=1}^{M_T} \iint_{m \neq j} h_i(\xi, \eta) h_k(\xi, \eta) \mathrm{d}\xi \mathrm{d}\eta$$

$$= \sum_{m=1}^{M_T} \sum_{j=1}^{N_m} F_j^m \iint_{m \neq j} \widehat{h}_j(\widehat{\xi}, \widehat{\eta}) h_k(\xi, \eta) \mathrm{d}\xi \mathrm{d}\eta, \quad k = 1, \cdots, N_s$$

上面的公式同样可以写为矩阵形式，

$$\sum_{m \neq j, m=1}^{M_T} \widehat{S}^m F = \sum_{m \neq j, m=1}^{M_T} \widehat{M}^m F^m \tag{9.23}$$

$$F = \widetilde{S}^{-1} \sum_{m=1}^{M_T} \widehat{M}^m F^m \tag{9.24}$$

其中

$$\widetilde{S} = \sum_{m \neq j, m=1}^{M_T} \widehat{S}^m, \quad \widehat{S}_{ik}^m = \iint_m h_i(\xi, \eta) h_k(\xi, \eta) \mathrm{d}\xi \mathrm{d}\eta$$

$\widehat{M}_{jk}^m$ 与公式 (9.17) 中的相同。因为 $\widehat{S}_{ik}^m$ 是虚拟层单元上的积分，需要变换到标准三角单元中，与公式 (9.19) 相似，矩阵 $\widehat{S}^m$ 可以写为

$$\widehat{S}_{ik}^m = \iint_m h_i(\widehat{\xi}, \widehat{\eta}) h_k(\widehat{\xi}, \widehat{\eta}) |J^m| \mathrm{d}\widehat{\xi} \mathrm{d}\widehat{\eta} \tag{9.25}$$

因为矩阵 $\widehat{S}^m$ 与 J^m 相关，只能通过 Legendre-Gauss 数值积分得到，而且每个时间步都需要重新计算。

$$\widehat{S}_{ik}^m = \sum_{l=0}^{N_q} h_i(\widehat{\xi}_l, \widehat{\eta}_l) h_k(\widehat{\xi}_l, \widehat{\eta}_l) |J_l^m(t)| w_l \tag{9.26}$$

其中 N_q 是数值积分点数目，w_l 是积分权重，$(\widehat{\xi}_l, \widehat{\eta}_l)$ 是标准三角形单元中的积分点坐标。所有的虚拟层单元矩阵 $\widehat{S}^m (m = 1, \cdots, M_T; m \neq j)$ 计算完成之后，通过求和得到矩阵 $\widetilde{S}$，矩阵求逆之后就可以计算通量 F。

在实际计算中虚拟层单元被遗漏的情况非常复杂，因为其位置和面积大小是不可预测的。为了简化，我们测试了两种情况，如图 9.6 所示。第一种情况如图 9.6(a)，图中的阴影矩形部分被遗漏。图中蓝色虚线和红色实线表示的两个四边形相切割，假设在实际计算时阴影部分被遗漏，因此在把共同通量投影回滑移面单元时会出现误差增加的情况。这里关注投影结果的误差增长率，定义为由于单元

遗漏引起的误差增加 (Error$_{omit}$ − Error$_{orig}$) 与没有遗漏时的原始误差 (Error$_{orig}$) 的比值。误差增长率随长度 ξ 的变化曲线见图 9.7，其中 ξ 是两个单元重叠部分的长度，它与忽略的长方形的面积成正比。从图 9.7 中结果可以看到，当遗漏的面积比小于 2% 时，误差增长率小于 10%。对于不同的多项式精度，误差增长拟合的直线斜率介于 1.04 和 1.06 之间。当遗漏的面积更大时，如图 9.7 中的右部数据，误差增长率更大，拟合直线的斜率在 1.2 和 1.6 之间。例如，对于 4 阶和 5 阶格式，当遗漏的面积达到 8% 时其误差翻倍。需要指出的是，对于高阶格式来说，即使误差增长率很大，因为没有遗漏单元时的误差 Error$_{orig}$ 很小，绝对误差其实并不大。当 $\xi > 0.1$ 时误差增长率下降，原因不明确，需要继续研究。

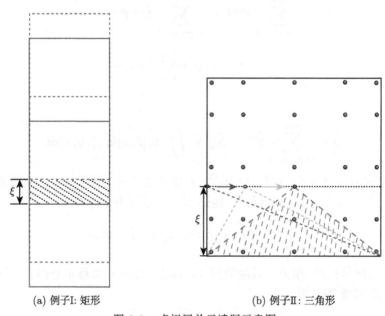

(a) 例子I: 矩形　　　　　　　　(b) 例子II: 三角形

图 9.6　虚拟层单元遗漏示意图

　　第二种情况相对复杂一些。假设如图 9.6(b) 所示的阴影三角形在计算过程中被遗漏。为了显示遗漏的三角形的位置对精度的影响，三角形的一个顶点沿着水平虚线移动。红色和绿色的箭头显示移动的方向。因此所有的三角形的面积相等，正比于距离 ξ。误差增长率随 ξ 的变化如图 9.8。因为三角形的顶点不断变化，同一个面积下的误差呈现带状分布。带状的上界对应顶点在四边形的左边或者右边的情况，而下界对应顶点位于水平线的正中间位置。如图 9.6(b) 所示，当遗漏的三角形的顶点位于两边时，三角形覆盖的解点（图中粉色的实心圆圈）比顶点位于正中间时多。这说明遗漏的三角形影响更多的解点，因此导致误差更大。另外一个有趣的现象是，图 9.7 中拟合直线的斜率，与图 9.8 中的相近。这表明不同形状虚拟单元遗漏引起的误差增加有相似的规律。

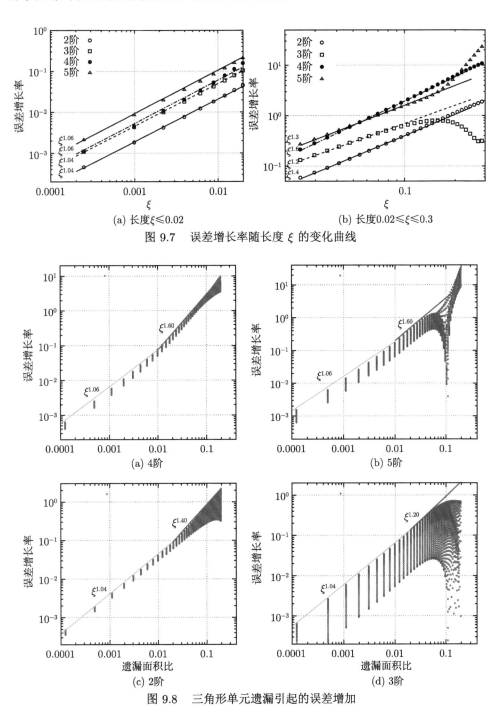

(a) 长度 $\xi \leqslant 0.02$ (b) 长度 $0.02 \leqslant \xi \leqslant 0.3$

图 9.7 误差增长率随长度 ξ 的变化曲线

(a) 4阶 (b) 5阶

(c) 2阶 (d) 3阶

图 9.8 三角形单元遗漏引起的误差增加

9.4　算 例 验 证

为了验证滑移网格界面方法，选取了几个无黏、有黏的旋转流动问题进行计算，包括泰勒-库埃特（Taylor-Couette）流动、旋转网格上的涡迁移、旋转椭圆柱绕流、T106A 低压涡轮叶栅流动。

9.4.1　Taylor-Couette 流动

为了验证应用滑移网格界面方法的谱差分求解器的精度，我们计算了 Taylor-Couette 流动。两个共心的旋转圆柱面中间的流动就是 Taylor-Couette 流动，由于黏性效应，如果雷诺数较低，这个流动最终会形成一个定常状态，其周向速度可以用下面的公式计算，

$$v_\theta = \omega_i r_i \frac{r_o/r - r/r_o}{r_o/r_i - r_i/r_o} + \omega_o r_o \frac{r/r_i - r_i/r}{r_o/r_i - r_i/r_o} \tag{9.27}$$

其中 r_i 和 r_o 分别是内、外圆柱面的半径，ω_i 和 ω_o 分别是内、外圆柱面的角速度。在本算例中，设置 $r_i = 1$，$r_o = 2$，$\omega_i = 1$，$\omega_o = 0$。在外圆柱面上设置无滑移等温壁面边界条件。内圆柱壁面的切向马赫数为 0.1，基于内圆柱壁面直径和切向速度的雷诺数为 $Re = 10$。

转/静网格间的滑移面如图 9.9(a) 所示。为了测试精度，本算例采用了四种网格，六面体单元数目分别为 4×16，8×32，12×48，16×64。与之相连的虚拟层单元示意图见图 9.9(b)，可以看到，对于每一个滑移面上的单元，都有 4 个虚拟层单元与之相连。本算例还计算了全部静止网格的情况作为参考。在全部静止网格的算例中，内圆柱的壁面边界条件中需要给定一个周向速度。图 9.10 是计算得到的速度云图。周向速度的 L2 误差见图 9.11，其中横坐标是计算采用网格的平均尺寸大小，可以看到 2—4 阶谱差分的计算结果的误差的斜率与解析值非常吻合。从图中也可以看到，采用了滑移网格界面方法的误差，与静止网格算例的误差基本相等，这表明所发展的滑移界面方法是精确的，基本不影响计算结果。

我们测试了虚拟单元遗漏对精度的影响，在计算中把共同通量投影回滑移界面单元时故意丢弃一些虚拟单元。假设与滑移界面单元相连的虚拟单元数目为 M_T，每个单元的面积比已知，设置一个阈值（面积百分比）来决定哪些单元需要遗漏。当某个虚拟层单元的面积比低于这个阈值，并且所有丢弃的单元总面积比也低于这个阈值时，就不考虑这个虚拟层单元的投影贡献。如图 9.6(a) 中所示，两个矩形相交的阴影面积比例是随着红色和蓝色网格的相对位置变化而变化的。当这个阴影面积小于设定的阈值时将会被丢弃，也就是投影时不考虑它的贡献。因此在计算时，丢弃的单元总面积将在 0 和阈值之间动态变化，而不是固定

值。具体的计算过程如下：当采用公式 (9.24) 计算矩阵和 $\widetilde{S} = \sum_{m \neq j}^{M_T} \widehat{S}^m$ 时，如果虚拟层单元 j 的面积比小于阈值，且与该滑移面单元相关的所有丢弃的面积比也小于阈值，则矩阵 $\widehat{S}^j$ 被丢弃。将这个虚拟层单元丢弃的策略应用到所有滑移界面单元的通量计算，设定两个阈值，分别是 10% 和 20%，来测试丢弃面积大小的影响。

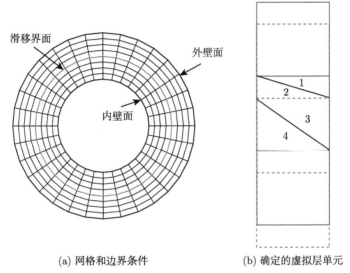

(a) 网格和边界条件   (b) 确定的虚拟层单元

图 9.9   计算采用的网格、边界条件及确定的虚拟层单元

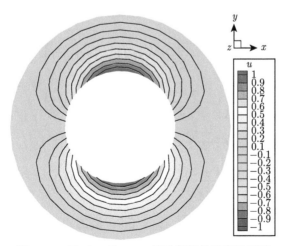

图 9.10   Taylor-Couette 流动算例的速度场云图

　　图 9.11 中给出了丢弃虚拟层单元的算例的 L2 误差，并与没有丢弃的情况进行对比，可以看到阈值为 10% 时误差仅比没有丢弃的情况稍微大一些，但是对于阈值为 20% 的情况，误差明显增大，只是误差的绝对值仍然较小，误差随网格单元尺度的变化斜率介于 3 和 4 之间。

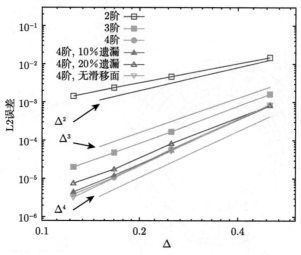

图 9.11　Taylor-Couette 流动算例的 L2 误差

9.4.2　旋转网格上的二维涡迁移

　　为了测试滑移界面方法对非定常扰动的精度，计算涡迁移算例。这个算例中，一个等熵涡以如下方式叠加在一个均匀背景流动上：

$$\rho = \rho_\infty \left(1 - \frac{\gamma-1}{2}\epsilon^2 \exp\left(1 - (r/r_c)^2\right)\right)^{1/(\gamma-1)}$$

$$p = p_\infty \left(1 - \frac{\gamma-1}{2}\epsilon^2 \exp\left(1 - (r/r_c)^2\right)\right)^{\gamma/(\gamma-1)}$$

$$u = \overline{u} - \epsilon\frac{y+y_0}{r_c}\exp\left(0.5(1 - (r/r_c)^2)\right)$$

$$v = \overline{v} + \epsilon\frac{x+x_0}{r_c}\exp\left(0.5(1 - (r/r_c)^2)\right)$$

其中 $r = \sqrt{(x+x_0)^2 + (y+y_0)^2}$，$r_c = 0.5$。涡的初始位置为 $(x_0, y_0) = (0, 0)$。背景流动马赫数为 0.5，涡的幅值为 $\epsilon = 0.1$。计算域在 x 和 y 方向大小均为 -5 到 5。展向给定一层六面体网格，尺寸为 0.1。如图 9.12 所示，网格被 $r = 2$ 的圆分为两个区域——内部旋转区和外部静止区。图中的紫色圆圈表示滑移面的位置。内区网格的旋转角速度是 $\omega = 1$。计算中等熵涡将会随着流动穿过旋转区域网格。为了验证滑移面方法的精度,计算采用了三种不同尺度的网格,分别有 152,608 和 2440 个六面体单元。计算分别采用了 2,3,4 阶谱差分格式。图 9.13 是采用 4 阶谱差分格式计算得到的瞬时密度和速度场云图,此刻等熵涡位于滑移界面处。从图中可以看到,在滑移界面附近等值线云图非常光滑,看不到任何扭曲,这说明涡穿过滑移界面没有发生反射。在 $t = 4$ 时刻的密度结果的 L2 误差见图 9.14,此刻涡心正位于滑移界面右侧。图的横坐标是计算网格的平均尺度。可以看到,除了 2 阶格式的计算结果精度值稍微小于 2 以外,其他的计算结果的精度阶数与谱差分的理论阶数基本相等。这说明滑移界面方法是精确的,能解决采用旋转网格的流动问题。

图 9.12　二维涡迁移算例数值模拟采用的网格

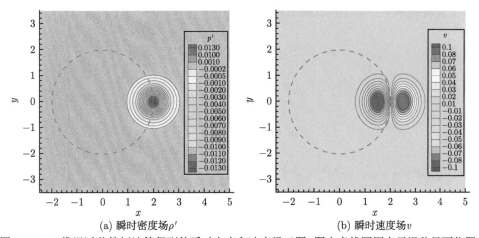

(a) 瞬时密度场 ρ'　　　　　　　　　　(b) 瞬时速度场 v

图 9.13　二维涡迁移算例计算得到的瞬时密度和速度场云图,图中虚线圆圈表示滑移界面位置

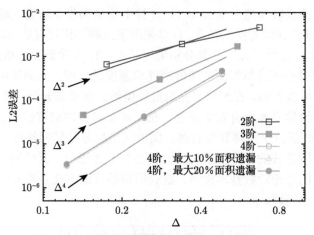

图 9.14　二维涡迁移算例密度结果的 L2 误差

这个算例同样测试了虚拟层单元遗漏对精度的影响。给定两个阈值,分别是 10% 和 20%。单元遗漏情况下的 L2 误差见图 9.14,并与没有遗漏的情况进行对比。可以看到,阈值为 10% 的情况,其误差基本与没有遗漏的情况相等,而阈值为 20% 的情况,其误差稍微大于没有遗漏的情况。这说明我们所发展的滑移界面方法是精确的,即使在有虚拟单元遗漏的情况下,如果遗漏的面积小于某个特定值,其精度也是有保证的。

9.4.3　旋转网格上的三维涡迁移

二维涡的传播问题非常简单,可以验证格式的精度,但是离真实的旋转网格问题相差较远。在下面算例中,我们将采用所发展的方法计算一个三维的涡穿过一个旋转的网格。如下形式的三维涡叠加在马赫数为 0.5 的均匀背景流动上,

$$u' = \frac{q_\sigma(d^k)}{(d^k)^2}(r_y - r_z)$$

$$v' = \frac{q_\sigma(d^k)}{(d^k)^2}(r_z - r_x)$$

$$w' = \frac{q_\sigma(d^k)}{(d^k)^2}(r_x - r_y)$$

其中 $q_\sigma(d^k) = \epsilon \sin(\pi d^k)^2$, $\epsilon = 5 \times 10^{-4}$, $r_x = x - x_c$, $r_y = y - y_c$, $r_z = z - z_c$, $r^d = \sqrt{r_x^2 + r_y^2 + r_z^2}$, $d^k = r^d/\sigma$. 涡的初始位置为 $(0, 0, -1.5)$, σ 是涡的半径,取值为 0.8 和 1.5。

计算域在轴向方向大小为 $-3.75 \leqslant z \leqslant 3.75$,径向方向为 $r \leqslant 5$。总共有约 270000 个六面体单元。计算域被分为如图 9.15(a) 所示的两个区——中间的旋转

区域和外部的静止区域。中间部分区域大小为 $-1.25 \leqslant z \leqslant 1.25, r \leqslant 1$，旋转轴为 z，旋转角速度 $\omega = 1$。这个算例中有三个滑移界面，其位置分别在 $z = -1.25, 1.25$ 和 $r = 1$ 的面。滑移界面上的网格如图 9.15(b) 所示。当半径 $\sigma = 0.8$ 的涡在背景流动中传播时，由于其半径较小，只会通过 $z = \pm 1.25$ 的两个滑移界面，但是对于 $\sigma = 1.5$ 的涡，由于其半径较大，其在区间 $-1.25 \leqslant z \leqslant 1.25$ 传播时，会一直与 $r = 1$ 的圆柱滑移界面相互作用。

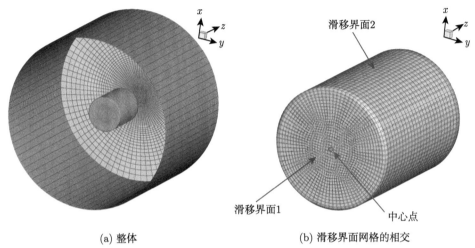

(a) 整体   (b) 滑移界面网格的相交

图 9.15 三维涡传播算例采用的网格

为了显示滑移界面方法带来的误差，计算一个全部静止网格的算例作为参考，原来中间旋转的网格静止不动，而且原来的滑移界面网格连接关系为点 1-1 对应连接。数值模拟采用四阶精度谱差分格式。

计算得到的不同半径的涡在 y-z 平面的瞬时速度场见图 9.16，每个图中的虚线表示滑移面的位置。在图中对应的时刻，涡正穿过 $z = 1.25$ 位置的滑移面，并且大半径的涡与 $r = 1$ 的滑移面也有相互作用。从图中可以看到，滑移面附近的云图非常光滑，没有任何明显的扭曲存在，说明滑移面方法是准确的。半径 $\sigma = 0.8$ 算例的速度沿轴向分布结果见图 9.17，数值结果与解析解进行了对比。可以看到数值结果与解析解对比符合得很好，表明滑移面方法非常精确。图 9.18 给出了涡在不同轴向位置时计算得到的速度的误差，图中的两个红色垂直箭头表示滑移面的位置。采用滑移面的计算误差与静止网格的计算误差进行了对比，从图中可以看到，采用滑移面网格方法的计算误差基本与静止网格的相当。这表明我们发展的滑移面网格方法对于非定常的涡传播是精确的。

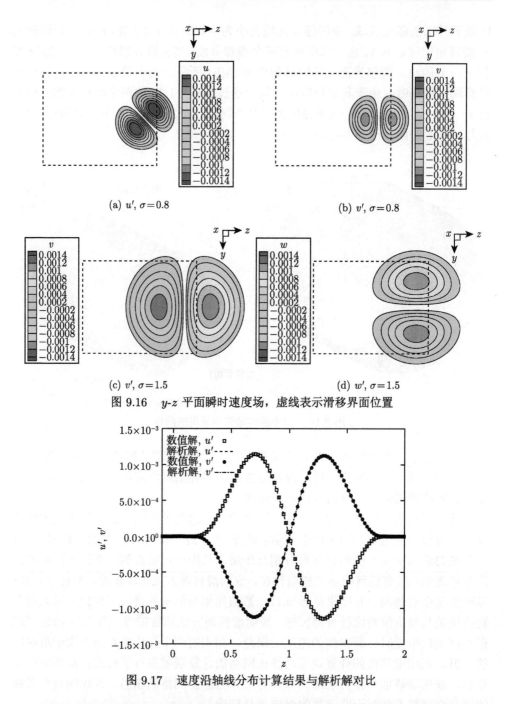

(a) u', $\sigma = 0.8$　　　　　　　　　　　　　　　(b) v', $\sigma = 0.8$

(c) v', $\sigma = 1.5$　　　　　　　　　　　　　　　(d) w', $\sigma = 1.5$

图 9.16　y-z 平面瞬时速度场，虚线表示滑移界面位置

图 9.17　速度沿轴线分布计算结果与解析解对比

　　这个算例中也测试了虚拟单元遗漏对精度的影响。针对涡半径为 $\sigma = 1.5$ 的算例测试了虚拟单元遗漏对精度的影响，遗漏单元面积比阈值设定为 10% 和

15%。需要指出的是，这个算例中如果把阈值设定为 20%，计算将发散。与 Taylor-Couette 流动和二维涡传播这两个算例不同的是，这个算例多了两个垂直于旋转轴的滑移界面。如图 9.15(b) 所示，相比于等半径的滑移界面，垂直于轴的滑移界面上的转/静网格相交更复杂。对于给定的阈值，例如图中的滑移界面 1 中靠近旋转轴的单元，在大部分时间其遗漏的单元面积大于滑移界面 2，这可能是需要设定小的阈值的原因。这个算例的 L2 误差见图 9.18(b)。在阈值设定为 15% 的情况下，有单元遗漏时的误差相比没有遗漏的情况略有增大。

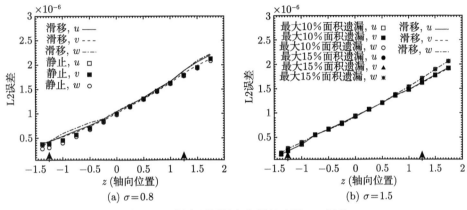

图 9.18　涡在不同轴向位置速度的 L2 误差

9.4.4　旋转椭圆柱绕流

采用发展的滑移界面方法模拟旋转椭圆柱绕流问题。椭圆柱的长轴 $A = 1.0$，短轴 $B = 0.5$。旋转角速度 $\omega = \pi/2$。来流马赫数为 0.5，基于长轴和来流速度的雷诺数 $Re = 200$。数值模拟采用的网格如图 9.19。内部旋转计算域的半径为 1.5，

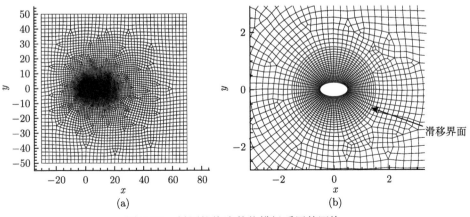

图 9.19　椭圆柱绕流数值模拟采用的网格

其余区域为静止,滑移界面在图 9.19(b) 中用红色的圆圈标示出来。整个计算域有 8754 个六面体,采用三阶 SD 格式进行数值模拟。

计算得到的瞬时压力和涡量场云图见图 9.20,可以在图 9.20(a) 中看到典型的偶极子辐射声场图像。图 9.20(b) 中的涡量云图在滑移界面处非常光滑。计算得到的升力和阻力系数见图 9.21,并与 Zhang 等[121] 采用二维虚拟层单元方法得到的数值结果进行了对比,结果表明我们的计算结果与参考结果非常吻合,说明我们的数值方法对于黏性旋转流动问题是精确的。

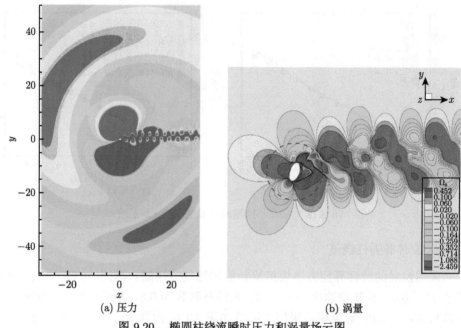

(a) 压力　　　　　　　　　　　　　　(b) 涡量

图 9.20　椭圆柱绕流瞬时压力和涡量场云图

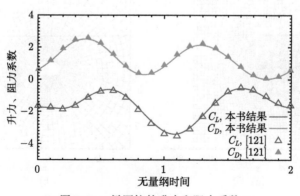

图 9.21　椭圆柱的升力和阻力系数

9.4.5 T106A 低压涡轮叶栅

采用发展的滑移界面方法数值模拟 T106A 涡轮叶片与运动圆柱的尾迹相互作用问题。这个算例与 Duan 等[119] 采用的非常类似，是第四届高阶方法研讨会 (https://how4.cenaero.be/) 中 T106A 低压涡轮叶栅流动标准问题的延伸，该问题主要用来评估高阶方法和转捩模型。图 9.22 是叶片和圆柱的几何，叶片的弦长 C 为 198 mm，叶栅栅距为 158 mm，圆柱直径等于 $0.02C$，位于叶片上游 70 mm 的位置，圆柱的间距与叶片一致。来流的迎角为 46.1°，出口流动等熵马赫数为 0.4，基于叶片弦长和出口等熵条件的雷诺数为 60000。计算中采用的网格的二维切片如图 9.22。图 9.22(b) 中左部包含圆柱的网格以马赫数 0.2935 向上均匀运动，包含 T106A 叶片的网格静止。两部分网格之间是滑移界面。在滑移界面上运动和静止网格之间的尺度不同，其比值约为 1.93，这可以通过放大图 9.22(c) 看到。计算域在展向长度为 10% 叶片弦长，覆盖 5 层六面体网格。在展向和运动方向均采用周期性边界条件。我们还计算了没有圆柱的静止叶栅标准问题作为参考。静止和滑移算例的网格单元数目分别为 51750 和 83050。数值模拟先采用二

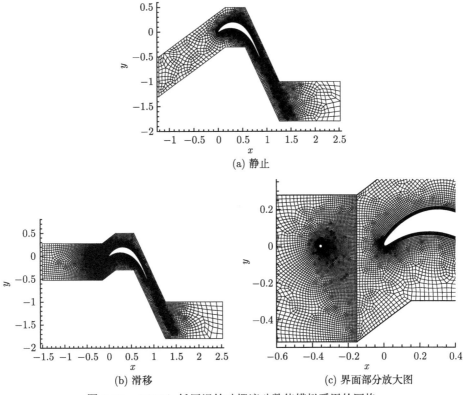

(a) 静止

(b) 滑移

(c) 界面部分放大图

图 9.22 T106A 低压涡轮叶栅流动数值模拟采用的网格

阶格式，当流动达到准周期状态之后，再采用更高阶的格式继续计算。当计算达到统计定常状态时开始进行时间平均，大概 20 个特征时间长度 (C/U_∞)。最后采用三阶精度的计算结果进行对比。

图 9.23 是计算得到的展向涡量场，可以看到圆柱尾迹与涡轮叶片吸力面的相互作用，滑移界面附近的流场没有看到扭曲。

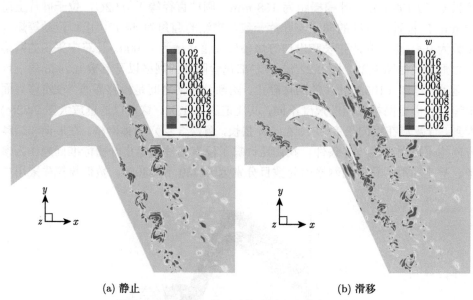

(a) 静止　　　　　　　　　　　　　　　(b) 滑移

图 9.23　T106A 低压涡轮叶栅流动展向涡量场

图 9.24 是静止和运动算例中叶片表面的时间平均压力系数分布，静止情况算例的数值结果与实验 [125] 进行了对比，计算结果与实验吻合得很好。滑移算例

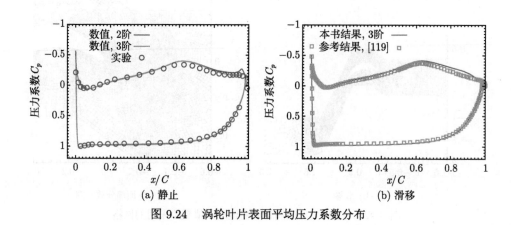

(a) 静止　　　　　　　　　　　　　　　(b) 滑移

图 9.24　涡轮叶片表面平均压力系数分布

的数值结果与 Duan 等[119] 的计算结果进行了对比，如图 9.24(b) 所示，除了在叶片吸力面的尾缘部分存在轻微的差别，其他地方都符合得很好。需要指出的是，Duan 等的研究中，在叶片的上游有两个圆柱，根据他们的研究结论，圆柱的尾迹会使得叶片吸力面的边界层转捩提前。图 9.25 是时间平均的叶片表面的摩擦系数结果，我们的数值模拟结果与 Duan 等的参考结果进行了对比，除了在吸力面的尾缘附近存在微小差别，我们的数值结果在其他位置都与参考结果符合得很好。

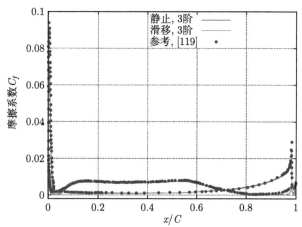

图 9.25 叶片表面平均摩擦系数，与参考结果进行对比

9.4.6 螺旋桨噪声

将发展的滑移界面方法应用到一个低速螺旋桨噪声的数值模拟中。这个三叶螺旋桨的几何形状见图 9.26(a)。来流马赫数为 0.1，转速为 2387 r/min。为了节省计算资源，只计算一个通道，在周向采用周期性边界条件。在这个算例中，滑

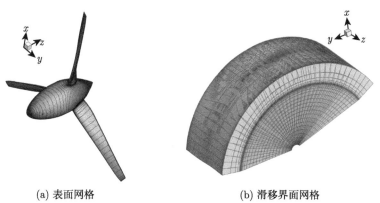

(a) 表面网格　　　　　　　　　(b) 滑移界面网格

图 9.26 螺旋桨表面和滑移界面网格

移界面位于上游、下游及叶片的顶端上部，滑移界面上的网格见图 9.26(b)，其中红色和蓝色的网格分别属于静止和旋转域，从图中可以看到界面上静止和旋转的网格尺度相差很大，并且相交非常复杂。这个算例的网格单元数为 354000，对于三阶谱差分格式的计算，大约有 900 万个自由度。计算从二阶精度格式开始，当流动达到准周期状态时，开始采用高阶格式续算直到稳定。图 9.27 是采用 Q 法则得到的叶片附近瞬时涡结构，可以清晰地看到叶尖涡及尾迹。图 9.28(a) 和图 9.28(b) 分别是 y-z 和 x-y 平面内的瞬时压力场云图，压力图像清晰显示从叶片产生和辐射的噪声。

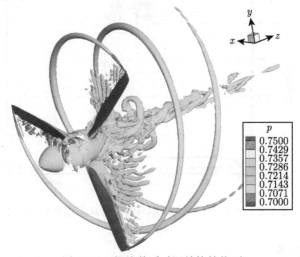

图 9.27　螺旋桨瞬时涡结构等值面

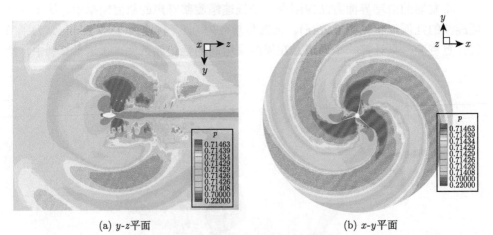

(a) y-z 平面　　　　　　　　　　　　　(b) x-y 平面

图 9.28　螺旋桨瞬时压力场云图

图例数据因四舍五入只保留到 5 位小数，故可能存在数据重复

图 9.29 是计算得到的一阶纯音指向性结果，并与 Zhou 等[126] 的实验结果进行了对比，可以看到数值模拟结果与实验结果符合得很好，表明发展的方法对于旋转流动噪声数值计算是准确的。

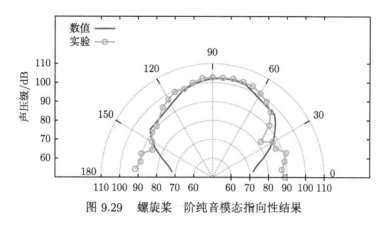

图 9.29　螺旋桨　阶纯音模态指向性结果

9.4.7　风扇噪声

选取某低速风扇进行数值模拟，风扇几何形状如图 9.30 所示，该风扇转子叶片数是 16，静子叶片数是 14，风扇转速为 1800 r/min。为了计算噪声，根据转子和静子叶片数可以知道管道内噪声周向模态数最小为 2，因此至少需要选取半环作为计算域。这个算例选取整环进行计算。滑移网格界面位于风扇转子上游和下游，采用大约 246 万个六面体单元，对于三阶精度 SD 格式，大约有 6640 万个自

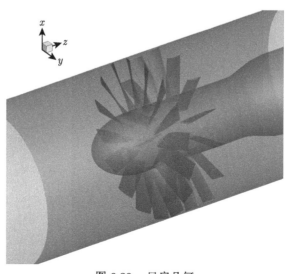

图 9.30　风扇几何

由度。数值模拟先采用二阶格式进行计算，当流场趋于稳定时，切换为三阶格式。图 9.31 是风扇转子上游和下游平均速度沿径向分布，并与实验结果进行了对比。可以看到计算结果与实验结果对比符合得很好，说明数值模拟得准确。图 9.32 是计算得到的风扇转子附近瞬时涡结构，采用 Q 法则识别涡结构，可以清晰地看到尾迹和叶尖流动中的涡结构。图 9.33 是风扇上游不同轴向位置压力场云图，可以看到在靠近风扇的轴向位置压力的周向模态数与风扇叶片数一致，随着噪声向上游传播，由于管道模态截止，转子和静子相互作用生成的周向为 2 的模态就显现出来。图 9.34 是风扇管道内压力场模态分解的结果，图 9.34(a) 是分解得到的径向模态数为 0、前 9 阶周向模态的结果。可以看到幅值占优的周向模态数分别为

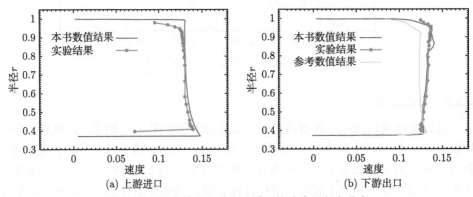

(a) 上游进口   (b) 下游出口

图 9.31   风扇转子上游和下游平均速度沿径向分布

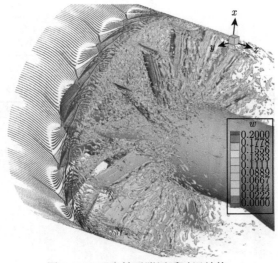

图 9.32   风扇转子附近瞬时涡结构

2，4，6。图 9.34(b) 是一阶 BPF 在管道等半径位置的幅值分布云图，可以看到这个模态在管道内的螺旋分布。表 9.1 是管道内的主要模态的声功率级计算结果与实验结果的对比，可以看到数值结果与实验误差控制在 3 dB 左右。为了与远场指向性实验结果对比，将管道模态作为声源，采用 CAA 方法求解 Euler 方程计算远场噪声分布，远场测点分布在管口中心为圆心、6 倍管道半径的 1/4 圆周上。图 9.35 是风扇管道声传播计算结果压力场云图，可以看到是否考虑进口流动对噪声传播的影响。

从图 9.36 可以看出，在考虑了进口流动对辐射噪声的影响后，前三阶 BPF 远场噪声指向性计算结果与实验数据在大部分观察角度都符合得很好。

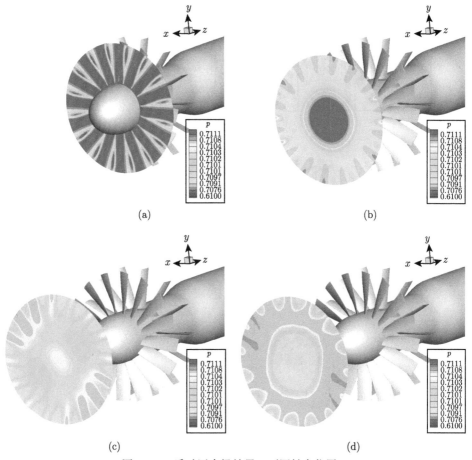

图 9.33   瞬时压力场结果（不同轴向位置）

图例数据因四舍五入只保留到 4 位小数，故可能存在数据重复

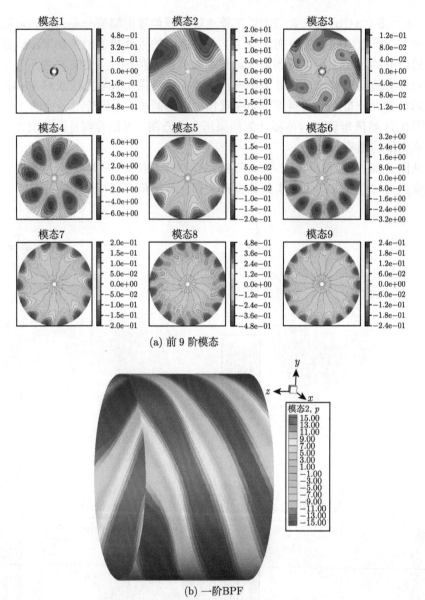

(a) 前 9 阶模态

(b) 一阶BPF

图 9.34　风扇管道内压力场模态分解结果

表 9.1　管道模态声功率 (PWL)

BPF	模态	数值/dB	实验/dB
一阶	$m = 2, n = 0$	111.4	109.2
二阶	$m = 4, n = 0$	102.1	105.3
三阶	$m = 6, n = 0$	98.7	101.3

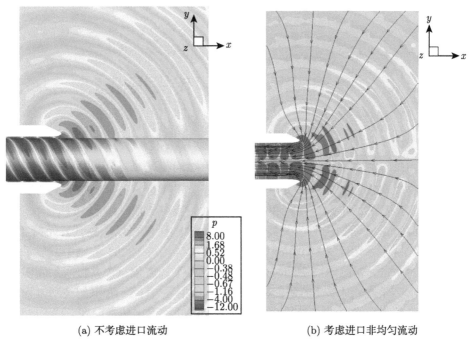

(a) 不考虑进口流动   (b) 考虑进口非均匀流动

图 9.35 风扇管道声传播计算结果压力场云图

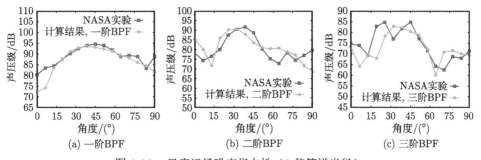

(a) 一阶BPF   (b) 二阶BPF   (c) 三阶BPF

图 9.36 风扇远场噪声指向性（6 倍管道半径）

第 10 章　管道声传播模拟

10.1　管道声学简介

  管道声学主要研究声音是如何在管道中产生和传播的，其也是现实生活中普遍存在的物理现象，例如，演奏中管乐器（笙、箫、管、笛、唢呐等）的发声和向外辐射、日常生活中通风管路和空调管路等的噪声传播。

  现有的考古学证据表明，人类有关管道声学的研究可以追溯到公元前 14 世纪，在埃及法老图坦卡蒙（Tutankhamun，前 1341—前 1323）的墓中发现了现存最早的一对军号，如图 10.1 所示。虽然全世界各个民族依据声共振现象发明了形态各异的吹奏乐器，但早期的研究显然缺乏理论指导。直至 18 世纪波动方程的建立，人类才真正开始通过严谨的数学物理方程研究管道声传播问题。19 世纪，瑞利（Rayleigh，原名 John William Strutt，1842—1919）在其 *Theory of Sound*[127]一书第十二章中给出了详细的推导。随着工业革命和技术革新的持续发展，流体机械逐渐应用于工业生产和日常生活，如活塞发动机、燃气轮机和航空发动机等，

图 10.1　图坦卡蒙墓中出土的一对军号，现藏于埃及博物馆 [①]

  ① 图片来源：KIRBY P R. The trumpets of Tut-Ankh-Amen and their successors[J]. The Journal of the Royal Anthropological Institute of Great Britain and Ireland, 1947, 77(1): 33-45.

伴随而来的是日益加剧的噪声污染。各类管道声学处理方法应运而生，通过在进气管道或排气管道壁面安装消声器或声衬，能够在声传播路径上有效衰减声能量，显著降低噪声危害。可以说，在整个人类文明历史中，管道声传播问题一直是声学研究的重要内容之一。

声传播问题可以分为线性问题和非线性问题，本章主要讨论线性声传播问题。在小扰动、平均流假设下，等截面圆形、圆环形和矩形直管道中的声传播问题能够推导出波动方程的解析解。其基本思想是通过分离变量方法，在管道截面方向形成本征值问题，即认为声场是由正交的本征函数系叠加形成的。然而对于任意形状的管道（非直管道、变截面等），采用解析方法求解声传播问题十分复杂，且一般情况下不存在解析解，因此，使用数值模拟方法获得管道中声场的数值解是管道声学研究使用的重要方法，通过离散求解控制方程，即可获得定常流动条件下任意管道形状的声传播过程。

根据实际求解的物理问题，可以采用不同的主控方程，从而简化加速计算。对于一般线性声传播问题，需求解全三维线化 Navier-Stokes 方程，

$$\frac{\partial \rho'}{\partial t} + \nabla \cdot (\rho' u_0 + \rho_0 u') = 0 \tag{10.1a}$$

$$\rho_0 \frac{\partial u'}{\partial t} + \nabla \cdot (\rho_0 u_0 u' + p'I) - \nabla \cdot \tau' + \rho' u_0 \cdot \nabla u_0 + \rho_0 u' \nabla u_0 = 0 \tag{10.1b}$$

$$\frac{\partial p'}{\partial t} + \nabla \cdot (\gamma p_0 u' + p' u_0) + (\gamma - 1)[p' \nabla \cdot u_0 - u' \cdot \nabla p_0 + \nabla \cdot (\kappa \nabla T')]$$
$$- (\tau_0 \cdot \nabla) \cdot u' - (\tau' \cdot \nabla) \cdot u_0] = 0 \tag{10.1c}$$

$$\tau' = \mu \left[(\nabla u' + \nabla u'^T) - \frac{2}{3} (\nabla \cdot u') I \right] + \mu_B (\nabla \cdot u') I \tag{10.2a}$$

$$\tau_0 = \mu \left[(\nabla u_0 + \nabla u_0^T) - \frac{2}{3} (\nabla \cdot u_0) I \right] + \mu_B (\nabla \cdot u_0) I \tag{10.2b}$$

其中 $(\cdot)_0$ 代表平均流动量，$(\cdot)'$ 代表声学扰动量，μ 为介质的动力黏性系数，μ_B 为第二黏性系数或称为体变形黏性系数，κ 为导热系数。

不考虑流体黏性和热传导时，线化 Navier-Stokes 方程可化简为线化 Euler 方程，

$$\frac{\partial \rho'}{\partial t} + \nabla \cdot (\rho' u_0 + \rho_0 u') = 0 \tag{10.3a}$$

$$\rho_0 \frac{\partial u'}{\partial t} + \nabla \cdot (\rho_0 u_0 u' + p'I) + \rho' u_0 \cdot \nabla u_0 + \rho_0 u' \nabla u_0 = 0 \tag{10.3b}$$

$$\frac{\partial p'}{\partial t} + \nabla \cdot (\gamma p_0 u' + p' u_0) + (\gamma - 1)(p' \nabla \cdot u_0 - u' \cdot \nabla p_0) = 0 \qquad (10.3\text{c})$$

在等熵假设下有

$$p' = \rho' c_0^2 \qquad (10.4)$$

此时可不用求解能量方程。

当平均流动为均匀流动时，即

$$\nabla(\cdot)_0 = 0 \qquad (10.5)$$

则上述方程可将平均流的导数项删除，

$$\frac{\partial \rho'}{\partial t} + (u_0 \cdot \nabla)\, \rho' + \rho_0\, (\nabla \cdot u') = 0 \qquad (10.6\text{a})$$

$$\frac{\partial u'}{\partial t} + (u_0 \cdot \nabla)\, u' + \frac{1}{\rho_0} \nabla p' = 0 \qquad (10.6\text{b})$$

上述偏微分方程组可进一步化简为对流波动方程，

$$\left(\frac{\partial}{\partial t} + u_0 \cdot \nabla\right)^2 p - c^2 \nabla^2 p = 0 \qquad (10.7)$$

当然，以上主控方程可以降维（一维、二维、轴对称），也可以变换为频域方程，在此不再赘述。本章介绍的管道声传播数值模拟所采用的数值方法为高阶有限差分法，求解时域全三维线化 Euler 方程。以下两节将分别详细给出数值方法和算例验证。

10.2   数 值 方 法

10.2.1   控制方程

采用时域全三维线化 Euler 方程作为主控方程，其向量形式已在 10.1 节给出，为适用于数值求解，将其改写为如下形式，

$$\frac{\partial U}{\partial t} + A \frac{\partial U}{\partial x} + B \frac{\partial U}{\partial y} + C \frac{\partial U}{\partial z} + DU = 0 \qquad (10.8)$$

其中

$$
U = \begin{bmatrix} \rho' \\ u' \\ v' \\ w' \\ p' \end{bmatrix}, \quad A = \begin{bmatrix} u_0 & \rho_0 & 0 & 0 & 0 \\ 0 & u_0 & 0 & 0 & \dfrac{1}{\rho_0} \\ 0 & 0 & u_0 & 0 & 0 \\ 0 & 0 & 0 & u_0 & 0 \\ 0 & \gamma p_0 & 0 & 0 & u_0 \end{bmatrix}
$$

$$
B = \begin{bmatrix} v_0 & 0 & \rho_0 & 0 & 0 \\ 0 & v_0 & 0 & 0 & 0 \\ 0 & 0 & v_0 & 0 & \dfrac{1}{\rho_0} \\ 0 & 0 & 0 & v_0 & 0 \\ 0 & 0 & \gamma p_0 & 0 & v_0 \end{bmatrix}, \quad C = \begin{bmatrix} w_0 & 0 & 0 & \rho_0 & 0 \\ 0 & w_0 & 0 & 0 & 0 \\ 0 & 0 & w_0 & 0 & 0 \\ 0 & 0 & 0 & w_0 & \dfrac{1}{\rho_0} \\ 0 & 0 & 0 & \gamma p_0 & w_0 \end{bmatrix}
$$

$$
D = \begin{bmatrix} \dfrac{\partial u_0}{\partial x} + \dfrac{\partial v_0}{\partial y} + \dfrac{\partial w_0}{\partial z} & \dfrac{\partial \rho_0}{\partial x} & \dfrac{\partial \rho_0}{\partial y} & \dfrac{\partial \rho_0}{\partial z} & 0 \\[2mm] \dfrac{1}{\rho_0}\left(u_0 \dfrac{\partial u_0}{\partial x} + v_0 \dfrac{\partial u_0}{\partial y} + w_0 \dfrac{\partial u_0}{\partial z} \right) & \dfrac{\partial u_0}{\partial x} & \dfrac{\partial u_0}{\partial y} & \dfrac{\partial u_0}{\partial z} & 0 \\[2mm] \dfrac{1}{\rho_0}\left(u_0 \dfrac{\partial v_0}{\partial x} + v_0 \dfrac{\partial v_0}{\partial y} + v_0 \dfrac{\partial v_0}{\partial z} \right) & \dfrac{\partial v_0}{\partial x} & \dfrac{\partial v_0}{\partial y} & \dfrac{\partial v_0}{\partial z} & 0 \\[2mm] \dfrac{1}{\rho_0}\left(u_0 \dfrac{\partial w_0}{\partial x} + v_0 \dfrac{\partial w_0}{\partial y} + v_0 \dfrac{\partial w_0}{\partial z} \right) & \dfrac{\partial w_0}{\partial x} & \dfrac{\partial w_0}{\partial y} & \dfrac{\partial w_0}{\partial z} & 0 \\[2mm] 0 & \dfrac{\partial p_0}{\partial x} & \dfrac{\partial p_0}{\partial y} & \dfrac{\partial p_0}{\partial z} & \gamma \left(\dfrac{\partial u_0}{\partial x} + \dfrac{\partial v_0}{\partial y} + \dfrac{\partial w_0}{\partial z} \right) \end{bmatrix}
$$

$$(10.9)$$

ρ', u', v', w' 和 p' 分别为小扰动密度、三个方向的速度以及压力；ρ_0, u_0, v_0, w_0 和 p_0 分别表示平均流场的密度、三个方向的速度以及压力。采用非守恒方程的好处是不需要额外存储数值通量，且平均流参数的空间导数可以在时间推进之前计算。物理域的空间导数可采用求导链式法则获得。

10.2.2 离散方法

空间离散方法采用 Tam 和 Webb[6] 发展的频散关系保持格式。该格式采用 7 个格点计算空间偏导数，可以达到 4 阶精度，由 2.2 节可知其 PPW 为 7 左右。但在管道声学计算时，需要注意的是网格尺寸不能仅按照最高计算频率的平面波波长估计，还应该考虑管道中存在的高阶模态，特别是当管壁为阻抗边界时，需要分辨的高阶模态更多，有必要加密网格。时间推进格式采用 2N 存储的低频散低耗散的 5 或 6 步 Runge-Kutta（2N-storage low-dissipation and low-dispersion Runge-Kutta，2N-LDDRK）方法[31,32]，该方法通过迭代求和的方式大大降低了内存的占用。

10.2.3　边界条件

管道声传播计算经常使用的边界条件包括固壁边界条件、声阻抗边界条件、无反射边界条件以及声源边界条件等。

无黏假设下，固壁通常采用的边界条件为壁面的法向速度为零：

$$v'_n = 0 \tag{10.10}$$

计算气动声学中常用的两种壁面边界条件实现方法为鬼点法[63] 和壁面压力修正方法，本书采用鬼点法实现壁面边界条件。使用 DRP 格式离散得到的方程组不允许在壁面处额外附加边界条件，因为此时离散方程组中未知数的个数与自由度的个数相同。这就意味着每增加一个边界条件，就要在壁面上的每一个网格点引入一个额外的变量。

由于线化 Euler 方程中时间平均流动已经满足固壁边界条件，故仅考虑扰动物理量。如图 10.2 所示，引入鬼点，根据法向速度为零的条件求解出该点的压力扰动，这样既修正了该点的压力扰动，同时也修正了速度分量，使得速度扰动的法向投影为零，从而实现了固壁边界条件。在本章所使用的程序中，在每个时间步开始时对壁面每个网格点的压力扰动进行修正，再执行后面的空间差分和时间推进等步骤。将壁面的法向动量方程改写为

$$\frac{\partial \overline{\rho} u'_n}{\partial t} + F_n(\rho', u') + \boldsymbol{n} \cdot \nabla p' = 0 \tag{10.11}$$

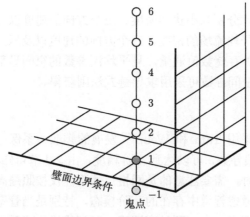

图 10.2　鬼点法示意图

硬壁边界条件应当满足 $\partial \overline{\rho} u'_n / \partial t = 0$, 则有

$$F_n(\rho', u') + \boldsymbol{n} \cdot \nabla p' = 0 \tag{10.12}$$

采用 7 点偏侧差分格式[6] 来修正壁面上的压力值 p'_{wall}。

当壁面为阻抗壁面时, 需采用第 5 章介绍的宽频时域阻抗边界条件, 在此不再重复介绍。

采用基于完全耦合层（perfectly matched layer，PML）技术的无反射边界条件, 完全耦合层边界条件最初是由 Berenger[17] 为计算电磁学而开发的。其基本思路是将麦克斯韦 (Maxwell) 方程的通量分解到坐标系的每个方向中, 在各个坐标方向上的通量添加额外的耗散, 使得扰动的阻尼具有方向选择性, 在频域内, 通过添加虚部来描述相应坐标的拉伸。Hu[128] 首先发现了在非零平均流动下 PML 边界条件具有弱适定性问题, 并通过引入普朗特-格劳特 (Prandtl-Glauert) 变换保证了 PML 的稳定性。采用复频移函数得到的方程可以解决 PML 技术在长时间计算过程中的线性不稳定性。为了将完全耦合层技术与第 6 章的网格块界面通量重构技术配合使用, 需要将基于线化 Euler 方程的 PML 区域主控方程改写为通量的形式, 此通量不仅包含了物理量, 还包含了 PML 中用到的吸收系数和辅助变量。文献 [129] 中给出了二维 PML 方程的推导过程, 本章给出三维 PML 方程的推导。

PML 区域及其系数的设置如图 10.3 所示。下面根据图中的区域和系数设置推导 PML 方程。给定线性变换,

$$\frac{\partial}{\partial t} \to \frac{\partial}{\partial \overline{t}}, \quad \frac{\partial}{\partial x} \to \frac{\partial}{\partial x} + \beta \frac{\partial}{\partial \overline{t}} \tag{10.13}$$

则线化 Euler 方程可改写为

$$(I + \beta A) \frac{\partial U}{\partial \overline{t}} + A \frac{\partial U}{\partial x} + B \frac{\partial U}{\partial y} + C \frac{\partial U}{\partial z} + DU = 0 \tag{10.14}$$

将上述方程变换到频域,

$$-\mathrm{i}\overline{\omega} (I + \beta A) \widetilde{U} + A \frac{\partial \widetilde{U}}{\partial x} + B \frac{\partial \widetilde{U}}{\partial y} + C \frac{\partial \widetilde{U}}{\partial z} + D\widetilde{U}x = 0 \tag{10.15}$$

其中假设 $U(x, y, z, \overline{t}) = \widetilde{u}(x, y, z)e^{-\mathrm{i}\overline{\omega}\overline{t}}$。

给定 PML 复变换,

$$\frac{\partial}{\partial x} \to \frac{1}{1 + \dfrac{\mathrm{i}\sigma_x}{\omega}} \frac{\partial}{\partial x}, \quad \frac{\partial}{\partial y} \to \frac{1}{1 + \dfrac{\mathrm{i}\sigma_y}{\omega}} \frac{\partial}{\partial y}, \quad \frac{\partial}{\partial z} \to \frac{1}{1 + \dfrac{\mathrm{i}\sigma_z}{\omega}} \frac{\partial}{\partial z} \tag{10.16}$$

代入方程 (10.15) 可得

$$-\mathrm{i}\overline{\omega}\left(I+\beta A\right)\widehat{U}+\frac{1}{1+\dfrac{\mathrm{i}\sigma_x}{\overline{\omega}}}A\frac{\partial\widehat{U}}{\partial x}+\frac{1}{1+\dfrac{\mathrm{i}\sigma_y}{\overline{\omega}}}B\frac{\partial\widehat{U}}{\partial y}+\frac{1}{1+\dfrac{\mathrm{i}\sigma_z}{\overline{\omega}}}C\frac{\partial\widehat{U}}{\partial z}+D\widehat{U}=0 \quad (10.17)$$

方程两边同乘 $\left(1+\dfrac{\sigma_x}{-\mathrm{i}\overline{\omega}}\right)\left(1+\dfrac{\sigma_y}{-\mathrm{i}\overline{\omega}}\right)\left(1+\dfrac{\sigma_z}{-\mathrm{i}\overline{\omega}}\right)$，可得

$$-\mathrm{i}\overline{\omega}\left(1+\frac{\sigma_x}{-\mathrm{i}\overline{\omega}}\right)\left(1+\frac{\sigma_y}{-\mathrm{i}\overline{\omega}}\right)\left(1+\frac{\sigma_z}{-\mathrm{i}\overline{\omega}}\right)(I+\beta A)\widehat{U}$$

$$+\left(1+\frac{\sigma_y}{-\mathrm{i}\overline{\omega}}\right)\left(1+\frac{\sigma_z}{-\mathrm{i}\overline{\omega}}\right)A\frac{\partial\widehat{U}}{\partial x}$$

$$+\left(1+\frac{\sigma_x}{-\mathrm{i}\overline{\omega}}\right)\left(1+\frac{\sigma_z}{-\mathrm{i}\overline{\omega}}\right)B\frac{\partial\widehat{U}}{\partial y}$$

$$+\left(1+\frac{\sigma_x}{-\mathrm{i}\overline{\omega}}\right)\left(1+\frac{\sigma_y}{-\mathrm{i}\overline{\omega}}\right)C\frac{\partial\widehat{U}}{\partial z}$$

$$+\left(1+\frac{\sigma_x}{-\mathrm{i}\overline{\omega}}\right)\left(1+\frac{\sigma_y}{-\mathrm{i}\overline{\omega}}\right)\left(1+\frac{\sigma_z}{-\mathrm{i}\overline{\omega}}\right)D\widehat{U}=0 \qquad (10.18)$$

整理后可得

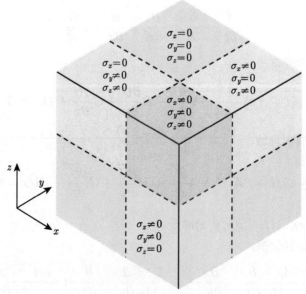

图 10.3　PML 区域系数设置

$$\left[-\mathrm{i}\overline{\omega} + (\sigma_x + \sigma_y + \sigma_z) + \frac{1}{-\mathrm{i}\overline{\omega}}(\sigma_x\sigma_y + \sigma_x\sigma_z + \sigma_y\sigma_z) \right.$$

$$\left. + \frac{1}{(-\mathrm{i}\overline{\omega})^2}\sigma_x\sigma_y\sigma_z \right] (I + \beta A)\widehat{U}$$

$$+ \left[1 + \frac{1}{-\mathrm{i}\overline{\omega}}(\sigma_y + \sigma_z) + \frac{1}{(-\mathrm{i}\overline{\omega})^2}\sigma_y\sigma_z \right] A\frac{\partial\widehat{U}}{\partial x}$$

$$+ \left[1 + \frac{1}{-\mathrm{i}\overline{\omega}}(\sigma_x + \sigma_z) + \frac{1}{(-\mathrm{i}\overline{\omega})^2}\sigma_x\sigma_z \right] B\frac{\partial\widehat{U}}{\partial y}$$

$$+ \left[1 + \frac{1}{-\mathrm{i}\overline{\omega}}(\sigma_x + \sigma_y) + \frac{1}{(-\mathrm{i}\overline{\omega})^2}\sigma_x\sigma_y \right] C\frac{\partial\widehat{U}}{\partial z}$$

$$+ \left[1 + \frac{1}{-\mathrm{i}\overline{\omega}}(\sigma_x + \sigma_y + \sigma_z) + \frac{1}{(-\mathrm{i}\overline{\omega})^2}(\sigma_x\sigma_y + \sigma_x\sigma_z + \sigma_y\sigma_z) \right.$$

$$\left. + \frac{1}{(-\mathrm{i}\overline{\omega})^3}\sigma_x\sigma_y\sigma_z \right] D\widehat{U} = 0 \tag{10.19}$$

经 Fourier 逆变换可得

$$\frac{\partial U}{\partial t} + A\frac{\partial U}{\partial x} + B\frac{\partial U}{\partial y} + C\frac{\partial U}{\partial z} + DU$$

$$+ A\left[(\sigma_y + \sigma_z)\frac{\partial q_1}{\partial x} + \sigma_y\sigma_z\frac{\partial q_2}{\partial x} \right.$$

$$\left. + \beta\left((\sigma_x + \sigma_y + \sigma_z)U + (\sigma_x\sigma_y + \sigma_x\sigma_z + \sigma_y\sigma_z)q_1 + \sigma_x\sigma_y\sigma_z q_2 \right) \right]$$

$$+ B\left[(\sigma_x + \sigma_z)\frac{\partial q_1}{\partial y} + \sigma_x\sigma_z\frac{\partial q_2}{\partial y} \right]$$

$$+ C\left[(\sigma_x + \sigma_y)\frac{\partial q_1}{\partial z} + \sigma_x\sigma_y\frac{\partial q_2}{\partial z} \right]$$

$$+ D\left[(\sigma_x + \sigma_y + \sigma_z)q_1 + (\sigma_x\sigma_y + \sigma_x\sigma_z + \sigma_y\sigma_z)q_2 + \sigma_x\sigma_y\sigma_z q_3 \right]$$

$$+ (\sigma_x + \sigma_y + \sigma_z)U + (\sigma_x\sigma_y + \sigma_x\sigma_z + \sigma_y\sigma_z)q_1 + \sigma_x\sigma_y\sigma_z q_2 = 0 \tag{10.20}$$

其中

$$\frac{\partial q_1}{\partial t} = U \tag{10.21a}$$

$$\frac{\partial q_2}{\partial t} = q_1 \tag{10.21b}$$

$$\frac{\partial q_3}{\partial t} = q_2 \tag{10.21c}$$

根据经验，吸收系数的取值为

$$\sigma = \frac{4.0}{\Delta}\left(\frac{x - x_{\mathrm{PML}}}{D}\right)^2 \tag{10.22}$$

其中 Δ 为 PML 区域网格尺度，x_{PML} 为 PML 区域边界，D 为 PML 区域宽度。值得注意的是，实际问题中在 y 和 z 方向的 PML 区域里，平均流几乎均匀，因而

$$\sigma_y D \approx 0, \quad \sigma_z D \approx 0 \tag{10.23}$$

继而，PML 方程可以进一步化简为

$$\begin{aligned}
&\frac{\partial U}{\partial t} + A\frac{\partial U}{\partial x} + B\frac{\partial U}{\partial y} + C\frac{\partial U}{\partial z} + DU \\
&+ A\Bigg[(\sigma_y + \sigma_z)\frac{\partial q_1}{\partial x} + \sigma_y\sigma_z\frac{\partial q_2}{\partial x} \\
&+ \beta\left((\sigma_x + \sigma_y + \sigma_z)U + (\sigma_x\sigma_y + \sigma_x\sigma_z + \sigma_y\sigma_z)q_1 + \sigma_x\sigma_y\sigma_z q_2\right)\Bigg] \\
&+ B\left[(\sigma_x + \sigma_z)\frac{\partial q_1}{\partial y} + \sigma_x\sigma_z\frac{\partial q_2}{\partial y}\right] \\
&+ C\left[(\sigma_x + \sigma_y)\frac{\partial q_1}{\partial z} + \sigma_x\sigma_y\frac{\partial q_2}{\partial z}\right] \\
&+ D\left[(\sigma_x + \sigma_y + \sigma_z)q_1\right] + (\sigma_x + \sigma_y + \sigma_z)U \\
&+ (\sigma_x\sigma_y + \sigma_x\sigma_z + \sigma_y\sigma_z)q_1 + \sigma_x\sigma_y\sigma_z q_2 = 0
\end{aligned} \tag{10.24}$$

该简化忽略了有关 q_3 的相关变量，可以少求解一个偏微分方程。

10.3　算　例　验　证

10.3.1　切向流阻抗管内声传播

切向流阻抗管（grazing flow impedance tube，GFIT）是开展切向流条件下声衬吸声机理研究和声阻抗提取实验的重要设备，国内外声学研究机构和大学均建有自己的切向流阻抗管实验台，国外如美国国家航空航天局、德国宇航中心、法国里昂大学、英国南安普顿大学、荷兰国家航空航天实验室、瑞典皇家理工学院等，国内如北京航空航天大学、上海交通大学等。一个典型的切向流阻抗管实验台包括气源段、声源段、消声段和测量段。

本节采用美国国家航空航天局兰利研究中心（NASA Langley Research Center）的切向流阻抗管实验[130] 验证多极点阻抗模型处理复杂问题的正确性及适用性。NASA 切向流阻抗管实验中，在管道中间位置铺设了一段穿孔率为 57% 的陶瓷管式声衬（CT57），选择在 500—3000 Hz 频率范围内，每隔 100 Hz，进行声场及阻抗的测量。NASA 切向流阻抗管尺寸如图 10.4 所示。

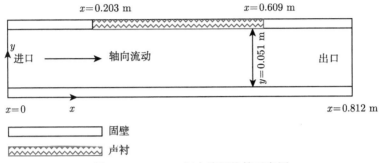

图 10.4　NASA 切向流阻抗管示意图

计算域按照实际物理问题进行设置，x 轴方向从 $x = 0$ 到 $x = 0.812$ m，y 方向高度为 0.051 m。采用均匀结构化网格，y 方向网格数为 17，x 方向网格数为 303。入射声波为多个频率叠加形式，

$$Q_{\text{in}} = \begin{bmatrix} 1 \\ 1 \\ 0 \\ 1 \end{bmatrix} \sum_{j=1}^{N} A_j \sin\left(\omega_j \left(\frac{x}{1 + M_x} - t \right) + \phi_j \right) \tag{10.25}$$

其中，N 为激发的离散单频噪声频率总数，A_j, ω_j 和 ϕ_j 分别为单频噪声的声压幅值、频率和相位。图 10.5(a)—(f) 分别给出了不同频率下，声衬降噪数值模拟结果与实验结果[130] 的对比，对比结果表明，所采用的计算气动声学方法能够准确评估不同频率下声衬的吸声特性。

10.3.2　JT15D 声传播和辐射

JT15D 系列航空发动机是普惠公司研制的第一代涡轮风扇发动机。在 20 世纪 70 年代，NASA 刘易斯研究中心和兰利研究中心针对 JT15D 开展了一系列实验和测试来研究风扇噪声的传播特性。其实验结果可以为数值模拟提供校核数据。JT15D 风扇叶片数为 28，导流叶片数为 41，计算所采用的工况为风扇转速 6750 r/min，风扇轴向马赫数为 0.175[131]，对应一阶叶片通过频率为 3150 Hz，可传播的主要模态为 $(-13, 0)$。分别对未安装声衬和三种不同穿孔率的声衬进行

远声场测试，表 10.1 给出声衬的声阻抗和相应的穿孔率。为了计算风扇噪声的声辐射，计算域取为 5 倍管道直径，共划分为 38 块网格。网格分块见图 10.6，其中轮毂曲线采用保角变换的方法建立网格，以保证网格的正交性。

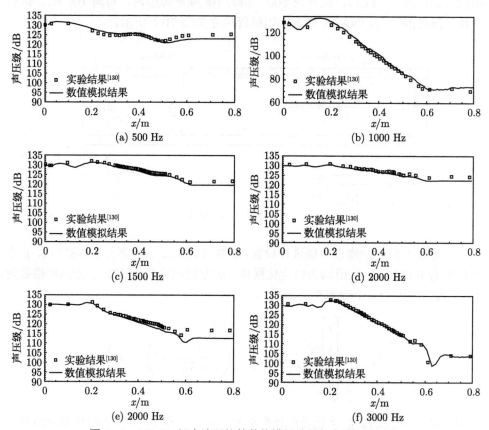

图 10.5　　NASA 切向流阻抗管数值模拟结果与实验结果对比

表 10.1　JT15D 声衬声阻抗和相应的穿孔率

	声衬 1	声衬 2	声衬 3
声阻	0.638	1.136	2.272
声抗	−0.5	−0.5	−0.5
穿孔率/%	8.9	5.0	2.5

　　首先需要采用定常 CFD 方法计算管道内的背景流动，不需要考虑黏性和边界层，所以采用 Euler 方程计算即可。风扇轴向马赫数为 0.175。图 10.7(a)、图 10.7(b) 和图 10.7(c) 分别给出静压、轴向速度和径向速度的分布。将计算得到的流场信息插值到声场计算的网格中，进行声传播的计算。

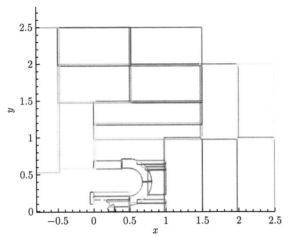

图 10.6　JT15D 声传播数值模拟采用的网格分块示意图

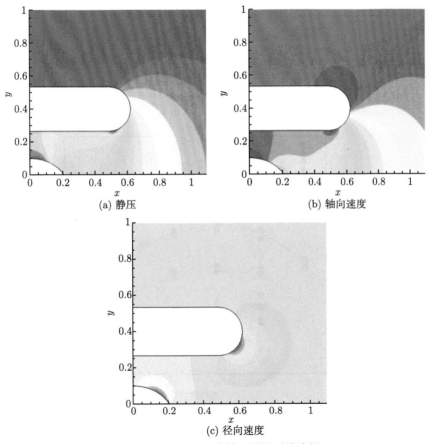

(a) 静压

(b) 轴向速度

(c) 径向速度

图 10.7　JT15D 风扇管口附近平均流场

根据 JT15D 风扇噪声的特性, 选择声模态为 $(13, 0)$, 风扇转速为 6750 r/min, 叶片通过频率为 3150 Hz。图 10.8 给出了声压的分布。可以观察到, 在唇口的散射效应和背景流动的衍射效应的共同作用下, 风扇噪声经由管道传出会表现出明显的指向性。图 10.9 给出远场指向性计算结果与实验结果[187] 以及参考计算结果[188] 之间的对比, 本书的数值计算结果与实验及参考计算结果吻合得很好, 验证了数值模拟的准确性。

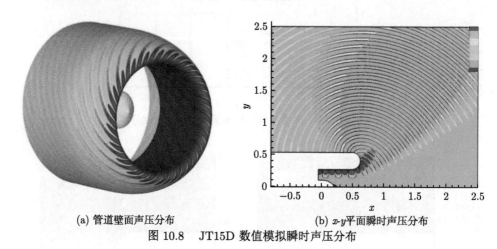

(a) 管道壁面声压分布　　　　　(b) x-y 平面瞬时声压分布

图 10.8　JT15D 数值模拟瞬时声压分布

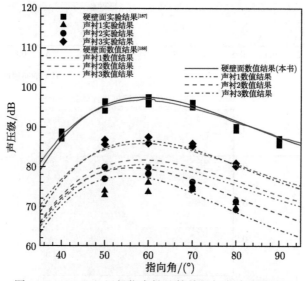

图 10.9　JT15D 远场指向性计算结果与实验结果对比

第 11 章　30P30N 高升力翼型气动噪声数值模拟

11.1　问题简介

大涵道比涡扇发动机的应用使得喷流噪声进一步降低，这使得机体噪声更加突出，尤其是在飞机的降落阶段。事实上，在飞机降落阶段，机体噪声的水平已经和喷流噪声相当。机体噪声的主要分量包括起落架和高升力机翼噪声[132]。高升力机翼的前缘缝翼是飞机降落阶段的一个重要的噪声源，主要是宽频分量，但是也伴随着多个窄带纯音分量。纯音分量的出现及其强度与机翼的几何和流动工况等因素密切相关。因为流动的复杂性，缝翼噪声机理非常复杂。许多研究者[133-137] 对缝翼噪声进行了实验研究，提供了非常有用的气动和声学数据，加深了我们对缝翼噪声机理的理解。随着计算机和计算气动声学的发展，数值模拟成为缝翼噪声研究的一个重要且有效的工具。许多研究者采用各种数值模拟方法研究了缝翼噪声，例如非定常雷诺平均方法[138-140]、大涡模拟[141,142]、脱体涡模拟（detached-eddy simulation，DES）[143-145] 或者大涡模拟/雷诺平均分区模拟[146,147]。

NASA 兰利研究中心的研究人员在缝翼噪声的研究中起到了重要作用，进行了很多实验和数值模拟工作[138-140,148-152]。例如，Choudhari 和 Khorrami[139,140]、Lockard 和 Choudhari[138] 在较早的时期就研究了 30P30N 三段翼的缝翼噪声，给出了非常详细且与噪声相关的流动图画，增进了对噪声机理的理解。

为了校核机体噪声预测的数值方法，从 2010 年到 2018 年美国航空航天学会（AIAA）组织了多次机体噪声标准问题研讨会（the Workshop on Benchmark Problems for Airframe Noise Computations，简称 BANC）。30P30N 高升力装置的前缘缝翼噪声一直是研讨会的标准问题，很多研究者对其进行了数值模拟并提交给 BANC-Ⅲ 组委会，Choudhari 和 Lockard[153] 对这些计算结果进行了详细的评估。从评估结果可以看到，大部分的参与者都是采用的低阶 CFD 方法，除了 Tamaki 和 Imamura、Housman 和 Kiris、Lockard、Ewert 和 Boenke，很少有研究者采用基于非结构网格的高阶方法。由于缺少远场实验数据，他们并没有对远场噪声频谱进行对比和评估。因此采用基于非结构网格的高阶方法对这个问题进行研究以展示高阶方法的能力是非常必要的。这里将采用基于非结构网格的高阶谱差分方法对这个问题进行数值模拟，以展示高阶非结构方法的能力。

11.2　数 值 方 法

本章算例采用谱差分方法[76,106,154]进行空间离散，该方法的详细内容见第 8 章，此处不再赘述。

11.2.1　脱体涡模拟方法

这个计算中采用基于标准 SA（Spalart-Allmaras）湍流模型（以下简称 SA 模型）的脱体涡模拟方法进行湍流模拟。标准 SA 湍流模型形式如下

$$\frac{\partial \rho \tilde{\nu}}{\partial t} + \frac{\rho u_j \tilde{\nu}}{\partial x_j} - \frac{\partial}{\partial x_j}\left(\rho(\nu + \tilde{\nu})\frac{\partial \tilde{\nu}}{\partial x_j}\right) = s \tag{11.1}$$

其中 s 是源项，可以表示为

$$s = C_{b1}(1 - f_{t2})\rho \tilde{S}\tilde{\nu} - \left(C_{w1}f_w - \frac{C_{b1}}{\kappa^2}f_{t2}\right)\frac{\rho \tilde{\nu}^2}{d^2} + \frac{C_{b2}}{\sigma}\rho \frac{\partial \tilde{\nu}}{\partial x_j}\frac{\partial \tilde{\nu}}{\partial x_j} \tag{11.2}$$

湍流涡黏性通过如下公式计算，

$$\nu_t = \tilde{\nu} f_{v1} \tag{11.3}$$

其中

$$f_{v1} = \frac{\chi^3}{\chi^3 + C_{v1}^3}, \qquad \chi = \frac{\tilde{\nu}}{\nu} \tag{11.4}$$

$$\tilde{S} = S + \frac{\tilde{\nu}^2}{\kappa^2 d^2}f_{v2}, \qquad f_{v2} = 1 - \frac{\chi}{1 + \chi f_{v1}} \tag{11.5}$$

$$f_w = g\left[\frac{1 + C_{w3}^6}{g^6 + C_{w3}^6}\right]^{\frac{1}{6}}, \quad g = r + C_{w2}(r^6 - r), \quad r = \frac{\tilde{\nu}}{\tilde{S}\kappa^2 d^2} \tag{11.6}$$

$$f_{t2} = C_{t3}\exp\left(-C_{t4}\chi^2\right) \tag{11.7}$$

SA 模型的常数定义如下

$$\sigma = \frac{2}{3}, \quad C_{b1} = 0.1355, \quad C_{b2} = 0.622, \quad C_{w1} = \frac{C_{b1}}{\kappa^2} + \frac{1 + C_{b2}}{\sigma} \tag{11.8}$$

$$C_{v1} = 7.1, \quad C_{w2} = 0.3, \quad C_{w3} = 2, \quad C_{t2} = 2, \quad C_{t3} = 1.2, \quad C_{t4} = 0.5 \tag{11.9}$$

SA 模型中的长度尺度为网格点到壁面的距离 (d)。

在 SA 模型的应用中会经常遇到涡黏系数 $(\tilde{\nu})$ 在某些点为负值的情况，这是由湍流模型中的非线性源项导致的。相对于低阶 CFD 方法，高阶方法的耗散要

小，因此很难抑制涡黏系数为负的情况，这导致计算不稳定。为了弥补这个问题，这里采用 Crivellini 等[155] 修改的 SA 模型，他们成功把这个模型应用到高阶 DG 求解器中。根据 Crivellini 等[155] 的分析，采用如下公式计算湍流模型公式 (11.6) 中的函数 r，

$$r^* = \frac{\tilde{\nu}}{\tilde{S}\kappa^2 d^2}, \quad r = \begin{cases} r_{\max}, & r^* < 0 \\ r^*, & 0 \leqslant r^* < r_{\max} \\ r_{\max}, & r^* \geqslant r_{\max} \end{cases} \tag{11.10}$$

其中 $r_{\max}$ 取值为 10。

声源项 s 修改为如下形式，

$$s = \begin{cases} C_{b1}\rho\tilde{S}\tilde{\nu} - C_{w1}f_w\dfrac{\rho\tilde{\nu}^2}{d^2} + \dfrac{C_{b2}}{\sigma}\rho\dfrac{\partial\tilde{\nu}}{\partial x_j}\dfrac{\partial\tilde{\nu}}{\partial x_j}, & \chi \geqslant 0 \\ C_{b1}\rho S\tilde{\nu}g_n + C_{w1}\dfrac{\rho\tilde{\nu}^2}{d^2} + \dfrac{C_{b2}}{\sigma}\rho\dfrac{\partial\tilde{\nu}}{\partial x_j}\dfrac{\partial\tilde{\nu}}{\partial x_j}, & \chi < 0 \end{cases} \tag{11.11}$$

其中 $g_n = 1 - \dfrac{10^3\chi^2}{1+\chi^2}$。

DES 的基本概念是 Spalart 等[156] 最早在 1997 年基于 SA 模型提出的，把如下公式中修改的长度尺度替代原模型中的长度尺度 d，

$$\tilde{d} = \min\left(d, C_{\mathrm{DES}}\Delta\right) \tag{11.12}$$

就得到了 DES 模型。上式中的 C_{DES} 是模型常数，通常取值为 0.65，Δ 是基于当地网格大小的长度尺度。后来 Spalart 等[157] 又提出一种改进的 DES 方法，称为延迟 DES，以弥补原模型中的网格诱导分离（grid-induced separation, GIS）和模化应力损耗（modeled stress depletion, MSD）缺陷。改进模型的长度尺度为

$$\tilde{d} = d - f_d \max\left(0, d - \psi C_{\mathrm{DES}}\Delta\right) \tag{11.13}$$

其中

$$f_d = 1 - \tanh\left([8r_d]^3\right) \tag{11.14}$$

$$r_d = \frac{\nu_t + \nu}{\sqrt{U_{i,j}U_{i,j}}\kappa^2 d^2}$$

ψ 是低雷诺数修正，

$$\psi^2 = \min\left[10^2, \frac{1 - \dfrac{C_{b1}}{C_{w1}\kappa^2 f_w^*}[f_{t2} + (1 - f_{t2})f_{v2}]}{f_{v1}\max\left(10^{-10}, 1 - f_{t2}\right)}\right] \tag{11.15}$$

Shur 等[158] 针对近壁面各向异性不均匀网格采用如下更通用的大涡模拟长度尺度，

$$h_{\max} = \max(\Delta_x, \Delta_y, \Delta_z)/N \tag{11.16}$$

$$\Delta = \min(\max(C_w\, d_w, C_w\, h_{\max}, h_{wn}), h_{\max}) \tag{11.17}$$

其中 $h_{\max}$ 是当地最大网格尺度，$\Delta_x, \Delta_y, \Delta_z$ 分别是当地流向、壁面方向和展向的网格单元尺度，N 是空间离散格式的阶数，d_w 是到壁面的距离，h_{wn} 是壁面法线方向的网格尺度，C_w 是一个经验系数，取值 0.15。因为每个六面体单元中有 $N \times N \times N$ 个解点，网格滤波宽度设置为单元大小的 $1/N$。Sakai 等[159] 研究了亚格子模型长度尺度在高升力翼型声学模拟中的影响，发现，由于在缝翼的内侧弯曲区域采用的网格单元在各个方向尺度偏差很大，采用公式 (11.16) 计算得到的涡黏性偏大，导致弯曲区域内的剪切层发展延迟。为了避免这个问题，采用下面的这个长度尺度 h_{vol} 替代上面公式中的 $h_{\max}$，

$$h_{\mathrm{vol}} = (\Delta_x \Delta_y \Delta_z)^{1/3}/N \tag{11.18}$$

$$\Delta = \min(\max(C_w\, d_w, C_w\, h_{\max}, h_{wn}), h_{\mathrm{vol}}) \tag{11.19}$$

这个基于 SA 模型的脱体涡模拟方法已经被应用到高精度谱差分方法中[160]，并经过详细校核，在接下来的高升力装置噪声数值模拟中，我们将采用这个方法计算湍流。

11.2.2　多时间步长方法

为了加速计算，采用基于优化 Adams-Bashforth 格式[6] 的多时间步长推进方法[161] 进行计算。由于湍流边界层中的网格尺度非常小，其容许的时间步长也很小，采用显式单时间步长推进方法会非常慢。多时间步长推进方法容许在不同网格尺度区域采用不同的时间步长，相比常用的显式单时间步长推进方法，会大大加快计算速度。我们已经将多时间步长推进方法与高阶谱差分求解器结合起来，并经过了多个气动声学问题的校核，结果显示其对多尺度流动和噪声问题的数值模拟非常有效。该方法的详细内容参见第 7 章。

11.2.3　边界条件

边界条件是计算气动声学的一个关键要素。在计算域的上游和远场，采用 Tam 和 Webb[6] 的辐射边界条件；在计算域的下游，采用 Tam 和 Dong[12] 的出流边界条件。在翼型表面采用无滑移边界条件。对于 SA 湍流模型，其涡黏性 ($\tilde{\nu}$) 在壁面取值为 0。计算域的展向采用周期性边界条件。

11.2.4　FW-H 积分方法

工业界最关心的是远场噪声，如果采用计算气动声学方法直接从声源区域计算到远场，将非常耗时，浪费计算资源。一个可行的办法是采用 Ffowcs Williams-Hawkings（FW-H）积分方法[162] 得到远场噪声。这里采用只包含单极子和偶极子声源的可穿透面 FW-H 积分公式。由于积分面足够大，包含了所有的非线性流场，四极子源项对远场的贡献可以忽略。

11.3　计算结果和讨论

数值模拟中采用的 30P30N 高升力装置的几何形状如图 11.1 所示，需要指出的是，缝翼和主翼采用的是尖尾缘。来流马赫数为 0.17，基于来流速度和机翼弦长 (C) 的雷诺数是 1.7×10^6。本次计算考虑来流攻角变化的影响，来流攻角分别为 $4°, 5.5°$ 和 $8.5°$。

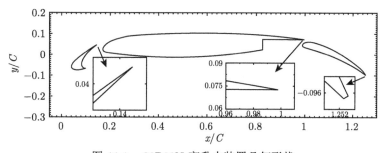

图 11.1　30P30N 高升力装置几何形状

计算域在上游和径向方向大小为 6 倍机翼弦长，在下游方向大小为 11 倍弦长。为了减少计算量，展向长度为 1/5 弦长。根据 Lockard 和 Choudhari[138]、Deck 和 Laraufie[147] 的研究，展向长度必须大于 4/5 缝翼弦长才能正确模拟缝翼凹区流动的展向相关性，对应翼型弦长的 3/20。

数值模拟采用的网格见图 11.2，总网格单元数为 34 万，展向均匀分布 10 层单元。对于四阶 SD 格式来说，网格点分辨率约为 6—7 PPW，这表明 SD 格式能够分辨的最小波长约为 14 mm，根据 JAXA[137] 的实验中展现的压力脉动相关结果，能量最大的部分频率小于 3000 Hz，即使是相关分析的最高频率 2×10^4 Hz，对应的声波波长也才 17 mm，这仍然在四阶 SD 格式的分辨范围。图 11.2(b) 中是缝翼区域网格放大图。靠近壁面第一层单元的高度约为 $2 \times 10^{-4}C$。对于四阶 SD 格式，其单元内解点的 y^+ 很小，可以满足 SA 湍流模型的要求。所有的算例都是先采用三阶精度格式进行计算，等计算基本稳定后，再采用四阶格式进行续算，直到得到最终结果。对于三阶和四阶格式，网格自由度分别为 920 万和 2180

万。对于攻角 AoA = 8.5° 的算例, 采用五阶格式进行计算, 以显示格式精度对结果的影响。五阶格式网格自由度约为 4250 万。

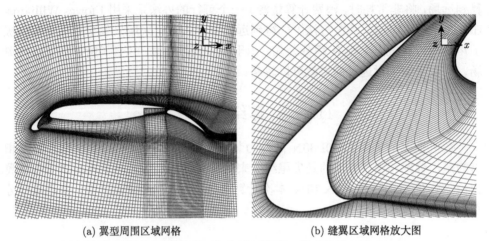

(a) 翼型周围区域网格　　　　　　　　　　(b) 缝翼区域网格放大图

图 11.2　数值模拟采用的网格

为了应用多时间步长方法, 整个计算域根据单元的大小分为 6 个子区域, 如图 11.3 所示。一般来说, 湍流边界层和尾迹区域的网格属于子区域 1, 子区域 2 包围子区域 1, 依次类推。每个子区域的单元比例见表 11.1, 表中还有每个子区域的时间步长比例, 据此可以计算得到加速比约为 12。

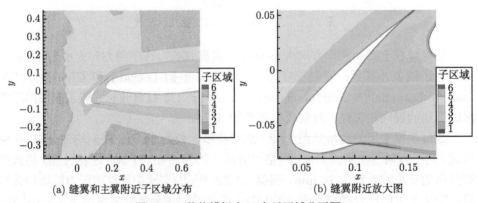

(a) 缝翼和主翼附近子区域分布　　　　　　(b) 缝翼附近放大图

图 11.3　数值模拟中 6 个子区域分区图

表 11.1　多时间步长方法网格分区

子区域	1	2	3	4	5	6
百分比/%	5.08	3.99	11.99	25.40	31.55	21.99
$\Delta t_i / \Delta t_1$	1	5.43	12.0	26.97	68.31	192.52

11.3.1 流场

图 11.4 是采用四阶 SD 格式计算得到的攻角为 5.5° 的算例在 x-y 平面内的瞬时压力场云图, 可以清晰地看到偶极子声源辐射的声场图像。图 11.5 是采用四阶 SD 格式计算得到的攻角 5.5° 算例的涡结构, 这些涡结构采用 Q 法则计算得到。从图中可以看到, 在缝翼的凹区存在一个很大的被剪切层包围的回旋涡, 剪切层起始于缝翼的尖端, 在缝翼凹区靠近尾缘的地方重新附着在壁面上 (图 11.5(b))。另外, 缝翼的凹区内也充满了小尺度的涡结构。流动加速穿过缝翼与主翼之间的间隙, 涡结构被拉伸成长的涡管。

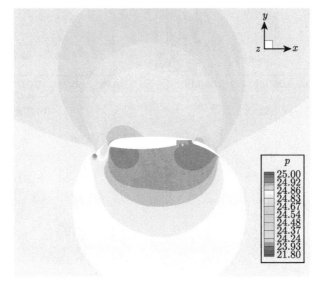

图 11.4 高升力装置 x-y 平面内瞬时压力场云图 (AoA $= 5.5°$)

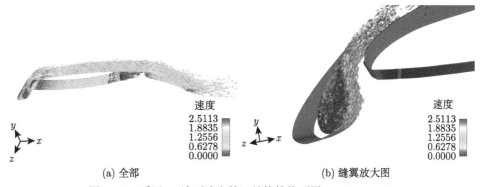

(a) 全部　　　　　　　　　　　(b) 缝翼放大图

图 11.5 采用 Q 法则确定的涡结构等值面图 (AoA $= 5.5°$)

经过长时间的平均可以得到平均流场。图 11.6(a) 和图 11.6(c) 中是 4° 攻角算例的缝翼凹区的平均速度云图，并与图 11.6(b) 和图 11.6(d) 中 Jenkins 等[151] 的实验结果进行了对比。可以看到，无论是流向还是垂直方向速度，数值模拟结果云图与实验测量结果非常接近。图 11.7 是攻角为 5.5° 的算例的数值模拟结果与 Jenkins 等[151] 实验结果对比，可以看到吻合很好。

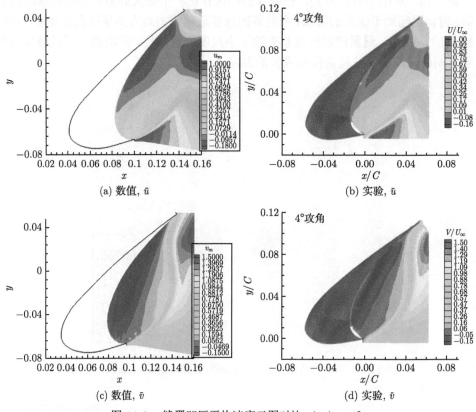

图 11.6　缝翼凹区平均速度云图对比, AoA = 4°

图 11.8 是靠近缝翼尖端的平均速度型，数据采样位置如图 11.8(a) 所示。数值结果与 Jenkins 等[151] 的实验数据进行了对比。需要指出的是，实验中的攻角分别为 4°, 6° 和 8°，与数值模拟稍微有些差别。然而，数值模拟结果与实验结果非常接近。攻角 AoA = 5.5° 算例的缝翼凹区剪切层平均速度型结果见图 11.9。速度型的位置在图 11.9(a) 中用 L1 到 L7 的线段标示出来。数值计算结果与 Pascioni 等[136] 的 PIV 实验数据进行了对比，数值模拟结果与实验数据符合得相当好，这表明数值模拟计算的流场是正确的。

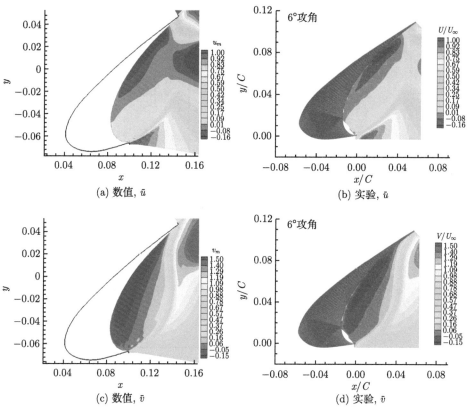

(a) 数值, $\bar{u}$

(b) 实验, $\bar{u}$

(c) 数值, $\bar{v}$

(d) 实验, $\bar{v}$

图 11.7   缝翼凹区平均速度云图对比, AoA = 5.5°

实验为 6° 攻角

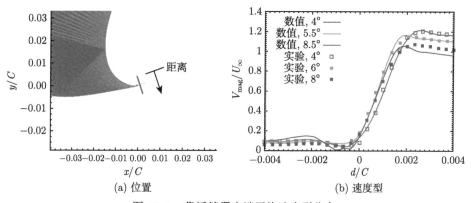

(a) 位置

(b) 速度型

图 11.8   靠近缝翼尖端平均速度型分布

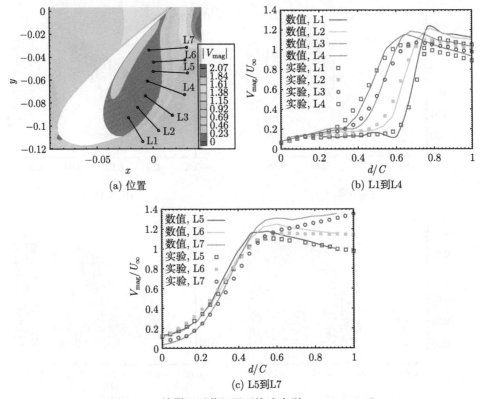

(a) 位置　　　　　　　　　　　(b) L1到L4

(c) L5到L7

图 11.9　缝翼凹区剪切层平均速度型，AoA = 5.5°

图 11.10 是缝翼凹区剪切层时间平均展向涡量分布，并与 Pascioni 等[136] 的实验数据进行了对比，可以看到数值结果与实验数据符合得很好。

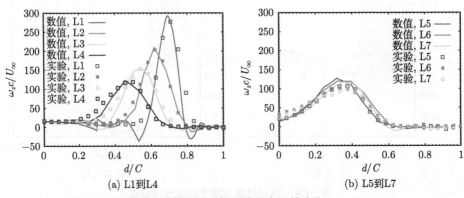

(a) L1到L4　　　　　　　　　　(b) L5到L7

图 11.10　缝翼凹区剪切层时间平均展向涡量分布，AoA = 5.5°

因为数值模拟采用的是 SA 湍流模型，湍流动能包括两部分，第一部分是计算中直接得到的速度扰动（或者据此计算的雷诺应力），可以通过下面的公式计算得到：

$$\overline{u_i' u_i'} = \langle \widetilde{u}_i \widetilde{u}_i - \overline{u}_i \overline{u}_i \rangle, \quad i = 1, 2, 3 \tag{11.20}$$

其中 $\widetilde{u}_i$ 是计算得到的速度，$\overline{u}_i$ 是时间平均速度，$\langle\ \rangle$ 表示时间平均。第二部分是湍流模型模化的部分，对于直接计算湍流涡黏性的零方程和一方程模型，湍动能 k 可以采用如下公式计算得到，Guo 和 Chang[163] 采用这个公式计算雷诺应力来预测气动噪声：

$$k = \frac{\nu_t}{2\,a_1}\Omega^{\frac{1}{2}} \tag{11.21}$$

其中 ν_t 是湍流涡黏性，a_1 是常数，取值 0.15。Ω 定义为

$$\Omega = \sum \frac{\partial \overline{u}_i}{\partial x_j}\frac{\partial \overline{u}_i}{\partial x_j} \tag{11.22}$$

计算得到的湍动能如图 11.11 所示，计算结果与 Pascioni 等[136] 的实验数据进行了对比，可以看到，与大部分的 CFD 数值模拟结果类似，在缝翼凹区的结果与实验符合较好，而剪切层外的部分存在一定的偏差。由于数值模拟计算来流湍流度为 0，缝翼凹区剪切层外的流动没有湍流脉动，因此此处的湍动能为 0。

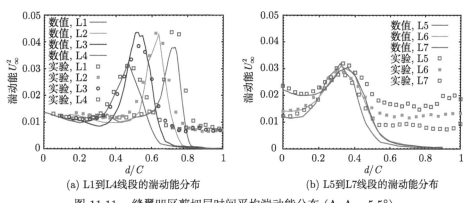

(a) L1到L4线段的湍动能分布 (b) L5到L7线段的湍动能分布

图 11.11 缝翼凹区剪切层时间平均湍动能分布 (AoA = 5.5°)

图 11.12(a)—(f) 分别是攻角为 4°，5.5° 和 8.5° 三种工况的三段翼表面压力系数分布结果。计算结果与 FSU[136] 和 JAXA[137] 的实验数据进行了对比。缝翼表面的压力系数放大图见图 11.12(b)、图 11.12(d) 和图 11.12(f)，从图中可以清楚地看到数值模拟结果与实验数据之间的差别，从 3 阶和 4 阶格式的结果对比可以看到格式精度对结果的影响。对于攻角 4° 的算例，计算得到的翼型表面压力系数与 JAXA[137] 的实验数据除了缝翼的吸力面符合得很好。可能是由于尖尾缘的

影响，数值计算得到的缝翼吸力面的压力系数绝对值小于实验结果。3 阶和 4 阶的结果没有明显差别。对于攻角为 5.5° 和 8.5° 的算例，数值结果比 FSU[136] 更接近 JAXA[137] 的实验数据。由于 4 阶格式具有更好的分辨率，其计算结果与实验数据吻合更好。对于这两个工况，缝翼的吸力面结果仍然与实验数据存在一定的偏差。

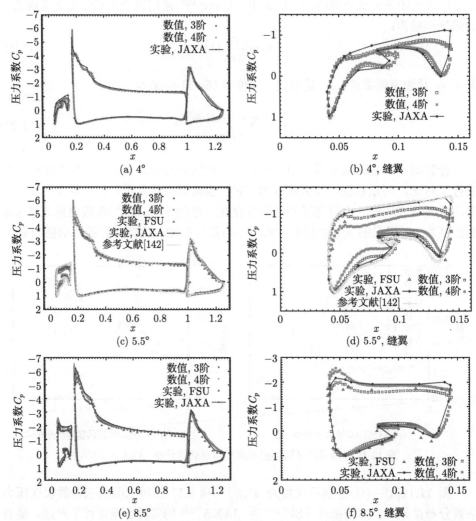

图 11.12　数值计算的翼型表面压力系数分布与 FSU[136] 和 JAXA[137] 的实验数据对比

图 11.13 是高升力机翼的升力系数，图中还包含每个翼型的单独贡献，并与 FSU[164] 和 JAXA[137] 的实验结果进行了比较。对于大部分工况，数值结果与实

验数据符合得很好，除了攻角 8.5° 工况主翼的升力，相比实验结果偏大。从图中可以看到，整个机翼的升力系数随着攻角增大而增大。但是攻角对三段翼中每一部分的影响不一样，攻角从 4° 变化到 8.5°，襟翼的升力系数基本没有什么变化，而缝翼的升力系数有轻微的增加，主翼对升力的贡献最大。

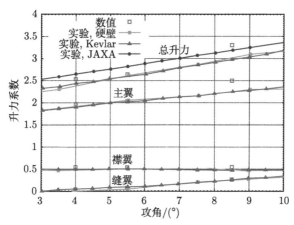

图 11.13 不同攻角的翼型升力系数

11.3.2 壁面动态压力和远场噪声

对缝翼表面的动态压力进行了采集和分析，缝翼表面数据采集点的位置如图 11.14(a) 所示，有三个点（点 2，3，4）在缝翼凹槽的表面，一个点（点 1）靠近缝翼的前缘，一个点（点 5）靠近缝翼的尾缘。近场两个点的噪声（图 11.14(b) 中的 A 和 B 点）也被采样用作相关分析。

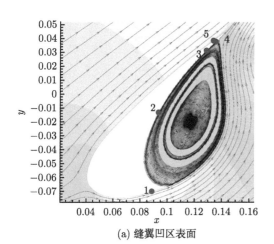 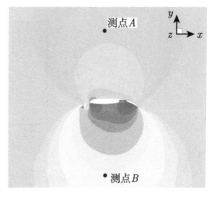

(a) 缝翼凹区表面   (b) 近场

图 11.14 缝翼凹区和近场动态压力采集点示意图

　　图 11.15 是 5.5° 攻角算例缝翼表面 5 个测点的动态压力功率谱密度。图中给出了 3 阶和 4 阶精度的数值结果，并与 FSU[136,164] 的实验结果进行了对比。可以看到除了第四个测点，4 阶精度的数值结果与实验符合得更好。事实上，FSU 不同时期的实验结果[136,164] 也存在一定的差异。因为第四个测点靠近剪切层再附点，剪切层的冲击与来流条件相关，而不同时间的实验来流必定存在一定的差异，这也许是再附点附近压力脉动存在差异的原因。从图中还可以看到，相比于 3 阶格式，4 阶格式具有更高的精度，其计算结果也明显更接近实验数据。4° 和 8.5° 攻角算例的动态压力功率谱密度结果也与此类似，在此不再给出。

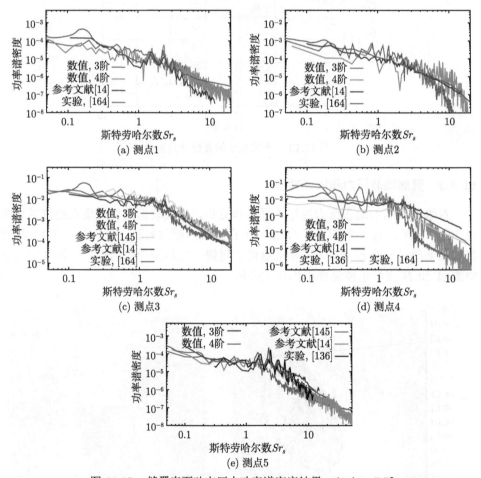

图 11.15　缝翼表面动态压力功率谱密度结果，AoA = 5.5°

　　为了显示格式精度对计算结果的影响，8.5° 攻角算例分别采用 3 阶、4 阶、5 阶精度的谱差分格式进行计算。这里仅给出了测点 3，4，5 的动态压力功率谱密度结果，见图 11.16(a)—(c)。可以看到，除了测点 3，其余的测点数值模拟结果与 Pascioni 等[136] 的实验数据吻合很好，与图 11.15(d) 类似，在高频部分存在一定的偏差。根据 Jenkins 等[151] 的实验测量和本章的数值模拟结果可以知道，攻角增大分离再附点会向测点 3 靠近。本算例中分离再附点距离尾缘约 0.02C，而 Jenkins 等[151] 的实验结果是 0.024C，分离再附点的偏差可能是测点 3 的频谱有偏差的原因。

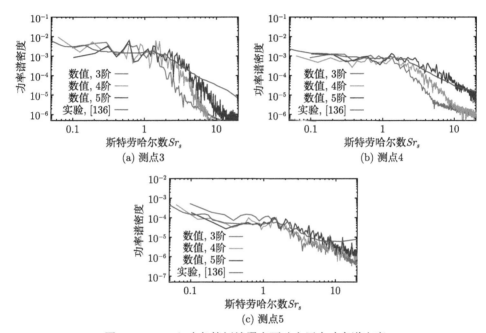

(a) 测点3

(b) 测点4

(c) 测点5

图 11.16 8.5° 攻角算例缝翼表面动态压力功率谱密度

远场噪声通过 FW-H 积分得到，积分面的位置如图 11.17 所示，由于积分

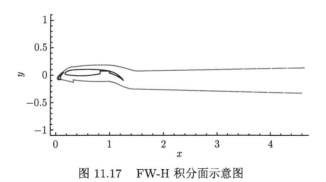

图 11.17 FW-H 积分面示意图

面在下游延伸很远，基本包围了所有声源，因此在尾迹区域内并没有封闭，以消除尾迹区域非线性流动对积分结果的影响。图 11.18(a)—(c) 是三种攻角下 5 倍翼型弦长距离处的噪声功率谱密度结果。数值模拟结果与 Li 等[165]、Pascioni 和 Cattafesta[164] 的实验结果进行了对比，这些实验数据在采用了凯维拉布的风洞（Kevlar wind tunnel）中测量得到。由于数值模拟中翼型展向长度只有 0.2C，比实验中的长度（1 米）要小，因此数值模拟结果进行了放大，与展向长度 1 米的情况一致。需要指出的是，Li 等的实验中，麦克风测点位置在翼型中间 5 倍弦长的位置，而 Pascioni 和 Cattafesta[164] 实验的测量位置在翼型旋转中心 1.2 米（2.63C）外，因此需要把 Pascioni 和 Cattafesta[164] 的实验数据缩放到 (0.5C, −5C) 的位置以方便比较。从对比可以看到，总的来说，数值模拟结果与实验数据在很大的频率范围都符合得较好，包括宽带和纯音分量。因为文献公开的高升力翼型噪声数据并不多，尤其是远场数据，研究者通常采用经验模型来校核预测结果。图 11.18(a)—(c) 中的三个数值模拟噪声频谱归一化之后的结果显示在图 11.18(d) 中。可以看到，三个归一化的频谱相互重合。归一化频谱与 Guo 的模型[166] 以及 Pott-Pollenske 等[133] 的经验模型进行了对比。可以看到数值模拟结果与 Guo 的模型吻合；高

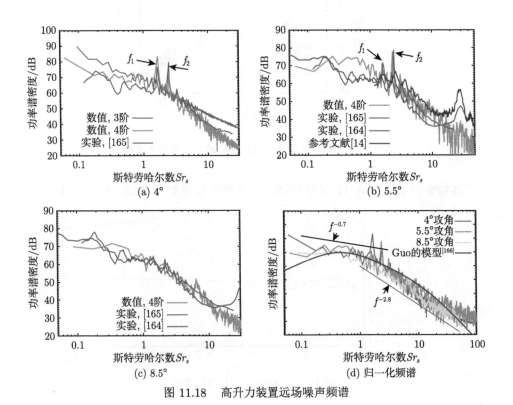

图 11.18　高升力装置远场噪声频谱

频部分分量与频率的关系为 $f^{-2.8}$，与 Pott-Pollenske 等[133] 的经验模型一致，图 11.18(d) 中无量纲频率 0.2 到 1 部分，功率谱密度随着频率的变化规律为 $f^{-0.7}$，也与 Pott-Pollenske 等[133] 的经验模型一致。

第 12 章　超声速双喷流耦合噪声数值模拟研究

12.1　问 题 简 介

在某些工况下，不完全膨胀的超声速喷流会产生啸音（啸叫）。两个近距离放置的喷流，由于喷流之间的耦合，会产生一个占主导的特殊振荡模态，极大地增强喷流啸音。双喷流之间的耦合与喷流的工况、喷管间距以及喷管几何等因素密切相关。当双喷流发生耦合时，在两个喷管中间区域会观察到极强的动态压力脉动，根据 Seiner 等[167] 的实验，其幅值可以达到 160 dB，接近或者大于喷管那个部位材料的设计疲劳极限。

NASA 兰利研究中心的 Jack Seiner[167,168] 的研究组在双喷流耦合振荡产生的动态压力负载机理方面作出了重要贡献。Seiner 等[167] 观察到喷管间距为 $1.9D$（D 为喷管出口直径）的双喷流中啸音的频率偏移现象（相对于同样工况下的单喷流），他们认为频率的偏移是由双喷流中激波间距的变化引起的，但是没有进行定量分析加以佐证。Walker[169] 通过实验研究了轴对称和二维喷管的双喷流啸音的抑制，在他们的喷管压比为 3 的实验中，没有观察到明显的频率偏移现象。还有很多其他研究者针对双喷流噪声的各个方面开展了深入实验研究。Norum 和 Shearin[170] 测量了喷管间距 $1.9D$ 的双喷流喷管上的动态压力负载。Wlezien[171] 针对两个收缩/扩张喷管，研究了很宽马赫数范围工况下喷管间距对啸音幅值的影响，研究发现，小喷管间距情况下，双喷流在低超声速马赫数下发生耦合，但是高马赫数时反而被抑制；大间距情况下则恰恰相反。Shaw[172] 针对一个缩比双喷流模型采用实验方法评估了多种啸音抑制技术。Alkislar 等[173] 研究了完全膨胀马赫数 1.5 的双喷流在有/无控制时的流场结构，他们的 PIV 测量显示，双喷流中的对称耦合的特征是大尺度的湍流相干结构。Tam[174] 和 Seiner 采用涡街（vortex sheet）模型研究了双喷流耦合振荡的机理，发现对称和反对称这两种振荡模态在动力学上是容许存在的，但是在实验中仅仅观察到反对称模态，而且在什么工况下这种振荡会被观察到并不确定。另外，涡街模型不能定量地确定双喷流啸音频率的偏移。

由于啸音受驱动于非线性反馈环机制，准确地预测啸音的频率和幅值是一个很有挑战性的任务。随着计算气动声学的发展，单个喷流产生的啸音的频率和幅值已经能够采用 CAA 方法准确计算。Li 和 Gao[95,175] 数值模拟了轴对称和三维的圆管超声速喷流啸音现象。他们计算得到很宽马赫数范围的喷流啸音的波长和幅值都与 Ponton 等[176] 的实验结果符合得很好。尽管 CAA 在单个超声速喷流啸音的研究中取得了成功，但是双喷流的模拟仍然是个挑战。两个近距离平行放置的圆形喷管几何形状比较复杂，采用高阶有限差分方法数值模拟存在一定的困难。

这部分工作的主要目标是采用计算气动声学方法准确预测超声速双喷流噪声现象。

12.2　数值方法

12.2.1　离散格式

数值离散格式是计算气动声学的一个关键要素。针对这个问题，空间离散采用 7 点频散关系保持（DRP）格式[6]。采用 2N 存储形式的 5/6 层低耗散低频散的 Runge-Kutta 方法[32] 进行时间推进。这些离散格式都用在之前的针对单个喷流啸音的研究中[95,175]。激波是啸音模拟中非常关键的一环，这里采用 Tam 和 Shen[7] 的可变模板雷诺数方法 (variable stencil Reynolds number method) 捕捉激波。与 Tam 和 Shen 的原始方法不一样的是，添加的人工黏性的强度采用 Visbal 和 Gaitonde[177]、Bogey 等[178] 提出的激波探测器确定。这个方法能够防止在没有激波的区域添加额外的黏性。我们曾采用这个方法模拟了超声速喷流啸音[179]、宽带激波噪声[180]，取得了很好的结果。这个方法的细节可以参考 Visbal 和 Gaitonde[177]、Bogey 等[178] 的文章，这里不再赘述。

12.2.2　网格块界面通量重构方法

在有限差分方法的应用中，为了处理复杂几何，通常采用重叠网格。重叠网格确实提高了高阶差分格式处理复杂几何结构的能力，但是重叠网格的生成和连接关系的处理非常复杂，尤其是当网格块之间网格点不是一对一连接，需要插值传递信息时。这个缺点极大地限制了高阶差分格式在复杂流动模拟上的进一步应用。本章算例采用针对高阶差分格式的网格块界面通量重构方法[181,182] 来处理两个近距离平行放置的圆形喷管这种复杂几何，该方法的详细内容见第 6 章，此处不再赘述。数值模拟中采用的网格如图 12.1，尽管每一块网格都是光滑连续的，但是网格块之间不是光滑过渡，因此不能直接采用高阶差分格式，需要采用网格块界面通量重构方法。

12.2.3　边界条件

边界条件是计算气动声学中的另一个关键要素。这个算例中，单喷流和双喷流采用的边界条件设置非常相似。如图 12.2 所示，三维形式的辐射边界条件应用在左边和外场当地马赫数小于 0.001 的边界。在下游边界马赫数大于 0.001 的区域，采用 Tam 和 Dong[12,95] 的三维出流边界条件。

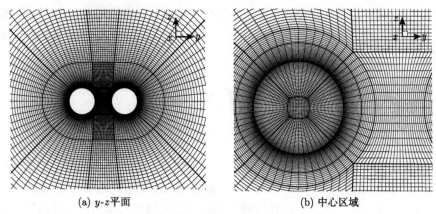

(a) y-z平面　　　　　　　　　　(b) 中心区域

图 12.1　双喷流模拟采用的网格

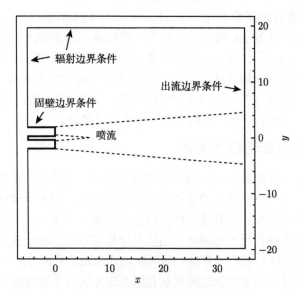

图 12.2　双喷流数值模拟中采用的边界条件

在喷管出口，给定如下形式的无量纲平均量：

$$\overline{\rho}_e = \frac{\gamma(\gamma+1)\overline{p}_e}{2T_r}$$

$$\overline{p}_e = \frac{1}{\gamma}\left[\frac{2+(\gamma-1)M_j^2}{\gamma+1}\right]^{\frac{\gamma}{\gamma-1}}$$

$$\overline{u}_e = \left(\frac{2T_r}{\gamma + 1} \right)^{\frac{1}{2}}, \qquad \overline{v}_e = 0, \qquad \overline{w}_e = 0$$

这个算例针对冷喷流，因此 T_r 取值为 1。

12.3 数值结果和讨论

数值模拟针对完全膨胀马赫数 $Ma_j = 1.358$（喷管压力比为 3）的不完全膨胀喷流进行。两个喷管的中心间距为 $2.25D$，其中 D 为喷管直径，其大小为 1 in（1 in=0.0254 m），喷管的唇口厚度为 $0.2D$。也对同样工况的单喷流进行了数值模拟以作对比分析。双喷流计算域在 x 方向范围为 $-5D$ 到 $35D$，径向大小为 $20D$。图 12.1(a) 中是喷管唇口平面内的网格，为了处理两个平行放置的圆形喷管这种几何，喷管附近的网格分区，被分成了多块不光滑过渡的网格块。为了避免喷管轴心网格的奇异性，在中心区域采用如图 12.1(b) 所示的直角坐标网格。所有的内场网格块界面上，都采用网格块界面通量重构方法处理网格块与块之间的信息传递。对于双喷流，大概有 900 万个网格点，单喷流网格点数约为 370 万。数值模拟的 CFL 数为 0.75。计算运行了约 5 万步，初始的扰动已经传播出计算域并且喷流已经达到一个比较稳定的准周期状态之后，开始输出数据以供分析。经过 5 万步的时间平均得到平均流场。

12.3.1 流场

图 12.3(a) 中是双喷流在 x-y 和 x-z 平面内的瞬时压力场云图，可以非常清晰地看到向上游和下游方向辐射的声波。采用 Q 法则确定的瞬时涡结构如图 12.3(b)，可以清晰地看到两个喷流之间的相互作用。单个喷流在其摆动平面 (x-y) 的压力图像见图 12.4(a)，喷管出口平面 (y-z) 的压力场见图 12.4(b)。可以看到

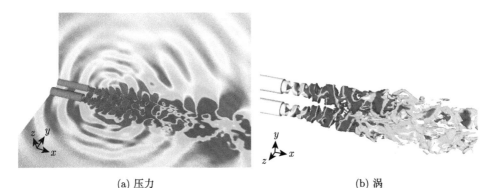

(a) 压力   (b) 涡

图 12.3 马赫数 $Ma_j = 1.358$ 双喷流瞬时压力和涡结构场

这两个压力场图像都是反对称的。根据 Ponton 等[176] 的研究结果可以知道，马赫数 $Ma_j = 1.358$，喷流啸音是摆动模态，因此导致的近场压力图像反对称。图 12.4(c) 是双喷流在两个喷管轴线所在的平面 $(x\text{-}y)$ 上的瞬时压力场图像，可以看到压力场沿两个喷管中间平面对称。喷管出口平面内 $(y\text{-}z)$ 的压力场见图 12.4(d)，可以发现这个图像沿 y 和 z 轴对称。双喷流产生对称的压力场的原因很好理解，因为两个喷流以喷管中心平面反相摆动，所以形成的瞬时压力场既沿中心平面对称，又沿两个喷管所在平面对称。后面在关于相位和 DMD 模态分解的分析中会对此进一步说明。

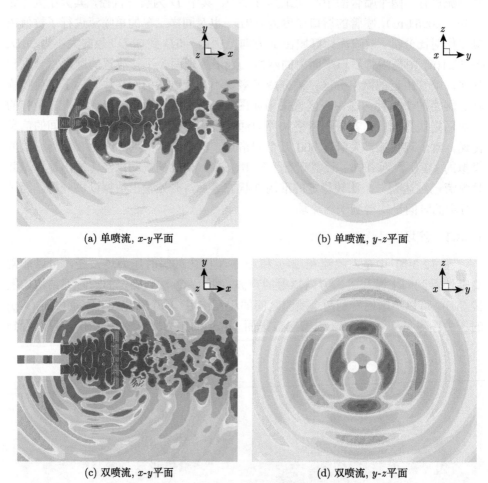

(a) 单喷流, $x\text{-}y$ 平面　　　　　　　　　　　(b) 单喷流, $y\text{-}z$ 平面

(c) 双喷流, $x\text{-}y$ 平面　　　　　　　　　　　(d) 双喷流, $y\text{-}z$ 平面

图 12.4　单喷流和双喷流瞬时压力场

　　图 12.5 是喷流时间平均密度沿轴线分布的结果，从图中可以看到激波系的位置。双喷流的结果与单喷流进行了比较。可以看到双喷流的激波系在下游衰减得

比单喷流快, 尤其是在第三个激波之后的部分。对于前两个激波, 单喷流和双喷流的结果看不出明显的差别。图 12.6(a), (b) 分别是沿半径 $r = 0.6D$ 的直线上的平均密度和轴向速度分布。双喷流内侧和外侧的结果进行了比较, 可以看出由于掺混不同, 剪切层的发展不一样。两个喷管之间的内侧速度和密度大于喷管外侧的结果, 这表明两个喷流的相互作用提高了内侧流场的混合。双喷流的密度和速度分布也大于单喷流结果, 这说明双喷流耦合增加了掺混。

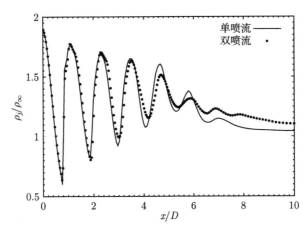

图 12.5　完全膨胀马赫数 $Ma_j = 1.358$ 的喷流时间平均密度沿轴线分布的结果

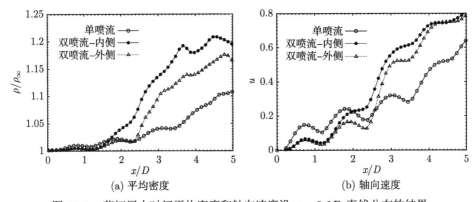

(a) 平均密度　　　　　　　　(b) 轴向速度

图 12.6　剪切层内时间平均密度和轴向速度沿 $r = 0.6D$ 直线分布的结果

12.3.2 噪声频谱

下面对长时间采样的声近场结果进行分析。采样点的位置分布见图 12.7, 除了中间的采样点, 另外两个采样点分布在喷管两侧, 外侧和中间的采样点距离为 $2.25D$。图 12.8 是中间采样点的噪声频谱结果, 单喷流在同样位置的频谱也放在一起进行了比较, 数值模拟结果与 Walker[169] 的实验数据进行了对比, 表 12.1

中也列出了数值和实验频谱中的主频和一阶谐频的频率与幅值。可以看到数值模拟结果与 Walker[169] 的实验数据符合得很好，主频分量幅值差别约 1 dB，谐频分量差别约 3 dB。与单喷流结果相比，双喷流的主频和谐频分量幅值大幅增大，

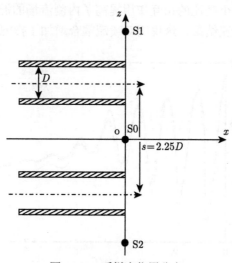

图 12.7　采样点位置分布

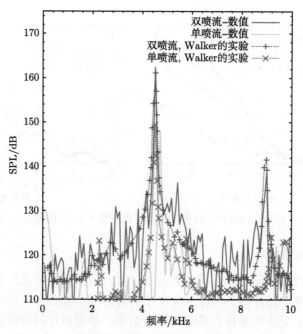

图 12.8　完全膨胀马赫数 1.358 的单/双喷流噪声频谱

分别达到了约 12 dB 和 17 dB，且双喷流的主频和谐频分量的频率有一个小的偏移，单/双喷流的频率比值约为 1.044。然而，这个偏移在 Walker[169] 的实验中并没有出现。尽管在 Walker 的实验[169] 中并没有观察到频率偏移的现象，但是 Seiner 等[167] 在他们的喷管间距 1.9D 的双喷流实验中观察到了这种现象。虽然他们并没有给出一个定量的分析，但是依据他们文章提供的数据，可以确定对于马赫数 1.358 的喷流的啸音频率偏移比值约为 1.05，与本章的数据非常接近。Seiner 等[167] 认为双喷流啸音的频率偏移是由其激波系的长度改变引起的，但并没有进行数据分析验证。从我们的数值模拟数据来看，很难理解为什么激波系长度的轻微变化（约 1%—2%）会引起啸音频率较大的变化（约 4%—5%）。因此需要对频率偏移进行进一步的分析。

表 12.1　啸音主频和一阶谐频的频率与幅值 (实验数据来自文献 [169])

	主频		一阶谐频	
	频率/Hz	幅值/dB	频率/Hz	幅值/dB
单, 数值	4700	148	9400	122
单, 实验	4495	149	8990	124
双, 数值	4503	162	9006	138
双, 实验	4518	161	9036	141

图 12.9(a) 中是单喷流两侧压力信号的相位差结果，双喷流两个喷管中间区域和外侧的压力信号的相位差见图 12.9(b)。可以看到，双喷流啸音的主模态、一阶谐波模态的相位差约为 180°，这说明啸音主模态和一阶谐波模态都是摆动模态，单喷流啸音的主模态是摆动模态，但是其一阶谐波模态是对称模态。这说明双喷流耦合改变了一阶谐波模态的结构。

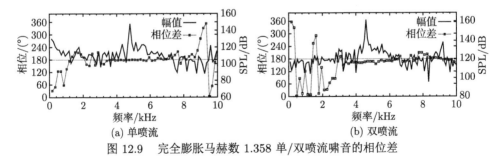

(a) 单喷流　　　　　　　　(b) 双喷流

图 12.9　完全膨胀马赫数 1.358 单/双喷流啸音的相位差

12.3.3　动力学模态分解

这里采用动力学模态分解方法[183] 对喷流近场压力进行分析以研究双喷流耦合机制。总共采用 160 个瞬时流场数据进行分析，时间跨度为 8 个啸音周期。同时也对相同工况的单喷流流场进行了分析以作比较。图 12.10 是压力场的 DMD

分析得到的特征值结果。从图中可以看到单喷流和双喷流都存在一个主要模态和三个谐波模态，分别对应啸音的主频和前三阶谐频模态。表 12.2 给出了前两阶 DMD 模态的频率，以及啸音主频和一阶谐频的频率，可以看到前两个 DMD 模态的频率与啸音主频和一阶谐频的频率基本吻合，较小差别的原因在于 DMD 分析的数据时间片数较少。图 12.11 是前两个主要 DMD 模态空间分布的等值面结果。从图 12.11(a) 中可以看到，单喷流的一阶 DMD 模态关于 x-z 平面反对称，对应摆动模态，而二阶 DMD 模态关于 x-y 平面对称（图 12.11(b)）。图 12.11(c) 是双喷流的一阶 DMD 模态结果，可以看到它关于两个喷管中间平面对称，而每一个喷流本身是反对称结构，对应摆动模态。图 12.11(d) 是双喷流的二阶 DMD 模态空间结构，与一阶模态相似，每个喷流都呈摆动模态，这与之前啸音一阶谐频的相位分析结果一致。

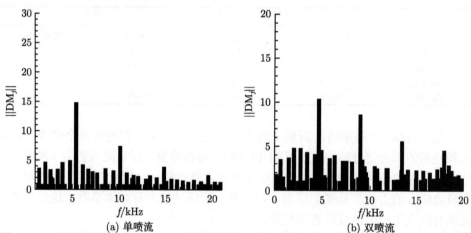

(a) 单喷流   (b) 双喷流

图 12.10   单/双喷流压力场 DMD 分解特征值，其主要模态和三个谐波模态分别对应啸音的主频模态和前三阶谐频模态

表 12.2   啸音主频和一阶谐频以及前两阶 DMD 模态的频率

	单喷流/Hz		双喷流/Hz	
	啸音	DMD	啸音	DMD
主频	4700	4753	4503	4481
一阶谐频	9400	9506	9006	8962

为了显示单喷流和双喷流 DMD 模态的空间位置不同，DMD 模态的中心平面结果见图 12.12。图中的黑色箭头表示激波的位置。对于单喷流的一阶 DMD 模态（图 12.12(a)），其能量最大的部分位于第四个激波的下游，这表明啸音主模态的有效声源区域包括前 5 个激波系。但是对于双喷流，一阶 DMD 模态的主要部分位于第三和第四个激波之间（图 12.12(c)），这说明对应啸音的有效噪声源区域

在前四个激波系。单喷流的二阶 DMD 模态的主要部分都位于第四个激波的下游，而双喷流的二阶 DMD 模态位于第二和第四个激波之间。与单喷流相比，很明显，双喷流的前两阶 DMD 模态位于激波更强的区域，这将会导致不稳定波与激波更强的相互作用，从而产生更强的啸音。这也是双喷流耦合啸音幅值大幅度增加的原因。

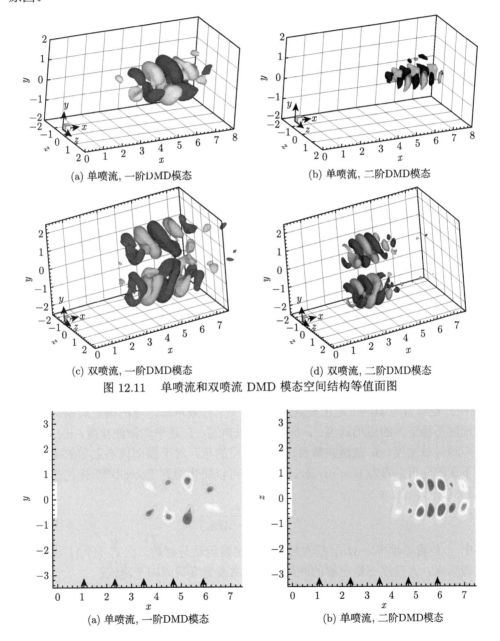

(a) 单喷流, 一阶DMD模态

(b) 单喷流, 二阶DMD模态

(c) 双喷流, 一阶DMD模态

(d) 双喷流, 二阶DMD模态

图 12.11　单喷流和双喷流 DMD 模态空间结构等值面图

(a) 单喷流, 一阶DMD模态

(b) 单喷流, 二阶DMD模态

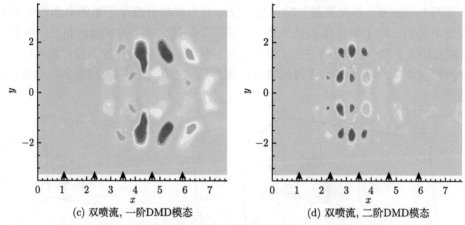

(c) 双喷流, 一阶DMD模态　　　　　　(d) 双喷流, 二阶DMD模态

图 12.12　DMD 模态中心平面结果（黑色的箭头表示激波的位置）

12.3.4　双喷流啸音频率偏移

从上面的 DMD 分析可以知道, 双喷流 DMD 模态向上游移动会导致不稳定波与激波之间更强的相互作用。双喷流耦合振荡的增强又会反过来改变激波系结构和不稳定波。因此, 激波系结构和不稳定波的改变会导致啸音的改变, 体现在频率、幅值上。下面将对双喷流的频率偏移进行定量分析。

作者曾对单喷流啸音频率预测公式进行了改进[184]，这个改进公式可以很容易推广应用到双喷流。预测公式的基本思想就是向下游运动的大尺度不稳定波的传播时间加上向上游反馈的声波传播时间应该等于啸音周期的整数倍。如果不考虑感受性和噪声产生的时间延迟, 可以得到下面的公式:

$$\frac{n\,L}{u_c} + \frac{n\,L}{c} = m\,T \tag{12.1}$$

其中 T 是啸音周期, m 是正整数, 表示在一个有效声源区域的啸音周期数, u_c 是大尺度不稳定波的运动速度, c 是静止大气声速, L 是平均激波宽度, $n\,L$ 表示有效声源区域宽度, n 是激波数目。需要指出的是, 对于摆动模态主导的啸音, 根据下面的分析, 因为 $n = m$, 公式 (12.1) 可以简化得到 Powell[185] 提出的频率预测公式:

$$f = \frac{u_c}{L\,(1 + Ma_c)} \tag{12.2}$$

其中 f 是啸音频率, Ma_c 是大尺度不稳定波运动马赫数。公式 (12.1) 也可以用啸音频率、大尺度不稳定波的波长、平均激波宽度写成如下形式:

$$f = c\left(\frac{m}{n\,L} - \frac{1}{\lambda_h}\right) \tag{12.3}$$

其中下标 h 表示大尺度不稳定波。因此，单喷流和双喷流啸音频率的比值可以表示为

$$\frac{f_s}{f_t} = \left[\frac{m_s}{(nL)_s} - \frac{1}{(\lambda_h)_s}\right] \bigg/ \left[\frac{m_t}{(nL)_t} - \frac{1}{(\lambda_h)_t}\right] \tag{12.4}$$

下标 s 和 t 分别表示单喷流和双喷流。由上面的公式，可以根据计算得到的激波宽度和大尺度不稳定波的波长计算得到频率偏移。

不稳定波的波长可以通过剪切层中压力场分解得到的主模态的相位变化直接测量得到。为了得到压力脉动的相位信息，计算喷嘴唇口（参考点）和剪切层中其他点的压力互相关函数，通过对互相关函数进行 Fourier 变换，就可以确定各点的主导模态的相对相位。剪切层中压力脉动主导模态的相位变化如图 12.13 所示，三条曲线是不同径向位置的结果，以表示结果的一致性。最后采用 $r = 0.5D$ 位置的结果确定大尺度不稳定波的波长。测量结果显示单喷流和双喷流的波长都是 1.96，这表明双喷流的大尺度不稳定波的波长并没有受到耦合的影响。

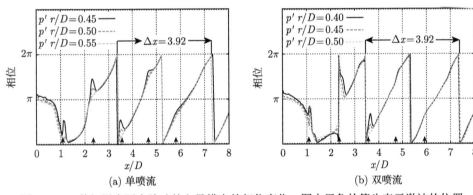

图 12.13　剪切层中压力脉动的主导模态的相位变化，图中黑色的箭头表示激波的位置

根据 DMD 分析的结果，单喷流的有效噪声源区域为前五个激波，因此 $n = 5$，但是对于双喷流，由于 DMD 模态向上游移动，$n = 4$。声源有效区间和啸音循环数目也可以通过分析剪切层（$r = 0.5D$）和近场（$r = 2.0D$）的压力脉动的主模态相位变化得到。图 12.14 是单喷流和双喷流的结果，底部的黑色箭头表示激波的位置。根据 CAA 计算得到的啸音和大尺度不稳定波的波长，可以算出特定区域内的啸音和不稳定波的数目。根据图 12.14(a) 中单喷流的结果，可以知道在前 5 个激波范围内，存在 2 个啸音和 3 个大尺度不稳定波。因此前 5 个激波被确定为有效噪声源区域，这与 DMD 分析一致。因此对于单喷流，$m = 5$。另外可以发现，在第 5 个激波位置，啸音的相位和大尺度不稳定波的相位一致。对于图 12.14(b) 中的双喷流结果，可以看到在前 4 个激波区域，对应的啸音和不稳定波的数目分别是 1.6 和 2.4。这表明有效声源区域为前 4 个激波，这与 DMD 分

析结果一致。因此对于双喷流可以确定 $m = 4$。需要指出的是，在第 4 个激波位置，啸音和大尺度不稳定波的相位相等。

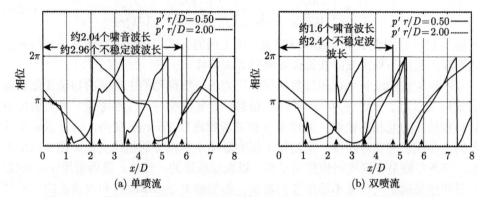

(a) 单喷流　　　　　　　　　　　　　(b) 双喷流

图 12.14　剪切层和近场压力脉动的主模态相位分布，黑色箭头表示激波位置

图 12.15 是单喷流和双喷流沿喷流轴线的平均密度和马赫数分布，图中标记了第 4, 5 个激波的位置。对于单喷流，第 5 个激波的位置坐标为 $(nL)_s = 5.80$，对于双喷流，第 4 个激波的位置 $(nL)_t = 4.72$。双喷流的平均激波宽度（$L = 1.18$）稍微长于单喷流（$L = 1.16$）。

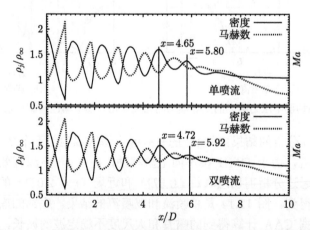

图 12.15　单喷流和双喷流沿喷流轴线的平均密度和马赫数分布

根据表 12.1 中的数据，可以计算得到单喷流和双喷流啸音频率的比值为 $\frac{4700}{4503} \approx 1.044$。根据上面得到的激波长度和不稳定波波长，根据公式 (12.4) 计算得到的频率比值为 1.043，与上面计算得到的结果非常吻合。与单喷流相比，双喷流中 DMD 模态向上游的移动表明大尺度不稳定波会与激波系发生更强的相互

作用，这增强的相互作用反过来会影响不稳定波，然后导致了啸音频率的偏移。DMD 模态向上游的移动也可以用啸音反馈环机制来解释。在两个喷嘴之间的唇口感受性区域，由于双喷流中两个喷流产生的啸音在内侧同相，因此反馈的声波强度大于单喷流，这样会导致初始的不稳定波更强，不稳定波向下游运动的过程中不断放大，当它们抵达第 4 个激波位置时，它们的幅值已经远大于单喷流中同样位置的幅值，因此在第 4 个激波位置就会产生更强的相互作用。不稳定波和激波之间增强的相互作用反过来会影响声源有效区域和不稳定波，声源有效区域和不稳定波传播速度的变化导致啸音频率的偏移。

Ponton 和 Seiner[186] 采用实验方法研究了喷管唇口厚度对单喷流啸音的影响。在他们的实验中，他们发现唇口厚的喷流产生的啸音频率低，这与双喷流的啸音频率偏移是非常相似的。他们认为频率的改变是厚唇口喷流振荡放大的结果。根据 Ponton 和 Seiner[186] 的测量结果，厚唇口喷流的剪切层动量厚度更厚，这表明厚唇口喷流的剪切层混合更强，这必然反过来影响激波、不稳定波传播速度，进而引起啸音频率偏移。

参 考 文 献

[1] LIGHTHILL M J. On sound generated aerodynamically I. General theory[J]. Philos. Trans. Roy. Soc. London Series A, 1952, 211: 564-587.

[2] LIGHTHILL M J. On sound generated aerodynamically Ⅱ. Turbulence as a source of sound[J]. Philos. Trans. Roy. Soc. London Series A, 1954, 222: 1-32.

[3] RAI M M, MOIN P. Direct simulations of turbulent flow using finite-difference schemes[J]. Journal of Computational Physics, 1991, 96(1): 15-53.

[4] RAI M M, MOIN P. Direct numerical simulation of transition and turbulence in a spatially evolving boundary layer[J]. Journal of Computational Physics, 1993, 109(2): 169-192.

[5] LELE S K. Compact finite difference schemes with spectral-like resolution[J]. Journal of Computational Physics, 1992, 103(1): 16-42.

[6] TAM C K W, WEBB J C. Dispersion-relation-preserving finite difference schemes for computational acoustics[J]. Journal of Computational Physics, 1993, 107: 262-281.

[7] TAM C K W, SHEN H. Direct computation of nonlinear acoustic pulses using high order finite difference schemes[C]// 1993: AIAA Paper 1993-4325.

[8] ZHUANG M, CHEN R. Optimized upwind dispersion-relation-preserving finite difference scheme for computational aeroacoustics[J]. AIAA Journal, 1998, 36(12): 2146-2148.

[9] WANG Z J, CHEN R F. Optimized weighted essentially nonoscillatory schemes for linear waves with discontinuity[J]. Journal of Computational Physics, 2001, 174(1): 381-404.

[10] BAYLISS A, TURKEL E. Radiation boundary conditions for wave-like equations[J]. Communications on Pure and Applied Mathematics, 1980, 33: 707-725.

[11] BAYLISS A, TURKEL E. Far field boundary conditions for compressible flows[J]. Journal of Computational Physics, 1982, 48: 182-199.

[12] TAM C K W, DONG Z. Radiation and outflow boundary conditions for direct computation of acoustic and flow disturbances in a nonuniform mean flow[J]. Journal of Computational Acoustics, 1996, 4: 175-201.

[13] THOMPSON K W. Time-dependent boundary conditions for hyperbolic systems, Ⅱ[J]. Journal of Computational Physics, 1990, 89: 439-461.

[14] POINSOT T J, LELE S K. Boundary conditions for direct simulations of compressible viscous flows[J]. Journal of Computational Physics, 1992, 101: 104-129.

[15] GILES M B. Nonreflecting boundary conditions for Euler equation calculations[J]. AIAA Journal, 1990, 28: 2050-2058.

[16] HU F Q. On absorbing boundary conditions for linearized Euler equations by a perfectly matched layer[J]. Journal of Computational Physics, 1996, 129: 201-219.

[17] BERENGER J P. A perfectly matched layer for the absorption of electromagnetic waves[J]. Journal of Computational Physics, 1994, 114: 185-200.

[18] BERENGER J P. Three-dimensional perfectly matched layer for the absorption of electromagnetic waves[J]. Journal of Computational Physics, 1996, 127: 363-379.

[19] HU F Q, LI X D, LIN D K. PML absorbing boundary condition for non-linear aeroacoustics problems[C]// 2006: AIAA Paper 2006-2521.

[20] HIXON D R, SHIH S, MANKABADI R R. Evaluation of boundary conditions for computational aeroacoustics[J]. AIAA Journal, 1995, 33: 2006-2012.

[21] DONG T Z. A set of simple radiation boundary conditions for acoustics computations in non-uniform mean flows[C]// 1996: AIAA Paper 96-0274.

[22] TAM C K W. Advances in numerical boundary conditions for computational aeroacoustics[J]. Journal of Computational Acoustics, 1998, 6: 377-402.

[23] TAM C K W. Computational aeroacoustics: Issues and methods[J]. AIAA Journal, 1995, 33: 1788-1796.

[24] EKATERINARIS J A. High-order accurate, low numerical diffusion methods for aerodynamics[J]. Progress in Aerospace Sciences, 2005, 41: 192-300.

[25] CARPENTER M H, GOTTLIEB D, ABARBANEL S. The stability of numerical boundary treatments for compact high-order finite-difference schemes[J]. Journal of Computational Physics, 1993, 108: 272-295.

[26] TAM C K W, WEBB J C, DONG T Z. A study of the short wave components in computational acoustics[J]. Journal Computational Acoustics, 1993, 1: 1-30.

[27] TAM C K W. Computational Aeroacoustics: A Wave Number Approach[M]. New York: Cambridge University Press, 2014.

[28] BERLAND J, BOGEY C, MARSDEN O, et al. High-order, low dispersive and low dissipative explicit schemes for multiple-scale and boundary problems[J]. Journal of Computational Physics, 2007, 224: 637-662.

[29] VISBAL M R, GAITONDE D V. High-order-accurate methods for complex unsteady subsonic flows[J]. AIAA Journal, 1999, 37(10): 1231-1239.

[30] GAITONDE D V, VISBAL M R. Padé-type higher-order boundary filters for the Navier-Stokes equations[J]. AIAA Journal, 2000, 38(11): 2103-2112.

[31] HU F Q, HUSSAINI M Y, MANTHEY J L. Low-dissipation and low-dispersion Runge-Kutta schemes for computational acoustics[J]. Journal of Computational Physics, 1996, 124(1): 177-191.

[32] STANESCU D, HABASHI W G. 2N-storage low dissipation and dispersion Runge-Kutta schemes for computational acoustics[J]. Journal of Computational Physics, 1998, 143(2): 674-681.

[33] JAMESON A, SCHMIDT W, TURKEL E. Numerical solutions of the Euler equations by finite volume methods using Runge-Kutta time-stepping schemes[C/OL]// 14th Fluid and Plasma Dynamics Conference. 1981: AIAA Paper 1981-1259. DOI: 10.2514/6.1981-1259.

[34] THOMPSON K W. Time dependent boundary conditions for hyperbolic systems[J]. Journal of Computational Physics, 1987, 68: 1-24.

[35] HAGSTROM T, HARIHARAN S I. Accurate boundary conditions for exterior problems in gas dynamics[J]. Mathematics of Computation, 1988, 51: 581-597.

[36] ENGQUIST B, MAJDA A. Absorbing boundary conditions for the numerical simulation of waves[J]. Mathematics of Computation, 1977, 31: 629-651.

[37] HIGDON R L. Absorbing boundary conditions for difference approximations to the multi-dimensional wave equation[J]. Mathematics of Computation, 1986, 47: 629-651.

[38] COLONIUS T, LELE S K, MOIN P. Boundary conditions for direct computation of aerodynamic sound generation[J]. AIAA Journal, 1993, 31: 1574-1582.

[39] LOCKARD D P. Simulations of the loading and radiated sound of airfoils and wings in unsteady flow using computational aeroacoustics and parallel computers[D]. The Pennsylvania State University, 1997.

[40] BOGEY C, BAILLY C. Three-dimensional non-reflective boundary conditions for acoustic simulations: Far field formulation and validation test cases[J]. Acta Acustica United With Acustica, 2002, 88: 463-471.

[41] INGÅRD U. Influence of fluid motion past a plane boundary on sound reflection, absorption, and transmission[J]. The Journal of the Acoustical Society of America, 1959, 31(7): 1035-1036.

[42] MYERS M K. On the acoustic boundary condition in the presence of flow[J]. Journal of Sound and Vibration, 1980, 71(3): 429-434.

[43] WEBSTER A G. Acoustical impedance and the theory of horns and of the phonograph[J]. Proceedings of the National Academy of Sciences of the United States of America, 1919, 5(7): 275-282.

[44] RIENSTRA S W. Impedance models in time domain, including the extended Helmholtz resonator model[J]. 12th AIAA/CEAS Aeroacoustics Conference, 2006: AIAA Paper 2006-2686.

[45] TESTER B J. The propagation and attenuation of sound in lined ducts containing uniform or "plug" flow[J]. Journal of Sound and Vibration, 1973, 28(2): 151-203.

[46] ÖZYÖRÜK Y, LONG L N, JONES M G. Time-domain numerical simulation of a flow-impedance tube[J]. Journal of Computational Physics, 1998, 146(1): 29-57.

[47] RIENSTRA S W. A classification of duct modes based on surface waves[J]. Wave Motion, 2003, 37(2): 119-135.

[48] BRAMBLEY E J. Well-posed boundary condition for acoustic liners in straight ducts with flow[J]. AIAA Journal, 2011, 49(6): 1272-1282.

[49] TAM C K W, AURIAULT L. Time-domain impedance boundary conditions for computational aeroacoustics[J]. AIAA Journal, 1996, 34(5): 917-923.

[50] LI X D, RICHTER C, THIELE F. Time-domain impedance boundary conditions for surfaces with subsonic mean flows[J]. The Journal of the Acoustical Society of America, 2006, 119(5): 2665-2676.

[51] ÖZYÖRÜK Y, LONG L N. A time-domain implementation of surface acoustic impedance condition with and without flow[J]. Journal of Computational Acoustics, 1997, 5(3): 277-296.

[52] FUNG K Y, JU H. Broadband time-domain impedance models[J]. AIAA Journal, 2001, 39(8): 1449-1454.

[53] JU H, FUNG K Y. Time-domain impedance boundary conditions with mean flow effects[J]. AIAA Journal, 2001, 39(9): 1683-1690.

[54] REYMEN Y, BAELMANS M, DESMET W. Efficient implementation of Tam and Auriault's time-domain impedance boundary condition[J]. AIAA Journal, 2008, 46(9): 2368-2376.

[55] BIN J, HUSSAINI M Y, LEE S. Broadband impedance boundary conditions for the simulation of sound propagation in the time domain[J]. The Journal of the Acoustical Society of America, 2009, 125(2): 664-675.

[56] LI X Y, LI X D, TAM C K W. Improved multipole broadband time-domain impedance boundary condition[J]. AIAA Journal, 2012, 50(4): 980-984.

[57] DRAGNA D, PINEAU P, BLANC-BENON P. A generalized recursive convolution method for time-domain propagation in porous media[J]. The Journal of the Acoustical Society of America, 2015, 138(2): 1030-1042.

[58] ZHONG S, ZHANG X, HUANG X. A controllable canonical form implementation of time domain impedance boundary conditions for broadband aeroacoustic computation[J]. Journal of Computational Physics, 2016, 313: 713-725.

[59] CHEN C, LI X D, HU F Q. On spatially varying acoustic impedance due to high sound intensity decay in a lined duct[J]. Journal of Sound and Vibration, 2020, 483: 115430.

[60] GUSTAVSEN B, SEMLYEN A. Rational approximation of frequency domain responses by vector fitting[J]. IEEE Transactions on Power Delivery, 1999, 14(3): 1052-1061.

[61] YU J, RUIZ M, KWAN H W. Validation of Goodrich perforate liner impedance model using NASA Langley test data[J]. 14th AIAA/CEAS Aeroacoustics Conference, 2008: AIAA Paper 2008-2930.

[62] LUEBBERS R J, HUNSBERGER F. FDTD for Nth-order dispersive media[J]. IEEE Transactions on Antennas and Propagation, 1992, 40(11): 1297-1301.

[63] TAM C K W, DONG Z. Wall boundary conditions for high-order finite-difference schemes in computational aeroacoustics[J]. Theoretical and Computational Fluid Dynamics, 1994, 6(6): 303-322.

[64] RICHTER C. Liner impedance modeling in the time domain with flow[D]. Berlin: Technische Universität Berlin, 2009.

[65] BRAMBLEY E J, GABARD G. Reflection of an acoustic line source by an impedance surface with uniform flow[J]. Journal of Sound and Vibration, 2014, 333(21): 5548-5565.

[66] PETERSSON N A, O'REILLY O, SJÖGREEN B, et al. Discretizing singular point sources in hyperbolic wave propagation problems[J]. Journal of Computational Physics, 2016, 321: 532-555.

[67] TAM C K W. Computational aeroacoustics: An overview of computational challenges and applications[J]. International Journal of Computational Fluid Dynamics, 2004, 18(6): 547-567.

[68] COLONIUS T, LELE S K. Computational aeroacoustics: Progress on nonlinear problems of sound generation[J]. Progress in Aerospace Sciences, 2004, 40: 345-416.

[69] WANG M, FREUND J, LELE S. Computational prediction of flow-generated sound[J]. Annual Review of Fluid Mechanics, 2006, 38: 483-512.

[70] BENEK J A, BUNING P G, STEGER J L. A 3-D Chimera grid embedding scheme[C]// 1985: AIAA Paper 1985-1523.

[71] ROGERS S E, SUHS N E, DIETZ W E. Pegasus 5: An automated preprocessor for overset-grid computational fluid dynamics[J]. AIAA Journal, 2003, 41(6): 1037-1045.

[72] CHAN W M. Overset grid technology development at NASA AMES research center[J]. Computers & Fluids, 2009, 38: 496-503.

[73] RIZZETTA D P, VISBAL M R, MORGAN P E. A high-order compact finite-difference scheme for large-eddy simulation of active flow control[J]. Progress in Aerospace Sciences, 2008, 44: 397-426.

[74] LIU Y, VINOKUR M, WANG Z J. Spectral difference method for unstructured grids I: Basic formulation[J]. Journal of Computational Physics, 2006, 216: 780-801.

[75] WANG Z J, LIU Y, MAY G, et al. Spectral difference method for unstructured grids II: Extension to the Euler equations[J]. Journal of Scientific Computing, 2007, 32(1): 45-71.

[76] SUN Y, WANG Z J, LIU Y. High-order multidomain spectral difference method for the Navier-Stokes equations on unstructured hexahedral grids[J]. Communications in Computational Physics, 2009, 5: 760-778.

[77] HUYNH H T. A flux reconstruction approach to high-order schemes including discontinuous Galerkin methods[C]// 2007: AIAA Paper 2007-4079.

[78] RUSANOV V. Calculation of interaction of non-steady shock waves with obstacles[J].
Journal of Computational Math Physics, 1961, USSR 1: 261-279.

[79] DAHL M D. Fourth computational aeroacoustics (CAA) workshop on benchmark
problems[C]. NASA/CP 2004-212954, 2004.

[80] SHERER S E. Acoustic scattering from multiple circular cylinders: Category 2, prob-
lems 1 and 2, analytic solution: NASA CP 2004-212954, 39-43[R]. NASA, 2004.

[81] SEO J H, MITTAL R. A high-order immersed boundary method for acoustic wave
scattering and low-mach number flow-induced sound in complex geometries[J]. Jour-
nal of Computational Physics, 2011, 230: 1000-1019.

[82] HU F Q. On the construction of PML absorbing boundary condition for the non-linear
Euler equations[C]// 2006: AIAA Paper 2006-798.

[83] INOUE O, HATAKEYAMA N. Sound generation by a two-dimensional circular cylin-
der in a uniform flow[J]. Journal of Fluid Mechanics, 2002, 471: 285-314.

[84] WILLIAMSON H K. Oblique and parallel modes of vortex shedding in the wake of a
circular cylinder at low Reynolds numbers[J]. Journal of Fluid Mechanics, 1989, 206:
579-627.

[85] VINCENT P, CASTONGUAY P, JAMESON A. A new class of high-order energy
stable flux reconstruction schemes[J]. Journal of Scientific Computing, 2011, 47(1):
50-72.

[86] TAM C K W, KURBATSKII K A. A wavenumber based extrapolation and inter-
polation method for use in conjunction with high-order finite difference schemes[J].
Journal of Computational Physics, 2000, 157: 588-617.

[87] TAM C K W, KURBATSKII K. Microfluid dynamics and acoustics of resonant lin-
ers[J]. AIAA Journal, 2000, 38: 1331-1339.

[88] TAM C K W, Ju H. Numerical simulation of the generation of airfoil tones at a
moderate Reynolds number[C]// 2006: AIAA Paper 2006-2502.

[89] GARREC T, GLOERFELT X, CORRE C. Multi-size-mesh multi-time-step algorithm
for noise computation around a airfoil in curvilinear meshes[C]// 2007: AIAA Paper
2007-3504.

[90] ALLAMPALLI V, HIXON R. Implementation of multi-time step Adams-Bashforth
time marching scheme for CAA[C]// 2008: AIAA Paper 2008-29.

[91] LIU L, LI X D, HU F Q. Nonuniform time-step Runge-Kutta discontinuous Galerkin
method for computational aeroacoustics[J]. Journal of Computational Physics, 2010,
229(19): 6874-6897.

[92] TAM C K W, HU F Q. An optimized multi-dimensional interpolation scheme for
computational aeroacoustics applications using overset grid[C]// 2004: AIAA Paper
2004-2812.

[93] SHERER S E, SCOTT J N. Development and validation of a high-order overset grid
flow solver[C]// 2002: AIAA Paper 2002-2733.

[94] HARDIN J C, RISTORCELLI J R, TAM C K W. ICASE/LaRC workshop on benchmark problems in computational aeroacoustics(CAA)[C]. NASA CP 3300, 1995.

[95] LI X D, GAO J H. Numerical simulation of the three-dimensional screech phenomenon from a circular jet[J]. Physics of Fluids, 2008, 20: 035101.

[96] SHERER S E, VISBAL M R. Computational study of acoustic scattering from multiple bodies using a high-order overset grid approach[C]// 2003: AIAA Paper 2003-3203.

[97] COCKBURN B, SHU C. TVB Runge-Kutta local projection discontinuous Galerkin finite element method for conservation laws II: General framework[J]. Mathematics of Computation, 1989, 52(186): 411-435.

[98] COCKBURN B, SHU C. The Runge-Kutta discontinuous Galerkin method for conservation laws V: Multidimensional systems[J]. Journal of Computational Physics, 1998, 141(2): 199-224.

[99] COCKBURN B, HOU S, SHU C. The Runge-Kutta local projection discontinuous Galerkin finite element method for conservation laws IV: The multidimensional case[J]. Mathematics of Computation, 1990, 54(190): 545-581.

[100] WANG Z J. Spectral (finite) volume method for conservation laws on unstructured grids: Basic formulation[J/OL]. Journal of Computational Physics, 2002, 178(1): 210-251. https://www.sciencedirect.com/science/article/pii/S0021999102970415. DOI:10.1006/jcph.2002.7041.

[101] WANG Z J, ZHANG L, LIU Y. Spectral (finite) volume method for conservation laws on unstructured grids IV: Extension to two-dimensional systems[J/OL]. Journal of Computational Physics, 2004, 194(2): 716–741. https://www.sciencedirect.com/science/article/pii/S0021999103005035. DOI: 10.1016/j.jcp.2003.09.012.

[102] LIU Y, VINOKUR M, WANG Z J. Spectral (finite) volume method for conservation laws on unstructured grids V: Extension to three-dimensional systems[J/OL]. Journal of Computational Physics, 2006, 212(2): 454-472. https://www. sciencedirect.com/science/article/pii/S0021999105003281. DOI: 10.1016/j.jcp.2005.06.024.

[103] KOPRIVA D. A staggered-grid multidomain spectral method for the compressible Navier-Stokes equations[J]. Journal of Computational Physics, 1998, 143: 125-158.

[104] VAN DEN ABEELE K, BROECKHOVEN T, LACOR C. Dispersion and dissipation properties of the 1D spectral volume method and application to p-multigrid algorithm[J]. Journal of Computational Physics, 2007, 224: 616-636.

[105] ZHOU Y, WANG Z J. Simulation of CAA benchmark problems using high-order spectral difference method and perfectly matched layers[C]// 2010: AIAA Paper 2010-838.

[106] GAO J H, YANG Z G, LI X D. An optimized spectral difference scheme for CAA problems[J]. Journal of Computational Physics, 2012, 231: 4848-4866.

[107] JAMESON A. A proof of the stability of the spectral difference method for all orders of accuracy[J]. Journal of Scientific Computing, 2010, 45: 348-358.

[108] HU F Q, HUSSAINI M Y, RASETARINERA P. An analysis of the discontinuous Galerkin method for wave propagation problems[J/OL]. Journal of Computational Physics, 1999, 151(2): 921-946. DOI: 10.1006/jcph.1999.6227.

[109] VAN DEN ABEELE K, LACOR C, WANG Z J. On the stability and accuracy of the spectral difference method[J]. Journal of Scientific Computing, 2008, 37: 162-188.

[110] TAM C K W, HARDIN J C. Second computational aeroacoustics (CAA) workshop on benchmark problems[C]. NASA CP 3352, 1997.

[111] SANJOSE M, MOREAU S, PESTANA M, et al. Effect of weak outlet-guide-vane heterogeneity on rotor-stator tonal noise[J]. AIAA Journal, 2017, 55: 3440-3457.

[112] ORSELLI R, CARMO B S, QUEIROZ R. Noise predictions of the advanced noise control fan using a lattice Boltzmann method and Ffowcs Williams-Hawkings analogy[J]. Journal of the Brazilian Society of Mechanical Sciences and Engineering, 2018, 40(34): 1-23.

[113] CASALINO D, HAZIR A, MANN A. Turbofan broadband noise prediction using the lattice Boltzmann method[J]. AIAA Journal, 2018, 56: 609-628.

[114] ARROYO C, LEONARD T, SANJOSE M, et al. Large Eddy simulation of a scale-model turbofan for fan noise source diagnostic[J]. Journal of Sound and Vibration, 2019, 445: 64-76.

[115] COCKBURN B, LIN S, SHU C. TVB Runge-Kutta local projection discontinuous Galerkin finite element method for conservation laws III: One-dimensional systems[J]. Journal of Computational Physics, 1989, 84(1): 90-113.

[116] FERRER E, WILLDEN R. A high order discontinuous Galerkin-Fourier incompressible 3D Navier-Stokes solver with rotating sliding meshes[J]. Journal of Computational Physics, 2012, 231: 7037-7056.

[117] JOHNSTONE R, CHEN L, SANDBERG R. A sliding characteristic interface condition for direct numerical simulations[J]. Computers & Fluids, 2015, 107: 165-177.

[118] DÜRRWÄCHTER J, KURZ M, KOPPER P, et al. An efficient sliding mesh interface method for high-order discontinuous Galerkin schemes[J]. Computers & Fluids, 2021, 217(15): 104825.

[119] DUAN Z, JIA F, WANG Z J. Sliding mesh and arbitrary periodic interface approaches for the high order FR/CPR method[C]// 2020: AIAA Paper 2020-0086.

[120] KOPRIVA D A, WOODRUFF S, HUSSAINI M Y. Computation of electromagnetic scattering with a non-conforming discontinuous spectral element method[J]. International Journal for Numerical Methods in Engineering, 2002, 53: 105-122.

[121] ZHANG B, LIANG C. A simple, efficient, and high-order accurate curved sliding-mesh interface approach to spectral difference method on coupled rotating and stationary domains[J]. Journal of Computational Physics, 2015, 295: 147-160.

[122] ZHANG B, QIU Z, LIANG C. A flux reconstruction method with nonuniform sliding-mesh interfaces for simulating rotating flows[C]// 2018: AIAA Paper 2018-1094.

[123] LAUGHTON E, TABOR G, MOXEY D. A comparison of interpolation techniques for non-conformal high-order discontinuous Galerkin methods[J]. Computer Methods in Applied Mechanics and Engineering, 2021, 381(1): 113820.

[124] SUTHERLAND I, HODGMAN G. Reentrant polygon clipping[J]. Communications of the ACM, 1974, 17(1): 32-42.

[125] STADTMüLLER P, FOTTNER L. A test case for the numerical investigation of wake passing effects on a highly loaded LP turbine cascade blade[C]// 2001: ASME Paper No. 2001-GT-0311.

[126] ZHOU J, HAO X, FU Z, et al. Noise tests of pusher-propeller[J]. Journal of Aerospace Power, 2021, 36(2): 225-232.

[127] STRUTT J W. The Theory of Sound[Z]. Cambridge: Cambridge University Press, 2011.

[128] HU F Q. A stable perfectly matched layer for linearized Euler equations in unsplit physical variables[J]. Journal of Computational Physics, 2001, 173(2): 455-480.

[129] HU F Q. A perfectly matched layer absorbing boundary condition for linearized Euler equations with a non-uniform mean flow[J]. Journal of Computational Physics, 2005, 208(2): 469-492.

[130] JONES M, WATSON W, PARROTT T. Aeroacoustics conferences: Benchmark data for evaluation of aeroacoustic propagation codes with grazing flow[Z]. American Institute of Aeronautics and Astronautics, 2005.

[131] HEIDMANN M, SAULE A, MCARDLE J. Aeroacoustics conferences: Analysis of radiation patterns of interaction tones generated by inlet rods in the JT15D engine[Z]. American Institute of Aeronautics and Astronautics, 1979.

[132] DOBRZYNSKI W. Almost 40 years of airframe noise research: What did we achieve?[J/OL]. Journal of Aircraft, 2010, 47(2): 353-367. https://elib.dlr.de/ 63799/.

[133] POTT-POLLENSKE M, DOBRZYNSKI W, BUCHHOLZ H, et al. Validation of a semiempirical airframe noise prediction method through dedicated A319 flyover noise measurements[C/OL]// 8th AIAA/CEAS Aeroacoustics Conference; Breckenridge (USA), 17.-19.06.2002. 2002. https://elib.dlr.de/12574/.

[134] DOBRZYNSKI W, POTT-POLLENSKE M. Slat noise source studies for farfield noise prediction[C/OL]// 7th AIAA/CEAS Aeroacoustics Conference, Maastricht (NL), 28.-30.05.2001. 2001: AIAA Paper 2001-2158. https://elib.dlr.de/12436/.

[135] MENDOZA J, BROOKS T, HUMPHREYS W. Aeroacoustic measurements of a wing/slat model[C/OL]// 8th AIAA/CEAS Aeroacoustics Conference. 2002: AIAA Paper 2002-2604. https://arc.aiaa.org/doi/abs/10.2514/6.2002-2604.

[136] PASCIONI K, CATTAFESTA L N, CHOUDHARI M M. An experimental investigation of the 30P30N multi-element high-lift airfoil[C/OL]// 20th AIAA/CEAS Aeroacoustics Conference. AIAA Paper 2014-3062. https://arc.aiaa.org/doi/abs/ 10.2514/6.2014-3062.

[137] MURAYAMA M, NAKAKITA K, YAMAMOTO K, et al. Experimental study on slat noise from 30P30N three-element high-lift airfoil at JAXA hard-wall low-speed wind tunnel[C]// 20th AIAA/CEAS Aeroacoustics Conference. 2014: AIAA Paper 2014-2080.

[138] LOCKARD D P, CHOUDHARI M. Noise radiation from a leading-edge slat[C]// 2009: AIAA Paper 2009-3101.

[139] CHOUDHARI M, KHORRAMI M R. Slat cove unsteadiness: Effect of 3D flow structures[C]// 2006: AIAA Paper 2006-0211.

[140] CHOUDHARI M, KHORRAMI M R. Effect of three-dimensional shear-layer structures on slat cove unsteadiness[J]. AIAA Journal, 2006, 45(9): 2174-2186.

[141] TERRACOL M, MANOHA E. Wall-resolved large eddy simulation of a highlift airfoil: Detailed flow analysis and noise generation study[C]// 2014: AIAA Paper 2014-3050.

[142] ZHANG Y, CHEN H, WANG K, et al. Aeroacoustic prediction of a multi-element airfoil using wall-modeled large-eddy simulation[J]. AIAA Journal, 2017, 55(12): 4219-4233.

[143] KNACKE T, THIELE F. Numerical analysis of slat noise generation[C]// 19th AIAA/CEAS Aeroacoustics Conference. 2013: AIAA Paper 2013-2162.

[144] TERRACOL M, MANOHA E, LEMOINE B. Investigation of the unsteady flow and noise generation in a slat cove[J]. AIAA Journal, 2016, 54(2): 469-489.

[145] ASHTON N, WEST A, MENDONCA F. Flow dynamics past a 30P30N three-element airfoil using improved delayed detached-eddy simulation[J]. AIAA Journal, 2016, 54(11): 3657-3667.

[146] DECK S. Zonal-detached-eddy simulation of the flow around a high-lift configuration[J]. AIAA Journal, 2005, 43(12): 2372-2384.

[147] DECK S, LARAUFIE R. Numerical investigation of the flow dynamics past a three-element aerofoil[J]. Journal of Fluid Mechanics, 2013, 732: 401-444.

[148] KHORRAMI M R, BERKMAN M E, CHOUDHARI M. Unsteady flow computations of a slat with a blunt trailing edge[J]. AIAA Journal, 2000, 38(11): 2050-2058.

[149] CHOUDHARI M, KHORRAMI M R, LOCKARD D P, et al. Slat-cove noise modeling: A posteriori analysis of unsteady RANS simulations[C]// 2002: AIAA Paper 2002-2468.

[150] KHORRAMI M R, SINGER B A, LOCKARD D P. Time-accurate simulations and acoustic analysis of slat free-shear-layer: Part II[C]// 2002: AIAA Paper 2002-2579.

[151] JENKINS L, KHORRAMI M, CHOUDHARI M. Characterization of unsteady flow structures near leading-edge slat: Part I. PIV measurements[C]// 10th AIAA/CEAS Aeroacoustics Conference. 2004: AIAA Paper 2004-2801.

[152] KHORRAMI M R, CHOUDHARI M, JENKINS L. Characterization of unsteady flow structures near leading-edge slat: Part II: 2D computations[C]// 10th AIAA/CEAS Aeroacoustics Conference. 2004: AIAA Paper 2004-2802.

[153] CHOUDHARI M, LOCKARD D P. Assessment of slat noise predictions for 30P30N high-lift configuration from BANC-III workshop[C]// 21st AIAA/CEAS Aeroacoustics Conference. 2015: AIAA Paper 2015-2844.

[154] LIANG C L, PREMASUTHAN S, JAMESON A, et al. Large eddy simulation of compressible turbulent channel flow with spectral difference method[C]// 2009: AIAA Paper 2009-402.

[155] CRIVELLINI A, D'ALESSANDRO V, BASSI F. A Spalart-Allmaras turbulence model implementation in a discontinuous Galerkin solver for incompressible flows[J]. Journal of Computational Physics, 2013, 241: 388-415.

[156] SPALART P, JOU W H, STRELETS M, et al. Comments on the feasibility of LES for wings, and on a hybrid RANS/LES approach[C]// 1st AFOSR International Conference on DNS/LES. 1997: 137-147.

[157] SPALART P R, DECK S, SHUR M L, et al. A new version of detached-eddy simulation, resistant to ambiguous grid densities[J]. Theoretical and Computational Fluid Dynamics, 2006, 20: 181-195.

[158] SHUR M L, SPALART P R, STRELETS M K, et al. A hybrid RANS–LES approach with delayed-DES and wall-modelled LES capabilities[J]. International Journal of Heat and Fluid Flow, 2008, 29(6): 1638-1649.

[159] SAKAI R, ISHIDA T, MURAYAMA M, et al. Effect of subgrid length scale in DDES on aeroacoustic simulation around three-element airfoil[C]// 2018: AIAA Paper 2018-0756.

[160] GAO J H, LI X D. Implementation of Delayed Detached Eddy Simulation method to a high order spectral difference solver[J]. Computers and Fluids, 2017, 154: 90-101.

[161] LIN D K, JIANG M, LI X D. A multi-time-step strategy based on an optimized time interpolation scheme for overset grids[J]. Journal of Computational Acoustics, 2010, 18: 131-148.

[162] BRENTNER K S, FARASSAT F. Analytical comparison of the acoustic analogy and Kirchhoff formulation for moving surfaces[J]. AIAA Journal, 1998, 36(8): 1379-1386.

[163] GUO Y P, CHANG K C. On the calculation of Reynolds stresses by CFD[C]// 35th AIAA Fluid Dynamics Conference and Exhibit. 2005: AIAA Paper 2005-5293.

[164] PASCIONI K, CATTAFESTA L. Aeroacoustic measurements of leading-edge slat noise[C]// 22nd AIAA/CEAS Aeroacoustics Conference. 2016: AIAA Paper 2016-2906.

[165] LI L, LIU P, GUO H, et al. Aerodynamic and aeroacoustic experimental investigation of 30P30N high-lift configuration[J]. Applied Acoustics, 2018, 132: 43-48.

[166] GUO Y P. Slat noise modeling and prediction[J]. Journal of Sound and Vibration, 2012, 331: 3567-3586.

[167] SEINER J M, MANNING J C, PONTON M K. Dynamic pressure loads associated with twin supersonic plume resonance[J]. AIAA Journal, 1988, 26: 954-960.

[168] SEINER J M, MANNING J C, CAPONE F J, et al. Study of external dynamic flap loads on a 6 percent B-1B model[J]. Journal of Engineering for Gas Turbines and Power, 1992, 114: 816-828.

[169] WALKER S. Twin jet screech suppression concepts tested for 4.7% axisymmetric and two-dimensional nozzle configurations[C]// AIAA/SAE/ASME/ASEE 26th Joint Propulsion Conference. 1990: AIAA Paper 1990-2150.

[170] NORUM T D, SHEARIN J G. Dynamic loads on twin jet exhaust nozzles due to shock noise[J]. Journal of Aircraft, 1986, 23: 728-729.

[171] WLEZIEN R W. Nozzle geometry effects on supersonic jet interaction[C]// 11th AIAA Aeroacoustics Conference. 1987: AIAA Paper 1987-2694.

[172] SHAW L. Twin-jet screech suppression[J]. Journal of Aircraft, 1990, 27: 708-715.

[173] ALKISLAR M B, KROTHAPALLI A, CHOUTAPALLI I, et al. Structure of super-sonic twin jets[J]. AIAA Journal, 2005, 43(11): 2309-2318.

[174] TAM C K W. Stochastic model theory of broadband shock associated noise from supersonic jets[J]. Journal of Sound and Vibration, 1987, 116: 265-302.

[175] LI X D, GAO J H. Numerical simulation of the generation mechanism of axisymmetric supersonic jet screech tones[J]. Physics of Fluids, 2005, 17: 085105.

[176] PONTON M K, SEINER J M, BROWN M C. Near field pressure fluctuations in the exit plane of a choked axisymmetric nozzle: 113137[R]. Langley Research Center, 1997.

[177] VISBAL M R, GAITONDE D V. Shock capturing using compact-differencing-based methods[C]// 2005: AIAA 2005-1265.

[178] BOGEY C, DE CACQUERAY N, BAILLY C. A shock-capturing methodology based on adaptative spatial filtering for high-order non-linear computations[J]. Journal of Computational Physics, 2009, 228: 1447-1465.

[179] GAO J H, LI X D. Large eddy simulation of supersonic jet noise from a circular nozzle[J]. International Journal of Aeroacoustics, 2011, 10(4): 465-474.

[180] GAO J H, LI X D. Numerical simulation of broadband shock-associated noise from a circular supersonic jet[C]// 48th AIAA Aerospace Sciences Meeting, 2010: AIAA Paper 2010-0275.

[181] GAO J H. A block interface flux reconstruction method for numerical simulation with high order finite difference scheme[J]. Journal of Computational Physics, 2013, 241: 1-17.

[182] GAO J H, LI X D. Improved grid block interface flux reconstruction method for high-order finite difference scheme[J]. AIAA Journal, 2015, 53(7): 1761-1773.

[183] SCHMID P J. Dynamic mode decomposition of numerical and experimental data[J]. Journal of Fluid Mechanics, 2010, 656(1): 5-28.

[184] GAO J H, LI X D. A multi-mode screech frequency prediction formula for circular supersonic jets[J]. Journal of the Acoustical Society of America, 2010, 127: 1251-1257.

[185] POWELL A. On the mechanism of choked jet noise[J]. Proc. Phys. Soc. Section B, 1953, 66: 1039-1056.

[186] PONTON M K, SEINER J M. The effects of nozzle exit lip thickness on plume resonance[J]. Journal of Sound and Vibration, 1992, 154(3): 531-549.

[187] HEIDELBERG L, RICE E, HOMYAK L. Acoustic performance of inlet suppressors on an engine generating a single mode[C]. 1981: AIAA Paper 1981-1965.

[188] LAN J, GUO Y P, BREARD C. Validation of acoustic propagation code with JT15D static and flight test data[C]. 2004: AIAA Paper 2004-2986.